南方供暖实用技术

中国燃气控股有限公司　组编

主　编　钱文斌

副主编　于碧涌　钱海东

主　审　于京春　邓涌波

机械工业出版社

随着经济的快速发展，人民生活水平的提高，南方现存的供暖方式远远不能满足广大人民群众对生活质量的诉求。2013年住房和城乡建设部提出针对南方地区因地制宜地采取分散、局部的供暖方式。本书是依据中国燃气控股有限公司的分布式集中供暖综合解决方案——暖居工程编写的。本书的主要内容包括：常用供暖工艺系统、常用单体供暖设备、供暖系统的控制与调节、供暖系统的设计与选址、南方供暖施工管理典型案例分析、南方供暖系统的运营与维护、与供暖相关的价格政策与营销策略等。

本书既可供暖居工程设计施工人员阅读，也可作为职业院校供热通风与空调工程技术专业的教材，还可作为相关专业技术人员的参考用书。

图书在版编目（CIP）数据

南方供暖实用技术/中国燃气控股有限公司组编；钱文斌主编. —北京：机械工业出版社，2022.4

ISBN 978-7-111-70396-9

Ⅰ.①南… Ⅱ.①中… ②钱… Ⅲ.①供热-研究-中国 Ⅳ.①TU833

中国版本图书馆CIP数据核字（2022）第052120号

机械工业出版社（北京市百万庄大街22号 邮政编码100037）
策划编辑：王振国 责任编辑：王振国 关晓飞
责任校对：张晓蓉 张 薇 封面设计：马若濛
责任印制：单爱军
河北鑫兆源印刷有限公司印刷
2022年6月第1版第1次印刷
184mm×260mm · 13.5印张 · 334千字
标准书号：ISBN 978-7-111-70396-9
定价：68.00元

电话服务
客服电话：010-88361066
010-88379833
010-68326294

网络服务
机 工 官 网：www.cmpbook.com
机 工 官 博：weibo.com/cmp1952
金 书 网：www.golden-book.com
机工教育服务网：www.cmpedu.com

序

我国南方部分地区冬季平均气温在0℃左右，而且一般没有集中供暖传统，因此室内温度远达不到人体冬季舒适体感温度（18～25℃）。目前，这部分地区主要采用燃气壁挂炉、空调器、电暖器等供暖方式，但此类供暖方式存在能耗高、费用高、碳排放量高、存在安全隐患等缺点。随着国民经济的快速发展和人民生活水平的不断提高，南方现有的供暖方式远远不能满足广大人民群众对美好生活品质向往的需求。

2013年，住房和城乡建设部提出，南方地区应该因地制宜地采用分散、局部的供暖方式，解决个性化供暖需求。为响应这一号召，中国燃气控股有限公司（简称中国燃气）率先提出分布式集中供暖综合解决方案——暖居工程。2020年，中国燃气在湖北、江苏、浙江、安徽、重庆等省市进行暖居工程试点，开局良好，反响热烈，得到了各地政府和人民群众的高度认可和广泛支持。

在我国南方地区全面开展暖居工程业务适应了人民对美好生活向往的需要，能有效提升人民的生活品质，实现节能减排，是中国燃气重要的战略发展方向，也是中国燃气向综合能源服务企业升级转型的必然选择。在新冠肺炎疫情全球化的影响下，市场最大的风险就是经济衰退，国家正密集出台刺激经济发展的政策，此时开展暖居工程可助力国家加强与民生相关的城市基础设施建设。中燃暖居工程是中国燃气一项长期的发展战略，以中燃暖居工程为突破口，将逐步发展供冷、控湿、空气净化等业务，势必将中燃暖居工程升级为全面打造优质室内微气候的利国利民的宜居工程！

本着求真务实、深入调研的态度，在对分布式集中供暖进行广泛调研的基础上，结合工程建设与运行管理经验的梳理总结，中国燃气组织编写了本书。希望本书的出版，能够起到抛砖引玉的作用，为促进我国南方供暖事业的蓬勃发展贡献微薄的力量。

中国燃气控股有限公司董事局主席、总裁

中国燃气控股有限公司执行董事、执行总裁

前言

在20世纪50年代，由于我国能源资源短缺，无法满足全面供暖，于是以秦岭-淮河线作为集中供暖的分界线，该线的北方为集中供暖区，该线的南方则采取不集中供暖的政策。然而，在南方，特别是长江流域，由于空气湿度大，人们的体感温度普偏低于环境温度，例如上海冬季平均气温为3~5℃，而人们的体感温度则是0℃左右。随着人们生活水平的显著提高，在居住的舒适性方面也有了更高的要求。

为了满足南方居民日益增长的供暖需求，更好地实现节能减排，中国燃气致力于南方供暖事业多年，组织公司技术人员结合工程建设和运营管理实践进行全面细致研究，并在100多项研究成果中精选40项为基础编写了本书。本书从工艺系统、单体设备、系统控制、设计与选址、施工管理、运营与维护、营销策略和经验总结等方面对南方供暖进行了复盘分析和归纳总结，为南方供暖项目的推广应用、工程建设和运营管理提供借鉴和帮助。

本书由钱文斌担任主编，于碧涌、钱海东担任副主编，于京春、邓涌波担任主审。参加编写的人员还有安丰波、白文杰、毕宝娣、陈保花、陈向明、付春林、付洪龙、高峥、高华伟、高慧娜、郭大骞、郭耀华、郭增广、韩金旭、韩涛、韩志伟、何志强、胡才强、胡克武、黄贤亮、贾运仓、雷光霁、李大治、李建晨、李景玲、李岷、李明、李增运、梁思聪、林千嵘、刘春虎、刘纯海、刘秀、刘玉林、罗志军、聂廷哲、亓思洋、钱惠华、屈天鹏、石振山、宋宝华、苏迎宾、谭乐军、谭苗、王朝阳、王刚、王广纯、王雷、王芊、王伟航、王勇、王幼勇、王振、温志清、吴学强、肖衍党、谢新宇、杨江波、殷锐、于腾、袁康洪、曾善海、曾志、张国良、张华、张继宗、张晶、张娜、章阳和赵金萍。全书由曾志统稿。

由于时间和水平有限，书中难免有不准确或错误之处，敬请读者批评指正。

编　者

目录

绪　论

一、中燃暖居工程介绍

1. 中国燃气推出中燃暖居工程的背景

根据我国传统上以秦岭-淮河为界的南北方划分将全国分为供暖区域和非供暖区域。非供暖区域中的长江流域冬季室内温度通常不到10℃，比北方供暖区域室内温度低10℃左右，全年最低气温甚至在0℃以下。由于南方空气湿度大，冬季时人的体感温度会更低。非供暖区域，如武汉、南京、合肥等地，居民对供暖的需求越来越大，“两会”中涉及南方城市供暖的呼声也越来越高。这些地区的居民一般使用燃气壁挂炉、空调器和电暖器来度过寒冬，这种自供暖方式能耗高，不利于节能减排，也存在安全隐患，加重了百姓的经济负担。

在我国南方地区全面开展暖居工程业务适应了人民对美好生活的需要，能有效提升人民生活的品质，实现节能减排，是中国燃气重要的战略发展方向，也是中国燃气向综合能源服务企业升级转型的必然选择。中燃暖居工程（简称暖居工程）是中国燃气的一项长期发展战略，以中燃暖居工程为突破口，将逐步发展供冷、控湿、空气净化等业务，势必将中燃暖居工程升级为全面打造优质室内微气候的利国利民的宜居工程！

2. 中燃暖居工程的定义

中燃暖居工程是针对南方非供暖区域日益迫切的冬季供暖需求，由中国燃气创新性地提出并推广的分布式集中供暖综合解决方案，是采用分布式能源理念的智慧集中供暖系统。

中燃暖居工程依托中国燃气丰富的综合能源输配、管理经验，创新性地开发了高效节能热源系统、智能供热输配系统、室内智能温控系统，通过智慧供热云管理系统进行高效的热能配置，在智能CRM（客户关系管理）客服系统的支撑下向用户提供室温舒适、使用经济、安全可靠、长期稳定的优质供暖服务。

中燃暖居工程是城市公用事业，将极大地改善人们工作、生活环境的舒适性，提升当地城市居民的幸福指数。

3. 中燃暖居工程与北方传统供暖的区别

中燃暖居工程是中国燃气针对在南方非供暖区域推广集中供暖提出的综合性解决方案，采用分布式能源站集中供暖的方式满足南方城市的供暖需要。中燃暖居工程与北方传统的集中供暖方式不同，它不需要建设大市政管网，不影响城市规划和现有秩序，并通过多能耦合和多种节能控制手段，降低了投资费用和管网损耗，为在南方推广集中供暖创造了条件。

相比北方传统的市政大管网集中供暖（见图0-1），中燃暖居工程具有以下优势：

（1）降低投资　由于能源站靠近终端用户，不必建设大型集中热源和冗长的市政供暖管网，所以其单位面积投资额比传统的市政大管网集中供暖低25%～35%，使用成本也相对较低，用户的经济负担较小。

（2）节能环保　由于靠近用户、没有市政管网，中燃暖居工程在热力传输过程中的热量损耗、水耗、电耗都远低于传统的市政大管网集中供暖。北方传统供暖多以燃煤热电厂余热或大型燃煤锅炉作为能源，而中燃暖居工程以燃气或电作为能源，在能源形式上要更加环保。

（3）灵活高效　北方传统的集中供暖由于管网过长，存在温度调节缓慢、冷热不均等问题。中燃暖居工程的分布式能源站就近布置，单站功率相对较小，启停迅速，调节方便，供暖效果可以及时传导至终端用户，且可以避免出现冷热不均等问题，用户的实际使用效果更好。

（4）热源低碳环保，符合“双碳”政策　中燃暖居工程以清洁能源和可再生能源为一次能源，以先进的能源转换设备提高能源综合利用效率。此外，还可根据当地条件，因地制宜地开发电厂余热、工业余热、水源热泵等其他能源作为中燃暖居工程的能量来源，符合国家碳达峰、碳中和等政策的要求。

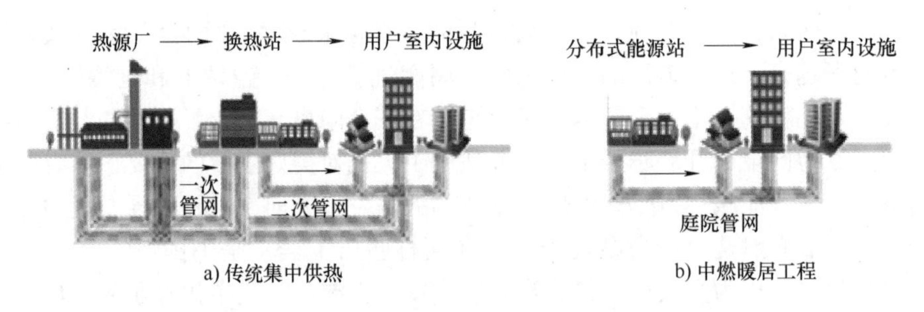

图0-1　中燃暖居工程与北方传统集中供暖的对比

4. 中燃暖居工程分布式集中供暖的优势

分布式集中供暖是指将具有完整供暖系统的独立供暖能源站因地制宜地就近布置在用户附近，为客户提供集中供暖服务。与燃气壁挂炉、电暖器、空调器等用户自行采购供暖设施、自主供暖的“无组织”建筑用能形式相比，中燃暖居工程分布式集中供暖的优势明显。

（1）安全　燃气壁挂炉增加了室内燃气设施，使用、管理不当会产生不完全燃烧、燃气泄漏等危害，且整个冬季燃气阀门不能关闭，存在潜在安全风险。电暖器表面温度高、耗电大，容易烫伤人、烤着衣物或引发电线起火。空调器同样增加用电负荷，增加老旧小区老化电线发生事故的风险。分布式集中供暖的能源站就近布置在用户附近，不在用户室内，送往用户的是50℃左右的供暖热水，不燃、不爆、不烫、无毒，用户不费电，真正实现了“本质性安全”。

（2）公平　从空间上讲，建筑内热源无规律散布，存在大量的冷暖房间之间的间壁换热，热量浪费极大。用户花费费用产生的热量约有30%传递给了相邻的未供暖用户，“蹭热”的不公平性突出。而分布式集中供暖是建筑整体有组织供暖，热量浪费少，用户按建筑面积缴费，付出与收益对等。

（3）舒适 用户自主用热时，只是将室内空气临时加热，房间的墙壁、天花板、地板、门窗的温度短时间内依然较低，用户的体感温度低于室内空气温度，热舒适性较差。而且，冷暖交替还会使空气中的水分在墙面上冷凝，易造成墙壁受潮霉变，甚至墙皮脱落，严重降低生活环境品质。分布式集中供暖是持续供暖，温度和湿度都保持相对稳定，无论是热舒适性，还是房屋的维护，都有巨大的优势。

空调器靠吹出来的热风供暖，属于强制对流换热，热风吹到的地方被加热，吹不到的地方还是阴冷的。另外，热风吹到人身上会使人感到燥热，风机运行时还有噪声产生，这些都不利于人体健康。而且，天气越寒冷，空调器的制热效果越弱，用户体验越差。分布式集中供暖通过布置在室内的散热器或地暖盘管散热，主要靠自然对流换热，加热均匀、自然，系统运行无噪声，人的热感受舒适，利于健康。

（4）省心 各家各户自主供暖需要用户自己负责设备的购买、设定、维护、到期更换（燃气壁挂炉的寿命为8年，空调器的寿命为8～10年），牵扯大量的精力，且需要重复投入。分布式集中供暖由中国燃气投资建设和集中管理，用户只享受用热服务，不再有其他任何费心之处，并且服务时间与建筑寿命相等。

（5）经济 燃气壁挂炉功率低、起停频繁，故热效率较低。分布式集中供暖热源集中，规模效益明显；运行平稳、专业的运营管理都使其热效率更有保证。并且，燃气壁挂炉还存在大量烟气低空分散排放的污染问题、白烟问题、烟气冷凝水散落问题，这些在分布式集中供暖能源站都可以集中解决。

以100m^2 建筑面积的常见户型为例，中燃暖居工程与燃气壁挂炉、空调器的一次性投资相差不大，考虑到燃气壁挂炉、空调器的使用寿命，按20年使用期间对比，燃气壁挂炉的设备总费用是中燃暖居工程的2.2倍，空调器的设备总费用是中燃暖居工程的2.7倍。使用期越长，空调器与燃气壁挂炉更新次数越多，费用就越高。

在同样的供暖效果下，燃气壁挂炉每年的燃气使用费是中燃暖居工程服务年费的1.65倍，空调器的电费是中燃暖居工程服务年费的1.93倍。

（6）环保 电暖气是典型的“高能低用”设备，即将高品位的电能直接变换成了最低品位的环境热能，能源浪费巨大。分布式集中供暖热源大量采用燃气和电驱动的空气源热泵，从室外空气中吸收大量的低品位能源，真正实现清洁能源的绿色转化，低碳环保优势明显。利用燃气驱动空气源热泵可大幅减少供暖地的碳排放，利用电驱动则可实现零碳排放。与燃气壁挂炉、空调器、电暖器等供暖方式相比，每1000万m^2 建筑面积每年可减排CO_2 35万～45万t，为当地创收潜在碳汇约3000万元/年。

5. 中燃暖居工程与传统城燃业务的关系

中燃暖居工程与中国燃气的传统城燃业务在资源、管理、人才等方面具有协同效应。

（1）资源协同 中燃暖居工程的主要能源之一是天然气，中国燃气在长江流域的数百家城燃公司可以为中燃暖居工程提供能源供应保障，在气源、气价、气量等方面产生协同效应，在保障中燃暖居工程用气量的同时，也为城市燃气公司（简称城燃公司）创造更多的销气量和销气利润。此外，城燃公司积累了良好的政企合作、商业合作资源，可基于民生工程的需要，发挥城燃公司与政府长久合作的优势，推动当地政府出台中燃暖居工程的准入和支持政策。城燃公司还具有丰富的用户资源，包括商业用户和各类居民用户，都是中燃暖居工程的潜在用户，而城燃公司天然具备这类用户的流量入口和信任优势，可以为中燃暖居工程的市场推广提供便利。最后，中燃暖居工程也会使城燃公司与各地政府更加紧密地合作，增加用户黏性，提升用户价值。

（2）管理协同　中燃暖居工程的商业模式与传统城燃业务相似，中国燃气的计划预算管理、考核下的目标责任制、标准化管理三大管理原则依然适用于中燃暖居工程。中国燃气构建起的总部、区域、项目公司的三级管理架构，可以作为中燃暖居工程域内市场开发、建设、管理的基础，在总部统一制定政策、标准、指引的基础上，由项目公司作为域内中燃暖居工程的开发建设主体。

（3）人才协同　中燃暖居工程的管理模式与城燃公司类似，所以市场开发、工程建设、运营管理等部分的专业人才可以由既具有专业知识和技能，又熟悉中国燃气管理理念和管理体系的城燃公司专业人才担任，既节约成本，又提升效率；域内暖居公司的行政、综合等后台支持人员，可以由当地城燃公司相关人员兼任，亦可降本增效。

二、中燃暖居工程的技术体系

中国燃气根据自己多年的市政系统运行经验，集成了当前最先进的技术和理念，创新性地研发了具有中国燃气特色的中燃暖居工程技术体系。其技术体系由五大系统构成，即智慧供热云管理系统、高效节能热源系统、智能供热输配系统、室内智能温控系统和智能 CRM 客服系统，如图 0-2 所示。通过智慧、高效的全系统管理，提高建筑内居住、工作微环境质量。

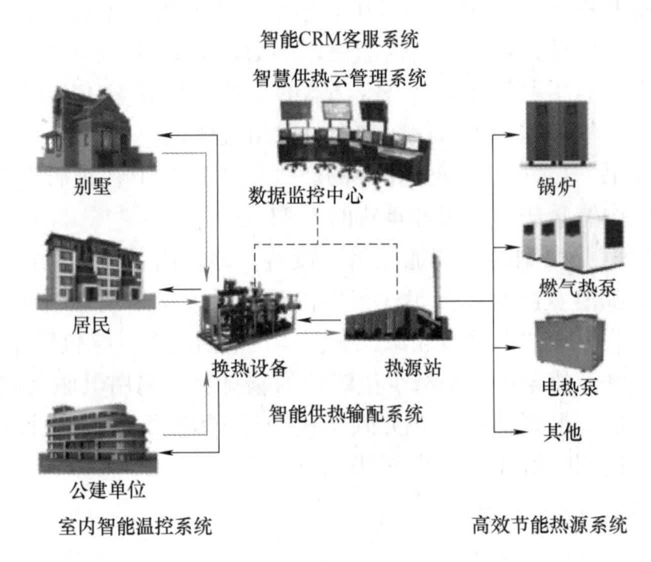

图 0-2　中燃暖居工程的技术体系

1. 智慧供热云管理系统

中国燃气总结多年来北方分布式供暖业务投资、建设、运营等方面的经验，充分研究南方供暖的特殊性，以“安全、高效、节能、环保、智慧”为核心，以能耗仿真、数据建模、机器学习和智慧调节为抓手，针对南方供暖业务研发出一套行业领先的信息化、数字化、智慧化的供暖管理系统，助力中燃暖居业务的管理水平、运营指标、运营智慧成为行业的标杆。

智慧供热云管理系统采用数据云、物联网、仿真、AI智能决策等技术组成智慧调度软件系统，实现对源、网、用户的精确智能调控，通过数据采集自动化、数据管理可视化、系统调节动态化、运行决策智能化和节能减排指标化，最终实现客户服务人性化。

（1）数据云及网络基础设施　采用国内领先的云计算平台，配以虚拟防火墙提供VPN（虚拟专用网）专线服务，保证系统冗余充足、数据备份可靠、网络稳定安全。

（2）智慧调度软件系统　由基于数字孪生的供热优化调度系统、管网仿真系统、远程监控系统、物联网平衡系统、用户室温监测系统、无人机巡检系统和大数据分析平台组成，实现以GIS（地理信息系统）地图为数据平台，采用热力图、色阶图等方式可视化展示能源站、管网、换热站等地图监控数据，并且可以回放历史监控数据。

（3）项目PLC控制系统　可实现系统无人自动运行，接入云平台后还可实现远程控制调度和实时监视。现场PLC（可编程逻辑控制器）配合彩色触摸屏以工艺图方式展示工艺逻辑图、实时参数和各时间级运行数据曲线，并通过曲线分析进行预测和超前操作。

（4）监控系统　由Web端、C/S（客户/服务器）客户端、手机App端组成。Web端作为公司和区域大屏数据展示窗口和领导驾驶舱，C/S客户端作为区域或项目公司调度人员实施远程监视和控制的工具，手机App作为运营人员实时监视能源站数据的工具。监控系统可实现站点分类批量监控、能耗分析和预测、运行分析和站点排名、管网绘制和监控、天气预报、生成运行报表等功能。

通过数据云和5G无线网络实现全国三级组网（见图0-3，顶级为全国暖居工程的调度中心、中央控制室、展示厅，中级为各城市中燃暖居工程的远程监控中心，底级为各个暖居项目的就地PLC控制展示系统），对所有暖居项目现场实时进行数据监控，并运用云计算和大数据分析，总结南方供暖实际运行数据，填补数据空白，为国家出台南方供暖政策法规、技术标准做好数据积累和支撑。

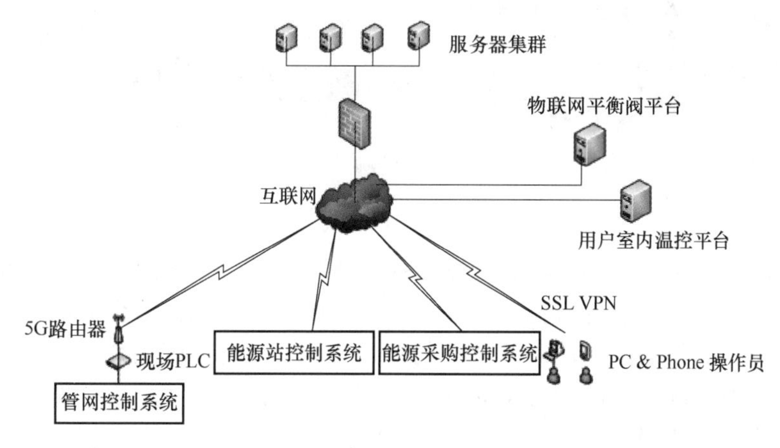

图0-3　三级组网

注：SSL为安全套接层。

2. 高效节能热源系统

高效节能热源系统是指分布式能源站及其控制管理系统，是由中国燃气自主研发的，具有多能耦合互补、能源高效利用、智能自动控制、移动微热力源、低碳减排环保等特点的供暖能源站系统。

（1）多能耦合互补　中燃暖居工程以天然气、电、太阳能、工业余热、环境热能等清洁能源和可再生能源为能量源，根据当地能源禀赋，因地制宜地构建暖居项目能源供应系统。通过中国燃气自主研发的多能协同、智能耦合的智慧能源管控体系实现不同品位、不同形式能源间的实时优化互补，做到高能高用、低能低用、随产随用，总量最低。

（2）能源高效利用　采用最先进的全预混燃烧、烟气相变、储能调峰、逆循环热泵等科技成果，充分挖掘一次能源蕴含的能量，并从空气、土壤、河流中大量吸收环境能，从源头减少能源消耗，实现最高的能源转化率和COP（制热性能系数）值（燃气驱动热泵的COP可达1.6以上，电驱动热泵的COP可达4.0以上），大幅提高一次能源利用效率，降低能源综合成本。热源设备如图0-4所示。

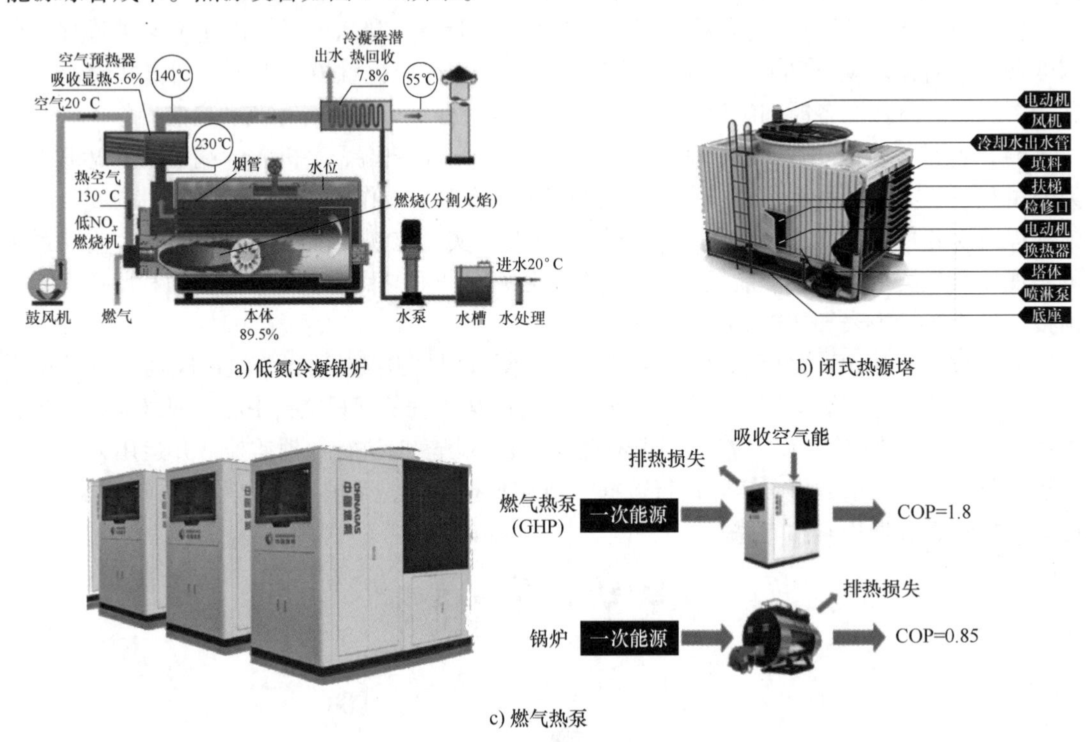

a) 低氮冷凝锅炉

b) 闭式热源塔

c) 燃气热泵

图0-4　热源设备

（3）智能自动控制　采用集散式控制系统（DCS），分层实现数据获取、信号转输、智能诊断和优化指导，根据室外气温、湿度、光照、风速的变化，结合大数据和经验进行分析，制定分时空控制策略，自动调节热源的运行工况，随时匹配用户的用热需求；全程监控、记录设备运行状况，提前制订维修保养计划，彻底消除故障隐患，保障热源零间断运行；全自动无人化智能职守，在确保热源运行安全的前提下降低人力成本。

（4）移动微热力源　热源设备采用集装箱式撬装工艺，高度集成化、模块化、小型化，占地面积小，建设速度快；并通过精心的气流组织、低摩擦运行、完善的降噪设计、环境友好的外观美化，不仅把对用户室外环境的影响降到最小，还可起到美化环境的作用。该技术不仅可用于常规建筑供暖，还可在野外工程建设、部队宿营、疫情防控、应急抢险中发挥重要作用。

（5）低碳减排环保　大量替代目前南方供暖使用的燃气壁挂炉、电暖器、空调器等自发的无组织、不专业的高能耗、高碳排放的用能方式，避免了建筑内热源在空间上的无规律散布和时间上的随机起动造成的大量间壁换热，降低了建筑整体能耗和用户用热的不公平性。并且优先使用清洁能源和可再生能源，以清洁能源驱动高效能量吸收转换设备，显著提高可再生能源利用比例，生产的热能总量更高，消耗的含碳能源更少，可做到碳的零排放甚至负排放，符合国家碳达峰、碳中和等政策的要求。

3. 智能供热输配系统

在国内外大量供热控制系统研究成果的基础上，融合中国燃气成熟的城市燃气输配 GIS 地图系统、SCADA（监控和数据采集）系统监控组态软件，研发设计出了中燃暖居工程的智能热量输送、分配系统和控制方案，包括供热管网监控系统、楼栋监控系统、单元监控系统和单户监控系统，通过无线通信系统组网组成智能供热输配系统（见图 0-5），供暖系统的压力、温度、流量、压差等参数全面实现自动调控，实现全网水力平衡和热量平衡，达到热量的精准输送和分配的目的，避免为了部分用户温度不达标而全面提高供暖温度造成的能源浪费，从而实现供暖的经济性，达到安全、降耗、提高经济效益的目的。

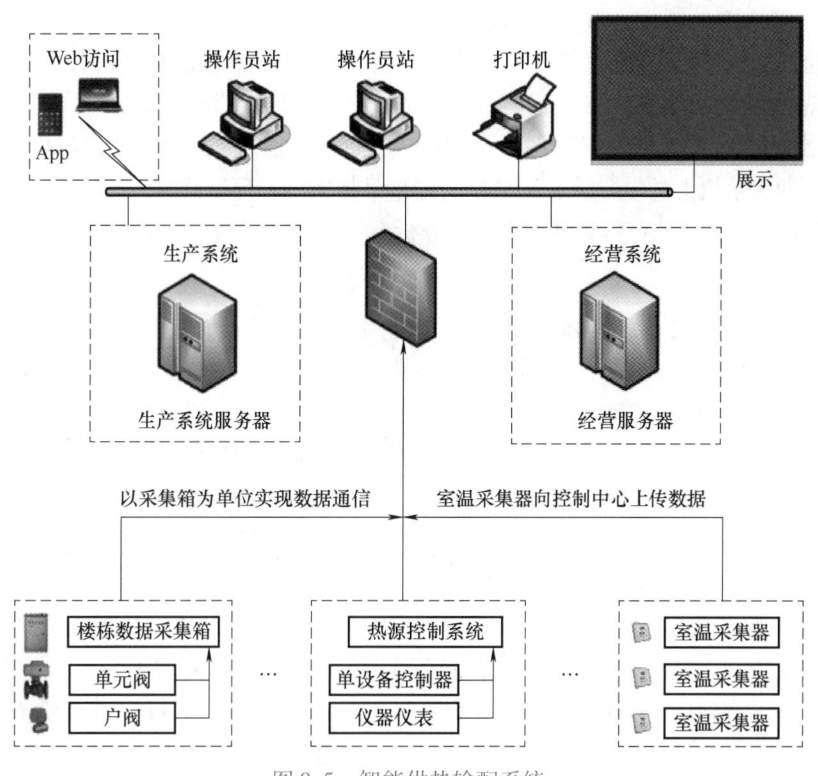

图 0-5　智能供热输配系统

根据建筑形式（新建或已建、高层或多层、节能或非节能等）、用户类别（居民或工商业、事业单位，公寓套房或别墅等）、供暖末端散热类型（地暖、散热器或风机盘管等）、供热面积等的不同分别设定目标用户和用户群的供暖参数，在供暖系统中优化设置静态水力平衡设备和动态水力平衡设备，自动适应天气变化造成的整体热负荷波动和用户局部快速增加带来的流量分配不均，动静结合实现全面水力平衡。并结合供暖系统中的温度分布，迭代计算修正流量值，对不同支路的流量进行调节，通过平均失调度、水力离散度和室温数据三个指标进行分析、调节，直至所有参数达到合理区间，最终达到全部用户散热设备处的供热

量达到预期值，彻底消除近端用户室温过高、末端用户室温不达标的现象。

智能供热输配系统还具备管网巡查管理调配、管道和设备维护管理、异常和故障报警、历史数据储存分析、自动生成报表等功能。

4. 室内智能温控系统

中燃暖居工程使南方用户彻底告别冬季阴冷的室内环境，保证供暖期间全天室内温度在18℃以上，并且根据不同供暖阶段（初期、中期、末期）的用热特点和气温、湿度、光照等因素的变化，精准调控各家各户的供热量，让用户享受到最佳的体感温度。

在中燃暖居工程户内设施建设时根据用热需求等特点进行精准的设计，优化散热设施和各类测点的配备数量和敷设位置，为运营时智慧调控打下坚实的基础。

通过采集室内环境和供暖系统参数，校验室内需热量和供热量的匹配程度，根据大数据分析结果制定调控方案，全自动、有规划地控制循环水的温度、压力和流量，避免热传导的延迟性造成的调控紊乱，实现用户室内最大概率的热量平衡；按需调整各家各户的供热量，既满足热用户舒适度的需求，又降低了能耗。

室内智能温控系统还建立了全生态大数据体系，通过收集、储存、对比分析各时段的运转数据，及时捕获反常信息，做出运行故障预警、报警（如系统堵塞），异常失水判断（如泄漏或用户放供暖水），异常失热判断（如用户长期开窗通风），构建各家各户的节能策略。

用户可以通过手机上的中燃暖居APP随时随地掌控室内的环境情况，反映用热需求，后台的智慧供热云管理系统收集这些信息并作大数据分析后给予及时反馈，真正实现用户“掌上用热”。

5. 智能CRM客服系统

中国燃气充分挖掘城市燃气客户服务经验的价值，面向中燃暖居工程终端用户开发了智能CRM客服系统（见图0-6），为广大用户提供完善、便捷、舒心的人性化用热服务和增值服务。

智能CRM客服系统由用户发展、客户服务、收费管理三大业务管理系统构成，包含暖居客户分析管理（CAM）、暖居市场开发（WMD）、呼叫应答服务（CAS）、增值业务拓展（VSD）、客户移动应用（CMA）等模块，构建了一个客户体验统一、财务标准统一、呼叫中心统一、业务管理统一的大统一客户服务平台，满足了流程化、规范化地处理用户数量持续快速增长的业务需求；适应计费方式多样化、缴费渠道多元化、财务票据电子化的发展趋势，打通了客户服务中的沟通壁垒，帮助热用户方便、快捷地解决用热诉求。

该系统通过提高客户需求响应速度，拉近与客户的距离，增加用户黏性，扩大服务范围，深挖用户消费潜力，全面提升暖居客户服务的水准和质量；通过提供高质量的服务提高中燃暖居工程用户的交付价值感和服务满意度，与中燃暖居工程用户建立起长期、稳定、相互信任的密切关系，从而吸引新用户、维系老用户，提高中燃暖居工程的效益和竞争优势；通过对中燃暖居工程用户消费行为的分析，寻找高消费能力和高消费潜力用户，圈定优质客户群体，明确深度开发目标。

客户通过中燃暖居App中的智能CRM客服接口既可方便快捷地实现报装签约、线上缴费、室内系统布置方案沟通（老客户）、预约上门施工时间、供暖效果实时反馈、室内系统改造申请、故障报修、暖居服务满意度评价、投诉建议等暖居业务操作，还可通过系统内的其他接口更多地了解中国燃气，实现以中燃暖居工程为契机，促进域外城市燃气、农村智能微管网、增值业务等领域的市场开拓。

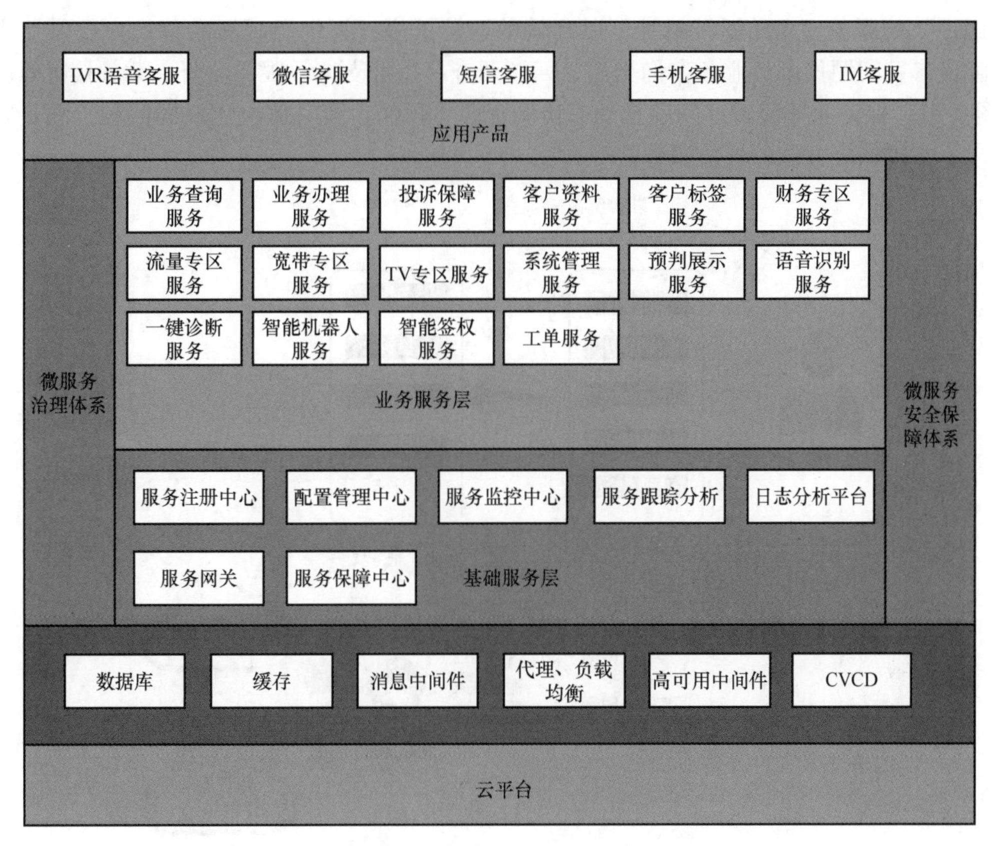

图0-6　智能CRM客服系统

借助暖居客服与用户的多维度接触，逐步丰富客服业务的种类，为用户提供全方位的关心和服务。暖居相关服务还有天气预报提醒、供热资讯推介、暖居项目通知公告、散热器在线销售、增值产品配送、家政服务等，充分体现了中燃暖居工程不仅暖房、暖人，还暖心！

三、中燃暖居工程的安全运营

深圳中燃热力发展集团有限公司负责中燃暖居工程的整体安全运营管理，其专业技术调度队伍实时掌握各项目情况及时调度调整控制，预判各种安全设备的故障时间、原因及解决办法，指导各项目公司及时高效处理问题，确保用户满意度提升、设备设施运行安全，及时预防运行安全问题。

中国燃气在项目所在地成立专业的热力公司作为暖居项目的执行和运营主体，负责项目的日常运营。运营的范围包括能源站运行管理、供暖系统热网的管理、用户供暖末端设备的维护修理、停暖期间设备的维护保养、供暖能源的采购、服务费的收取等。

中燃暖居工程热力公司负责能源站、供暖系统热网以及用户末端设施的维护保养，对能源站和供暖系统热网终身维护保养，对用户末端设施质保期内免费维护保养、终身有偿维护保养。

四、中燃暖居工程的客户服务

中燃暖居工程开发建设了暖居智能CRM客服系统，具有完善的售后服务体系和质量保证体系。中燃暖居工程依托中国燃气现有的服务体系和全国统一的客服标准，秉承“一切为了用户”的服务理念和创新精神，以高效的运营效率，为中燃暖居工程用户提供业主设备故障报修、问题投诉、业务咨询交流、回访调查、技术支持、服务监督、话务接听等服务（见图0-7），保证业务流转、问题推动、协调资源更顺畅，随时解决用户的问题，满足客户的需求，并提供全方位的增值服务。

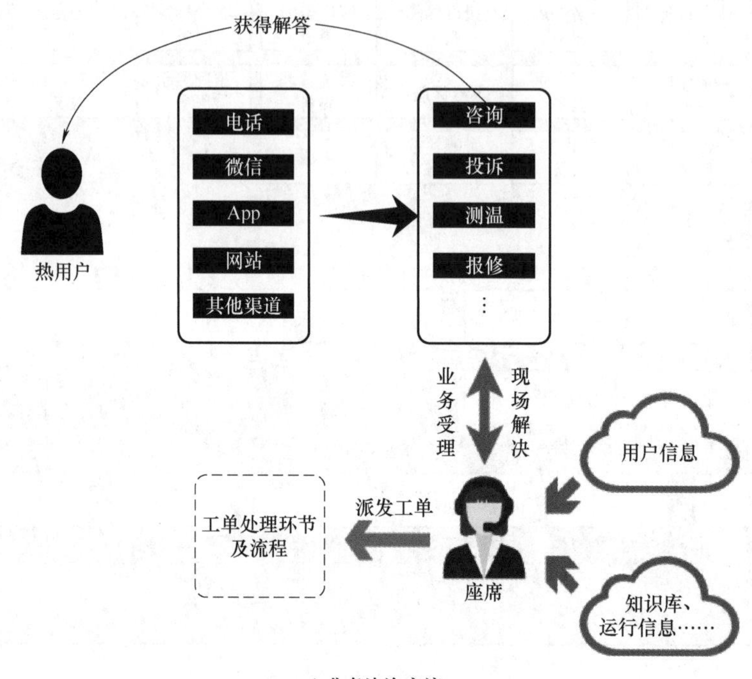

a）业务咨询交流

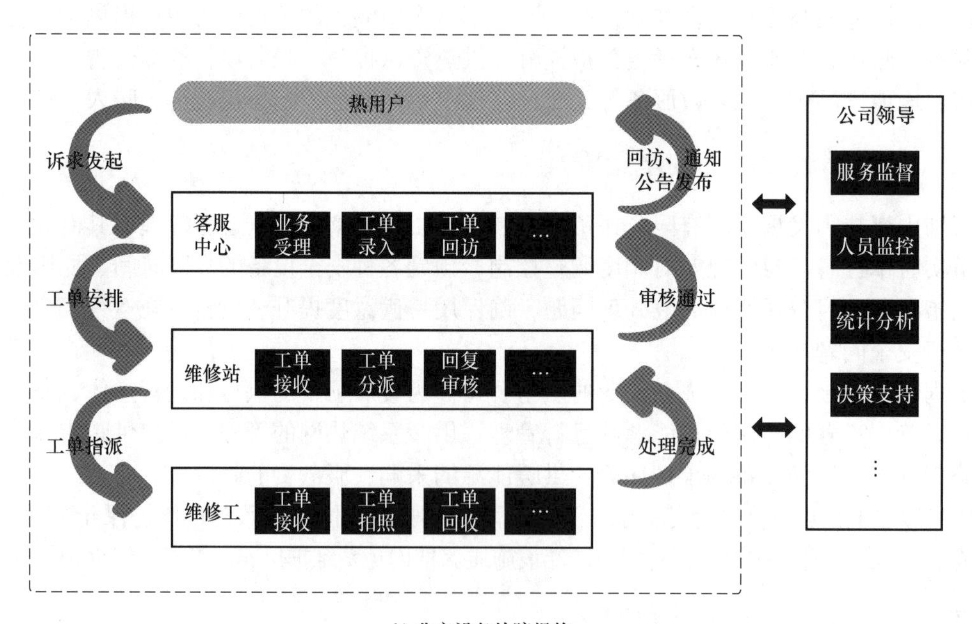

b）业主设备故障报修

图0-7　与用户沟通交流

第一章

常用供暖工艺系统

第一节　闭式热源塔热泵系统

一、闭式热源塔热泵系统概况

（一）系统简介

闭式热源塔热泵系统主要由能源塔和热泵主机组成。冬季能源塔用作热源塔，利用低温防冻溶液提取空气中的热能，为热泵机组提供热源用于供暖；夏季能源塔用作冷却塔，利用水蒸发冷却为热泵机组提供冷源用于制冷。闭式热源塔热泵系统的能源塔和热泵主机如图1-1所示。

a) 单供热型能源塔

b) 冷热型能源塔

c) 热泵主机

图1-1　能源塔和热泵主机

闭式热源塔热泵系统由热源塔、热泵、水泵、控制系统等组成，可用于分散式供暖项目和冷暖联供项目。根据使用功能分，闭式热源塔热泵系统分为单供热型和冷热型。单供热型闭式热源塔热泵系统如图1-2所示，冷热型闭式热源塔热泵系统如图1-3所示。

（二）工作原理

在夏季工况，闭式热源塔转换为冷却塔，冷却水系统工作，利用蒸发冷却的原理对循环冷却水进行冷却。喷淋水附着在换热器上，通过风机使空气流速增加，增加喷淋水的蒸发速度，从而快速降低换热器内冷却水的温度，为热源塔热泵主机提供温度稳定的冷源。从热力学角度讲，夏季的改进型闭式热源塔与湿式冷却塔的工作原理及工作过程是相同的。

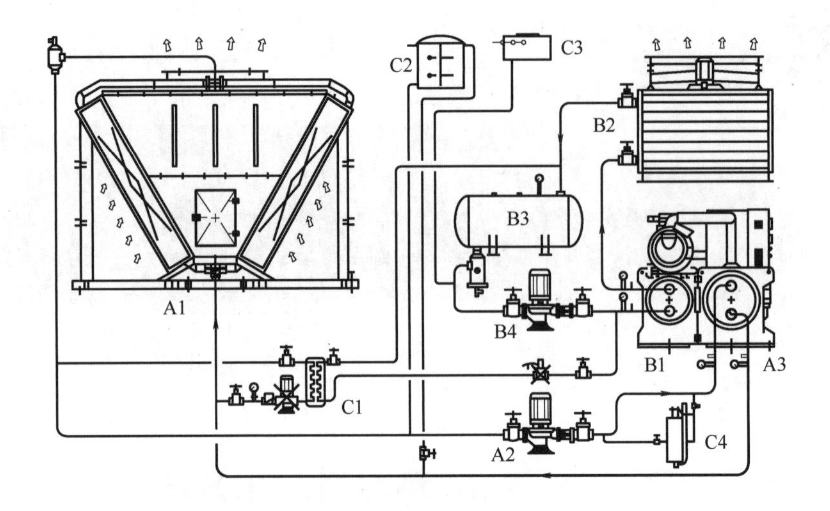

图 1-2　单供热型闭式热源塔热泵系统

A1—单供热型闭式热源塔　A2—源侧热源泵　A3—热泵蒸发器　B1—热泵冷凝器　B2—负荷换热器　B3—蓄热能罐　B4—荷侧负荷泵　C1—蓄能除霜器　C2—源侧膨胀箱　C3—荷侧膨胀器　C4—载冷剂监测

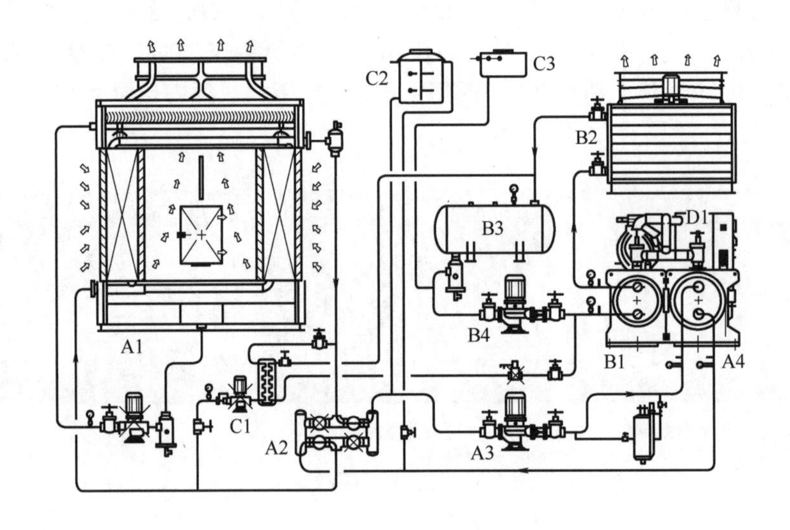

图 1-3　冷热型闭式热源塔热泵系统

A1—冷热型闭式热源塔　A2—逆流换向器　A3—源侧热源泵　A4—热泵蒸发器　B1—热泵冷凝器　B2—负荷换热器　B3—蓄热能罐　B4—荷侧负荷泵　C1—蓄能除霜器　C2—源侧膨胀箱　C3—荷侧膨胀器　D1—冷热换向器

在冬季工况，闭式热源塔可以高效采集环境中空气的低品位热能，从热泵机组蒸发器流出的防冻溶液经管道输送至热源塔，进入低温宽带换热器，与从热源塔底部进入的环境空气进行热交换，吸收环境空气中的热量，再经管道输送至热泵机组蒸发器，释放出低温显热源，为热泵提供稳定的热源。

（三）闭式热源塔的特点

1. 高效节能

空调机组分别以 COP、EER（制冷性能系数）的大小反映其制热、制冷时能效的高低。闭式热源塔系统冬季制热时，0℃时的 COP 值达到 3.5，夏季制冷时能效比 EER 值为 5～6，而风冷机组的 EER 值不超过 4，溴化锂直燃机组的能效比约为 1.4。而且，闭式热源塔散热能力强，制冷时可匹配 EER 值高达 10 以上的磁悬浮鼓风机，使系统更高效节能。

2. 清洁环保

闭式热源塔系统由清洁能源（纯电力）驱动，无排放，清洁环保。热源塔热泵系统的独特设计可有效提取空气中的低品位能量，能够循环利用可再生的空气能，减少了不可再生资源的消耗，同时大幅减少废水、废气、废渣等污染物的排放。

与开式热源塔系统相比，闭式热源塔的防冻溶液采用的是醇溶液，且系统是闭式系统，冷热模式无须做任何处理。而开式热源塔的防冻溶液采用的是盐溶液，盐溶液对系统有腐蚀性，且存在飘散、蒸发，对周围环境、气味有严重影响。

3. 系统简单

单一系统满足用户多种需求，设备利用率高，维修养护成本低，使用操作简单。闭式热源塔冬夏季换向采用氟路换向，实现了一键冷热切换。开式热源塔制热转制冷，需要将冷却/冻系统管道进行换向，且原冷却管内溶液需要进行回收并重新注水后方可使用，操作复杂。与地源热泵相比，不用考虑地源侧冬夏季吸、放热的平衡；与风冷热泵相比，不用考虑辅助电加热和冬季除霜的问题，单机功率范围大；与冷水机组＋锅炉相比，占地面积小，维护费用低。

4. 使用寿命长

闭式热源塔的系统寿命长达 15 年，且可全年运行。与风冷热泵相比，机组能耗小，磨损轻，寿命长。

（四）闭式热源塔热泵系统与其他系统的对比

闭式热源塔热泵系统与其他系统的对比见表 1-1。

表 1-1　闭式热源塔热泵系统与其他系统的对比

技术指标	单冷＋供热系统	地源热能系统	空气源热泵系统	热源塔热泵系统
能量来源	电或化石燃料	地下水/土壤	空气	空气
缺点	高污染、高耗能	破坏淡水资源，效率衰减明显	－30℃以下无法运行	－30℃以下无法运行
机房面积利用率	100%	60%	70%	60%
系统寿命	15 年	8～10 年	10 年	15 年
能效比	2.8	5.6	2.8	5.5
运营耗能百分比	100	40～60	75	40～65

二、闭式热源塔热泵系统的技术性分析

以成都某项目的相关数据为例对闭式热源塔热泵系统进行技术性分析。

1. 项目概况

成都某项目共5栋楼和6栋商铺。1号楼为办公楼，2号楼为大户型住宅楼，3号、4号楼为小户型住宅楼，5号楼为美术馆，6～11号楼为商铺，集中供冷热及生活热水的总供能面积为97034m^2。

2. 设计负荷

该项目的冷热设计负荷见表1-2。

表1-2　冷热设计负荷

项目	面积/m^2	同时使用率	热指标/(W/m^2)	热负荷/MW	冷指标/(W/m^2)	冷负荷/MW
住宅	17940	0.7	50	0.63	100	1.26
公建	79094	0.85	80	5.38	120	8.07
合计	97034			6.01		9.33

3. 系统参数

1）冬季供暖天数：90天。
2）夏季供冷天数：150天。
3）供暖供水温度：45℃。
4）供暖回水温度：40℃。
5）供冷供水温度：7℃。
6）供冷回水温度：12℃。

4. 供能时间

供冷从5月至9月，共5个月；供热从12月至次年2月，共3个月。办公区域每天的供能时间为10h，住宅每天的供能时间为24h。

5. 能源站配置

该项目只负责投资建设能源站，其投资总规模估算见表1-3。

表1-3　投资总规模估算

系统单项	规格	数量
热源塔热泵	1583.00kW	4
螺杆式冷水机组	1640.00kW	1
闭式热源塔	600.00kW	8
冷却水泵	15.00kW	9
冷冻水泵	75.00kW	4
辅机	补水系统、定压系统等	1
水系统	管道、阀部件、保温材料等	
电气系统	系统配电	1
自动控制系统	自控平台	1

注：项目所有设备机组的总耗电量为3200kW·h。

6. 运行能耗

该项目的年供热量为294.59万kW·h，年供冷量为954.23万kW·h，年累计耗电量为317.83万kW·h，年累计耗水量为3.22万t。

三、结论与建议

1）闭式热源塔热泵系统单机功率大，与传统空气源热泵系统相比，无除霜问题的困扰，机组室外部分的布置占地面积小，适合大型项目供暖、冷暖联供。

2）项目统一投资、建设、运营，闭式热源塔热泵系统更高效，运营成本较低。

3）闭式热源塔热泵系统作为一种新技术，虽已在居民供暖、公建冷暖联供项目中进行应用，技术上也接近成熟，但未经大批量应用考验，建议后续在公建项目试点中加以验证，再考虑大范围应用。

第二节　蓄能互联热泵系统

一、蓄联热泵系统概况

目前的蓄热方式主要有三种：显热蓄热、相变蓄热和热化学反应蓄热。显热蓄热方式通过升高蓄热材料的温度来实现蓄热，这种方式储存的热能密度主要与蓄能材料的温度和热容量有关。相变蓄热利用蓄热材料的相变过程来实现热量的释放和储存。由于蓄能材料的相变潜热大于显热，所以相变蓄热的热能密度要明显高于显热蓄热。热化学反应蓄热通过可逆的化学反应进行蓄热。热化学反应蓄热的热能密度通常要高于另外两种蓄热方式，但目前处于研究阶段。由于显热蓄热方式的热能密度较小，需要较大的储能容积，所以常采用相变蓄热方式。

为了改善空气源热泵在低环境温度下的制热量和COP以及除霜性能，可以将空气源热泵配置相变蓄热装置组成蓄能互联热泵（简称蓄联热泵）系统使用。该系统的优点是相变蓄热除霜、调节空气源热泵的用电负荷、调节热源供热与用户用热之间的热不平衡、利用低谷电价储能供热，以及可以用于不同形式的热泵系统（例如空气源热泵、光热热泵、地源热泵等）。

蓄联热泵系统是由水水热泵、空气水热泵等通过相变蓄能技术的互联形成优势综合利用的应用技术，再通过相变蓄能技术将热泵的优势和运用限制条件加以互联调控和克服，发挥设备的最大效能，创建稳定可靠、高效节能的供暖和制冷的空调系统。

在北方寒冷地区，水地源热泵受水资源匮乏且政府禁止打井取水、地埋管系统易造成冷堆积且成本较高、空气源热泵低温运行压缩比高且能效比低等因素制约而无法使用，蓄联热泵技术可有效采集自然界低品位可再生能源，如空气中蕴含的太阳热能及地热能等其他低品位热能，通过相变蓄能模块进行蓄存和调节，为水水热泵系统提供了稳定的源侧能量。该系统可降低系统投资、减少运行费用、延长设备寿命，还可利用国家电网“峰谷电价”鼓励政策，平衡电力负荷、降低运行费用，具有良好的经济和环保效益。

二、蓄联热泵系统的构成及工作原理

蓄联热泵系统由一次侧空气源动力模块、二次侧水水热泵和相变蓄能模块组成。蓄联热泵系统如图 1-4 所示。

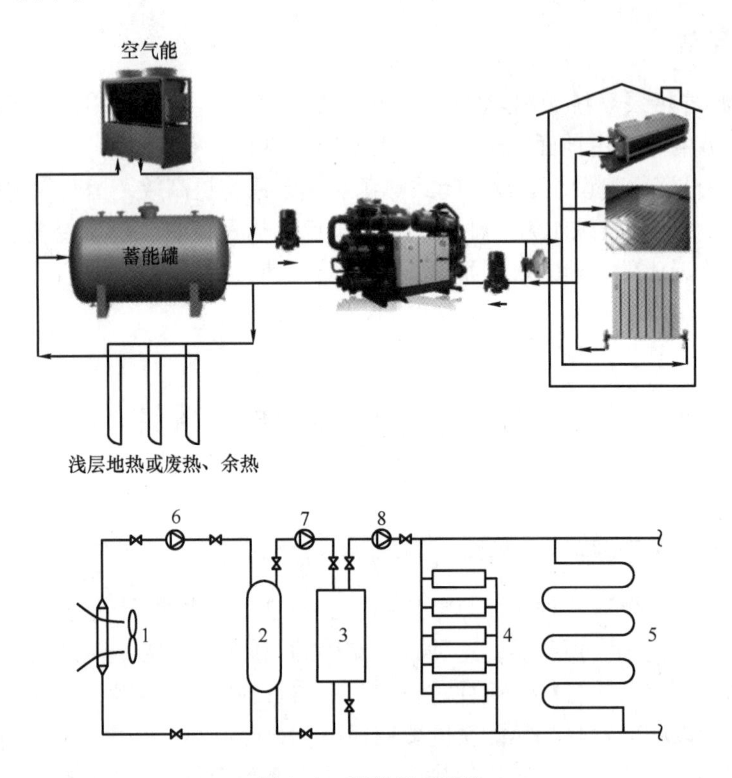

图 1-4　蓄联热泵系统

1—一次侧空气源动力模块　2—相变蓄能模块　3—二次侧水水热泵　4—散热器
5—地暖盘管　6、7、8—循环水泵

通过一次侧空气源动力模块和相变蓄能技术耦合，实现空气中所蕴含的低品位热能的采集和储存，为二次侧水水热泵提供有效热源。相变蓄能模块充分发挥了相变蓄能、冷热均流和调节蓄放的功能，并采用高密度相变蓄能材料（Phase Change Material，PCM）灌装的相变蓄能球。相变蓄能球采用超声波熔焊密封，预留空腔吸收相变膨胀，可全面确保系统的稳定性和耐久性。相变蓄能材料由固态转变成液态过程中吸收相变融化潜热，进行逆过程时释放相变凝固潜热。

在环境温度过低时，一次侧空气源动力模块无法运行，相变蓄能模块为二次侧水水热泵提供相变热能。二次侧水水热泵的主机具备变工况恒定水温输出的适应调节能力，热源侧温度在 0～25℃之间变化时设备仍可保持稳定运行。

三、蓄联热泵系统的技术特点

蓄联热泵系统突破了水地源热泵的使用限制，提供了北方寒冷地区水资源匮乏且政府禁止打井取水，地埋管热泵系统成本高、占地面积大、冷热不平衡的解决途径，与土壤源地埋

管热泵系统相比投资大幅减少。

蓄联热泵系统降低了空气源热泵压缩机低环温时的运行压缩比，缓解了空气源热泵在低温环境下能效比低、运行费用高、结霜严重、故障率高、空置率高的难题。

蓄联热泵系统与常规的空气源热泵系统及空调制冷系统相比，投资减少，配电功率减少，运行费用减少。

蓄联热泵系统采用先进的自动控制系统，能够实现工况自适应调节、运行能效实时数据监测、数据采集和分析，系统运行更加稳定，并可提供节能诊断，便于实施高效的节能管理，降低运行能耗。

四、应用实例

石家庄某项目2019—2020年供暖季蓄联热泵系统的能耗数据见表1-4。

表1-4　能耗数据

项目序号	供暖面积/m^2	电耗/($kW\cdot h/m^2$)	水耗/(kg/m^2)
1	9600	15.05	20.83

该项目的建筑面积为9600m^2，末端为散热器，2019年供暖季投运，采用蓄联热泵系统供暖，整个供暖季单位面积电耗约为15.05kW·h，按此项目运营数据，蓄联热泵系统的单位面积能耗较低。

单台机组制热量为100～2000kW，占地面积为6～12m^2。

该项目蓄联热泵系统热源侧的投资范围仅为蓄联热泵机组，水泵等辅机利旧，根据计算，蓄联热泵系统的投资高于锅炉及燃气空气源热泵系统。

五、结论与建议

1）蓄联热泵系统的出水温度可达60℃，能够在旧散热器供暖系统的改造中提供热水且稳定运行。

2）蓄联热泵系统的初投资较高，单位面积能耗较低，运营成本较低，适合电价较低的地区。

第三节　水源热泵系统

一、水源热泵系统概况

水源热泵系统利用地球表面浅层水源（如地下水、河流和湖泊）吸收太阳能和地热能而形成的低品位热能资源，采用逆卡诺循环原理，通过少量的能量输入，实现低品位热能向高品位热能的转换。

1. 地表水源热泵系统

地表水是地球表面的江、河、湖、海水的总称。地表水源热泵系统是利用江河水、附近湖泊水和海水吸收太阳能和地热能而形成的低品位热能资源作为热泵的冷热源，并实现冬季从水中吸取热量向建筑物供热，夏季以地表水作为冷却水向建筑物供冷的高效节能空调系统。我国地表水（淡水）总量约为2.8万亿m^3，近90%分布在南方地区，其中长江中下游、西南、珠三角、东南沿海四个地区分别占39.6%、20.7%、19.2%、8.45%。在冬季，南方地表水温均具有较高的可利用水平，如黄浦江（上海）和长江（武汉）最冷月平均温度均为6.7℃。这为地表水源热泵系统的应用提供了良好的自然条件。

地表水源热泵系统是按照热泵原理设计，输入少量高品位电力能源驱动，以大量利用江河水、湖塘水、海水、雨污水等的低品位热资源，实现热能资源从低品位向高品位转换的设备系统。冷风式地表水源热泵系统的循环原理如图1-5所示。

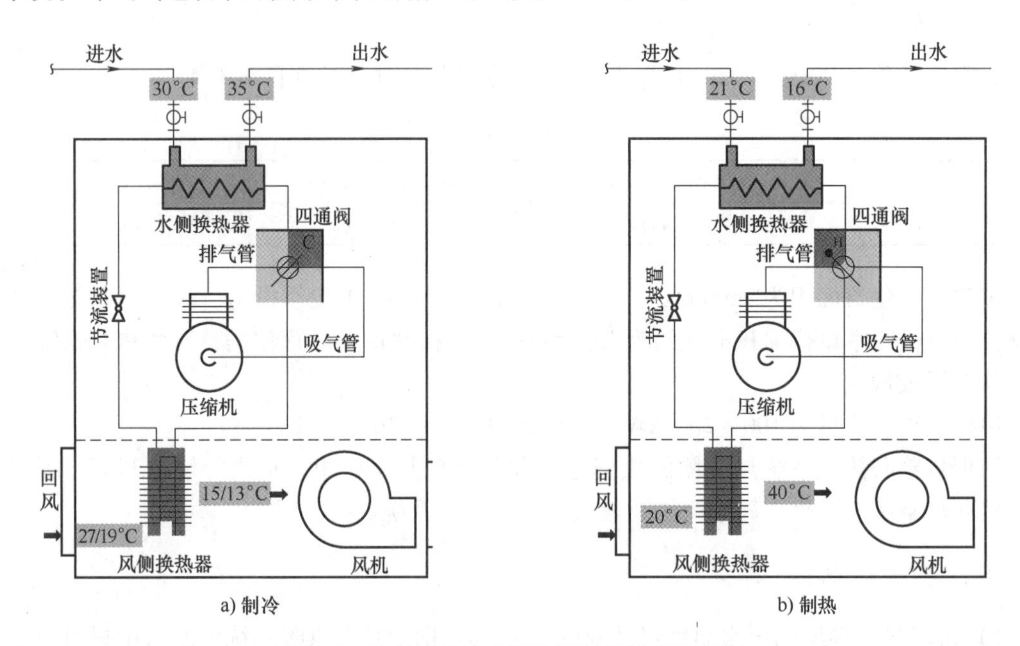

图1-5　冷风式地表水源热泵系统的循环原理

2. 污水源热泵系统

城市污水中含有的能源潜力巨大，而且这是一种不会产生污染的清洁能源开发过程，可以代替一部分高品位能源（如煤、石油、天然气等）使用，从而使城市能源消耗的抑制、分散化和合理配置得以实现，提高城市能量的利用效率。

城市原生污水作为热泵系统的低品位热源或高品位热源，具有如下特点：

1）水温稳定。污水全年温度为10～26℃。

2）水量巨大。我国污水的排放量巨大且主要集中在城市。

3）节能减排效益显著。利用1t污水中的热量，可减少标准煤消耗1.44kg，减少CO_2排放4.2kg。

4）能源利用效率高。作为载热水体的城市污水，不但具有相当大的热容量，而且换热设备与土壤和空气相比，拥有更高的换热效率、更高的热泵系统运行效率。污水源热泵系统比空气源热泵系统制冷效率高40%，制热效率高50%，比常规冷机制冷效率高10%，具有非常高的能源利用率。

污水源热泵系统如图 1-6 所示。

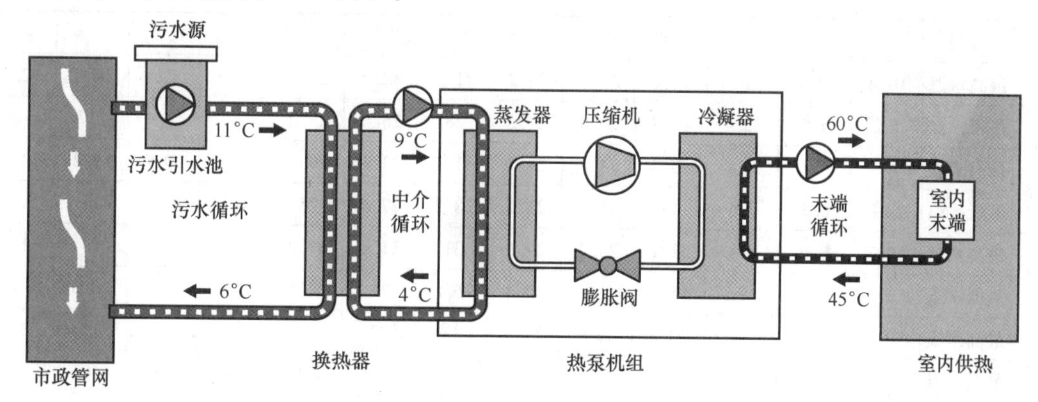

图 1-6　污水源热泵系统

二、应用实例

下面以长沙某项目为例进行介绍。该项目所在地临近湘江，水资源丰富，采用江水源热泵系统，取用湘江中的江水作为空调系统的冷热源，向项目各建筑集中供能。

1. 湘江水文情况

（1）湘江水流量和泥沙情况　湘江径流呈如下规律：1—6 月份径流逐月递增，这 6 个月的来水量占全年来水量的 61.2%，6 月份最高，达 14.9%；6—12 月份来水量递减。

湘江枯水径流一年中出现两次，一次是 10 月份至次年 2 月份的冬季枯水，另一次是夏季历时短暂的枯水。湘潭水文站历年实测的最小流量为 $100m^3/s$（1966 年 10 月 6 日），最枯月平均流量为 $152m^3/s$（1956 年 12 月）。现湘江长沙流域已有多个江水源热泵项目落地，目前枯水期未发现有水量不足的情况出现。

湘江是少沙河流，湘潭水文站多年实测的平均悬移质含沙量为 $0.164kg/m^3$，有利于江水源热泵项目应用。

（2）湘江长沙段年度温度变化情况　因江水源热泵系统的夏季冷凝及冬季蒸发水源为湘江水，因此，全年江水温度情况，尤其是冬夏季的极端水温是影响江水源热泵系统的重要方面，下面将进行详细分析。2000—2011 年，长沙水文站月最高、最低水温统计见表 1-5。

表 1-5　长沙水文站月最高、最低水温统计　（单位：℃）

年份	项目	1月	2月	3月	4月	5月	6月	7月	8月	9月	10月	11月	12月	全年
2000	最高水温	10.8	9.6	16.4	19.4	26.1	28.6	33	32.4	27.9	24.6	18.1	13.4	33
	最低水温	5	5.4	9.7	16.3	19.3	23.8	29	27.8	23	17.4	13	9.6	5
2001	最高水温	10.6	11	16.2	19.4	26	28.8	31.6	31.4	28.7	26	20.8	15	31.6
	最低水温	7.7	8.6	10.4	15.6	18.8	24	28.4	28	26.2	21	15	7.6	7.6
2002	最高水温	13.4	14	18	22	26.1	30.2	30.6	29.8	30	24.3	19	15	30.6
	最低水温	8.8	9	11	17.8	18	24.6	25.6	23.8	21.9	17.6	14.6	6.6	6.6
2003	最高水温	18	12	16.8	21.1	23.9	28.6	33	33.6	28.6	26	21.8	13.8	33.6
	最低水温	6.6	7.9	10.6	16	21.4	24.4	27	26.4	25.6	20.2	13.6	9.5	6.6

（续）

年份	项目	1月	2月	3月	4月	5月	6月	7月	8月	9月	10月	11月	12月	全年
2004	最高水温	10.4	14.4	16	22.6	26.6	29.2	31.2	32.2	27.8	24.6	21	14.6	32.2
	最低水温	7.2	6.8	12.4	14.8	20.6	24.2	28	26.6	25.2	20	14.4	7.7	6.8
2005	最高水温	7.8	7.1	12.8	23.4	24.3	28.2	31.7	33.4	29.2	26	20.7	16.2	33.4
	最低水温	6.4	6.3	7.6	14	23.1	23.6	28.2	27.4	25	18.8	16.2	10	6.3
2006	最高水温	10.3	9.6	15.6	21.2	25.2	29.2	31	31.4	31.2	25.4	22.2	14	31.4
	最低水温	6	7.9	9	15.2	21	22.4	26.8	28	24.5	22	14	10.6	6
2007	最高水温	10.2	12.3	17	20.4	26.6	29.6	32	33	28	24.4	19.1	15	33
	最低水温	8	8.9	12.9	16	20.2	24	29.8	24.6	24	19	15	10	8
2008	最高水温	10.3	8	17	21	26.2	27.2	31.2	31.2	29.7	26	21.4	14.8	31.2
	最低水温	4.3	3.6	9.1	16.2	21.6	24	27.3	29	26	21.6	14.6	10	3.6
2009	最高水温	10.1	12.1	16.1	21.4	25.6	29.6	32.0	31.6	30.0	26.1	21.7	13.2	32
	最低水温	6.8	7.7	9.0	14.6	21.4	22.1	26.0	28.4	26.0	22.0	11.8	9.8	6.8
2010	最高水温	10.5	11	15	17	22.4	25	31.6	32.7	30.1	25.1	20.3	16.3	32.7
	最低水温	7.6	7.8	10.1	14.5	17.3	22.2	25	29.4	25	20	16	9.4	7.6
2011	最高水温	9.0	9.2	13.8	20.2	23.5	29.5	31.2	31.3	28.0	22.6	20.5	17.5	31.3
	最低水温	5.8	6.9	8.1	13.8	20.1	23.1	28.6	28.0	22.8	20.0	17.0	11.0	5.8

在典型的供暖季1月，2000—2011年的最低水温出现在2008年，为4.3℃。在典型的供冷季7月，2000—2011年的最高水温出现在2000年和2003年，为33℃。

一般地，浅层地表水全年温度变化规律与环境温度关联密切，夏季环境温度明显高于水温2~4℃或以上，而冬季则略低于水温2~4℃。从9月底开始，气温开始逐渐下降，而水体的热惯性使得水温下降缓慢，水温比日平均气温高一些，进入冬季后，这种差距越来越大。在冬季，水温与气温的差距一般都有2~4℃的差距。从3月底开始，水温上升到与日平均气温较为接近，这种现象一直持续到供冷期结束。

根据湘江水文站12年中对长沙市湘江水温的监测资料表明：湘江河水的水温适宜作为制冷主机的冷热源。长沙水文站的水温观测地点是在长沙水文站基本水尺断面附近靠近岸边的水流畅通处，采用深水温度计测温，当水深大于1m时，水温计放在水面以下0.5m处，水深小于1m时，放至半深处，水太浅时斜放入水中（不能触及河底）。

12年中最高水温发生在2003年8月，为33.6℃，平均最高水温为32.2℃；最低水温发生在2008年2月，为3.6℃，平均最低水温为6.4℃。据此可判断，湘江0.5m以下水体的温度用作水源热泵机组的冷热源是可行的。为避免机组出现危险工况，建议在冬季最不利情况下采取加大水量、减小温差或其他辅助提高冷却水温的措施来解决。在长沙水文站2011年的水温监测数据中，最高水温为31.3℃，最低水温为5.8℃，平均水温为19℃。根据实测，水面下1~2m的水温基本稳定在31℃。

综上所述，湘江水温情况满足水源热泵项目稳定运行的要求。近10年已有多个湘江水源热泵项目投运，以湘江水为水源建设江水源热泵项目是可行的。

2. 设计负荷

该项目的规划用地为 13.7 万 m^2，总建筑面积为 63.4 万 m^2，其中地上建筑面积为 49.3 万 m^2，地下建筑面积为 14.1 万 m^2。项目住宅公寓、商业办公区冷负荷指标分别取 $80W/m^2$、$120W/m^2$，热负荷指标均取 $60W/m^2$，则可知其设计负荷（见表 1-6）。

表 1-6　设计负荷

名　称	建筑面积/m^2	冷负荷指标/(W/m^2)	热负荷指标/(W/m^2)	同时使用系数	冷负荷/kW	热负荷/kW
住宅公寓	392659	80	60	0.7	21989	16492
商业办公	100434	120	60	0.7	8436	4218
合计	493093	—	—	—	30425	20710

该项目能源站的选址遵循以下原则：

1）能源站尽量建设在负荷中心区处，以减少冷热水的输送能耗及能量散失。

2）能源站尽量建设在绿化带下方，有利于降低噪声。

3）能源站的建设位置需考虑取回水管网的布置，尽量降低取回水管网的投资。

考虑冬季最不利工况下，热泵系统效率低下，该项目能源中心装机负荷为 30.425MW，拟配置 6MW 的水源热泵主机 4 台，7MW 的水源热泵主机 1 台。能源中心装机负荷为 30.425MW，并考虑 10% 的配电裕量，则装机配电量预估为 9MW。

夏季最大冷负荷为 30425kW，热泵主机的 COP 约为 5，加上机组的输入功率，则取冷凝器总的换热量为 36510kW，水源水进/出水温度为 25℃/32℃，温差为 7℃。则夏季的最大需水源水量为 4480.3m^3/h。

冬季最大热负荷为 20710kW，热泵主机的 COP 约为 4.5，加上机组的输入功率，则取冷凝器总的换热量为 16108kW，水源水进/出水温度为 10℃/5℃，温差为 5℃。则冬季的最大需水源水量为 2767.4m^3/h。

3. 投资估算

（1）工程投资

1）能源中心机房部分投资主要为热泵主机、电锅炉、水泵、机房管网、阀门及配套系统设备及其安装。

2）水处理设施投资主要包括旋流除砂器、压滤器、胶球清洗装置。

3）自控系统投资主要为冷热量自动计量及收费管理系统、节能监控及自动化控制系统的费用。

4）高低压配电投资、取水回水建设费用、庭院管网和楼栋立管投资费用、空调末端投资费用等。

（2）工程建设其他费用　主要包括勘察设计费、监理费、建设单位管理费、可行性研究费、环境影响评价费等前期费用，以及招标投标代理费、竣工图编制费、工程结算审查费。

（3）工程投资估算（见表1-7）

表1-7　工程投资估算

序号	名　称	数　量	单　位	单价/万元	总价/万元
1	水源热泵机组（6MW）	4	台	350	1400
2	水源热泵机组（7MW）	1	台	400	400
3	取水头部分	1	套	400	400
4	取回水管网	1000m	元/m	0.35	350
5	自动反冲洗装置	5	台	30	150
6	旋流除砂器	5	台	20	100
7	胶球清洗装置	5	台	15	75
8	水源水循环泵	5	台	12	60
9	冷冻水泵	10	台	15	150
10	电锅炉	2	台	44	88
11	板式换热器	2	台	66	132
12	软化水装置	1	套	15	15
13	定压补水装置	1	套	10	10
14	机房空调管网及其阀门	1	套	456	456
15	自动控制系统	1	套	532	532
16	庭院管网和立管	1	套	1380.4	1380.4
17	末端风机盘管	1	套	4683.5	4683.5
总计/万元					10381.9
供能面积/万 m^2	49.3				
单位造价/（元/m^2）	210.6				

注：以上投资为全套系统投资建设费用，其中包含工程建设其他费用，约占总投资的10%；该项目无征地相关费用，江水源热泵项目可享受国家、湖南省、各地市节能减排项目投资补贴政策，一般约为总投资的10%；配置电锅炉主要考虑极寒天气和设备故障检修时的运营保障。

4. 运营费用

长沙工商业用电价格（1kV以下）为0.8174元/(kW·h)，水价为4.53元/m^3。供冷收费为10元/(m^2/月)，共计4个月；供暖收费为10元/(m^2/月)，共计3个月。

夏季空调制冷按120天计，冬季供热均取90天；住宅公寓每天24h供能，平均负荷系数为0.65；商业办公区12h供能，平均负荷系数为0.7。住宅公寓考虑70%使用率，商业办公区考虑90%使用率，由此可知该项目的全年供能量，具体见表1-8，运营费用见表1-9。

表1-8　全年供能量

名　称	冷负荷/kW	热负荷/kW	每天供能时间/h	平均负荷系数	使用率
住宅公寓	21989	16492	24	0.65	70%
商业办公区	8436	4218	12	0.7	90%
全年总供冷量/（MW·h）	36467.5				
全年总供热量/（MW·h）	19078.3				

表 1-9　运营费用　　　　　　　　（单位：万元）

年电费	年水费	年维保费	年人工费	年管理费	年折旧费	总计
1120.11	9.93	18.26	73.05	18.26	360.90	1600.51

5. 经济分析

本项目的静态回收期为 5.43 年，具体经济分析见表 1-10。

表 1-10　经济分析

项　　目	数　　值
项目总造价/万元	10381.9
投资方承担建设费/万元	5698.4
业主承担建设费/万元	4683.5
供能总收入/万元	2556.76
供能成本/(元/m^2)	1600.51
项目静态回收期/年	5.43

三、结论与建议

1）在国内，地表水源热泵系统是逐步得到广泛使用的新能源系统。

2）示例项目的每年供冷供暖收费标准为 70 元/m^2，每年运营成本约为 44 元/m^2，全套系统承担除户内工程以外所有投资，投资回收期为 5.43 年。

3）全国各地均有相关政策鼓励使用可再生能源，地表水源热泵系统供冷暖在鼓励范围内，以湖南为例可申请的优惠电价为 0.588 元/(kW · h)，运营成本可大幅降低。但若市场开发不理想，项目运营成本将大幅提高，会影响项目投资收益。因此，水源热泵项目需要控制好投资，根据政策申请到优惠电价，做好市场开发，投资效益将比较可观。

第四节　涡旋式水（地）源热泵机组

一、涡旋式水（地）源热泵机组概况

1. 系统简介

涡旋式水（地）源热泵机组属于地表水源热泵，功率一般在 30 ~ 600kW，由于其具有模块化、小型化的特点，因此非常适用于供热。

涡旋式水（地）源热泵系统是由涡旋式水（地）源热泵机组、换热系统（地埋管、取水管）、水力模块、室内机和生活用水设备等组成的一种空调系统。该系统通过地埋管换热设备与水（土壤）交换热量，热交换过的水通过水力模块输送到室内机、生活用水设备等。

涡旋式水（地）源热泵机组主要是由涡旋压缩机、蒸发器和冷凝器等组成的。涡旋式水（地）源热泵机组是一种中小型的水（地）源热泵机组，采用模块化设计，结构紧凑，外形美观，体积小，占地面积小，可室外布置，安装方便。

涡旋式水（地）源热泵机组多采用柔性涡旋压缩机，涡盘浮动密封，磨损小、可靠性高、能效比高；运行平稳、噪声低；采用多系统设计，可根据负荷情况自动选择运行的系统数量；可提供多级能量调节，运行节能。

2. 工作原理

涡旋式水（地）源热泵机组是一种小型的水（地）源热泵机组，其基本原理与普通水（地）源热泵一致，主要是压缩机不一样。地球浅层低温热源一年四季相对稳定，不受大气温度的影响，在冬季，机组将浅层土壤、地表水中的热量提取出来，制取热水，供建筑物用于供暖及其他用途；在夏季，机组将室内的热量提取出来，释放到浅层土壤、地表水、地下水中，达到制冷的目的。常见的换热形式如下：

1）地表水水（地）源热泵系统（见图 1-7a）将换热管路安装于建筑物附近的湖水、池塘等地表水源中，通过与地表水进行热量交换为空调系统提供冷热源。

2）地埋管水（地）源热泵系统（见图 1-7b）直接将换热管埋入地下，与土壤进行热量交换，为空调系统提供冷热源。地埋管有立式和水平两种，立式适用于空调系统面积小的场合，水平适用于空调系统面积较大的场合。

3）地下水水（地）源热泵系统（见图 1-7c）直接采用地下水作为空调系统的冷热源，地下水环路水温相对稳定，通常在 12～15℃。

a) 地表水水(地)源热泵系统

b) 地埋管水(地)源热泵系统

c) 地下水水(地)源热泵系统

图 1-7　常见的水（地）源热泵系统

涡旋式水（地）源热泵机组进出水温度见表 1-11。

表 1-11　涡旋式水（地）源热泵机组进出水温度　（单位：℃）

制冷运行			
冷却水		冷冻水	
进水温度	进出水温差	出水温度	进出水温差
10～40	2.5～8	5～15	2.5～8
制热运行			
冷冻水		冷却水	
进水温度	进出水温差	出水温度	进出水温差
5～25	2.5～8	35～60	3.5～9

这里以某样板间项目相关数据进行技术经济性分析。

1. 试点项目概况

该项目的水源来自地下水，地下水水位为60m，夏季地下水水温为18℃，冬季地下水水温为16℃。项目设备采用格力 SSD750W/NaAMS 型管壳式水源热泵涡旋机组，数量为1台。单台机组的制冷量为82kW，制冷输入功率为13kW；冷冻水出水温度为7℃，流量为0.172m^3/(kW·h)；冷却水进水温度为18℃，流量为0.103m^3/(kW·h)；制热量为88kW，制热输入功率为18kW；冷冻水进水温度为15℃，流量为0.103m^3/(kW·h)；冷却水出水温度为45℃，流量为0.172m^3/(kW·h)。

2. 设计负荷

该项目的设计热、冷负荷见表1-12和表1-13。

表1-12　设计热负荷

序号	建筑类型	面积/m^2	同时使用率	综合热指标/(W/m^2)	热负荷/W
1	别墅1	400	90%	70	28000
2	别墅2	400	90%	70	28000

表1-13　设计冷负荷

序号	建筑类型	面积/m^2	同时使用率	综合冷指标/(W/m^2)	冷负荷/W
1	别墅1	400	100%	100	40000
2	别墅2	400	100%	100	40000

3. 系统参数

1）冬季供暖天数：120天。

2）夏季供冷天数：120天。

3）供暖供水温度：45℃。

4）供暖回水温度：40℃。

5）供冷供水温度：7℃。

6）供冷回水温度：12℃。

4. 供能时间

供冷期为5月至9月，共4个月，供暖期为11月至次年3月，共4个月。住宅的每天供能时间为24h。

5. 计费

供冷费用标准为10元/(m^2/月)，共计4个月。供暖费用标准为10元/(m^2/月)，共计4个月。

6. 投资估算

该项目只投资能源站，具体的投资估算见表1-14。

表 1-14　投资估算

系统单项	规　　格	数　　量	投资/万元
主机		1	5.5
辅机	补水系统、定压系统等	1	3.2
水系统	管道、阀部件、保温材料等		1.1
安装	人工+部分辅材		1.1
末端（风机盘管+散热器）		1	7.2
电气	系统配电	1	0.4
水源侧		1	3.5
小计			22
二类费	设计咨询、施工措施、税费		0
合计			22

注：该项目所有设备机组总耗电量为50086kW·h。

7. 运营费用

该项目的年供热量为4.12万kW·h，年供冷量为5.7万kW·h，年累计耗电量为9.82万kW·h，年累计耗水量为0.0243万t。年运营费用见表1-15。

表 1-15　年运营费用

年电费	年运行水费	年维保费	年人工费	年管理费	年折旧费	总计
2.75万元	0.0469万元	0.5万元	0	0	0.75万元	4.05万元
单位面积供能所耗成本/(元/m²)						
34.38	0.58625	6.25	0	0	9.34	50.59

注：按行业一般规则，合同能源管理项目中，投资方只投资能源站，末端、管网、取水设施等由用户出资，投资方承担约11.8万元，业主承担10.2万元，以此计算折旧。

8. 投资及运营成本分析（见表1-16）

表 1-16　投资及运营成本分析

项　　目	金　　额
项目总造价/万元	22
投资方承担建设费/万元	11.8
业主承担建设费/万元	10.2
供能收费单价/(元/m²)	10
其他供能收费单价/(元/m²)	0
供能总收入/万元	6.4
供能成本/(元/m²)	50.59
项目静态回收期/年	6.7

三、结论与建议

1）涡旋式水（地）源热泵机组为模块化、小型化机组，占地面积小，可直接在室外布置。

2）其使用水源作为冷热源时，输出功率和效率稳定，且不受外界气候影响，可应用于规模较小的别墅、小型公建、居民楼供冷供暖。

3）其使用土壤作为冷热源时，受土壤热不平衡影响，系统输出功率和效率会逐年衰减，故不推荐作为地源热泵进行应用。

4）根据试点项目数据可以发现，建设费单价为275元/m^2，每月运营成本约为5.2元/m^2，综合来看，该机组的适用范围应为相对高端的别墅、公建和居民项目。

5）涡旋式水（地）源热泵机组技术成熟，已在北方居民供暖、公建冷暖联供项目中进行应用，受北方政策影响近年发展缓慢，后续可在南方水资源充足地区选取试点进行应用验证。

第五节　光伏/光热一体化系统

一、光伏/光热一体化系统概况

1. 系统简介

光伏/光热（PVT）一体化系统结合了两种传统太阳能技术（光伏和光热），并在微型热电联产系统中同时产生热能和电能，如图1-8所示。它与任何热电联产系统一样，可以在产生的热能和电能之间实现最佳平衡。

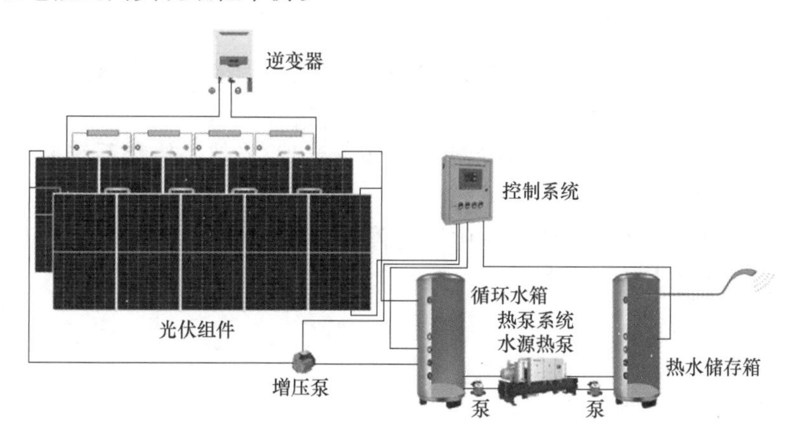

图1-8　光伏/光热一体化系统

即便晶硅电池达到理论最高转换效率30%，仍有70%的太阳能未被利用，这其中大部分的太阳能在组件内部转换成热能并最终耗散于外部环境中。为了充分利用光伏系统中损失的这部分热能，进一步提高系统的太阳能利用率，结合光伏发电和光热利用两项技术，光伏/光热一体化系统应运而生。

一方面，光伏/光热一体化系统在提供电能的同时也为光伏系统增加了热能输出；另一方面，光伏/光热一体化组件产生的热量被系统中的循环水带走，降低了光伏电池的工作温度，提高了发电量。

光伏板温度越低，硅片发电性能越好。热水储存箱越大，每片光伏/光热一体化组件能换热的量越多，硅片发电性能越好。消费者用水需求越高，发电效率越高。当消费者的热水需求达到峰值时，硅片运作的效率也达到峰值。因此，光伏/光热一体化系统可以实现有效耦合。

太阳能发电系统中，标准状况下（辐射量 = 1000W/m^2，温度 = 25℃）晶硅电池的发电效率为 12% ~ 17%。而实际中，太阳电池的发电效率要低很多，原因是一部分热量使得太阳电池表面的温度升高，太阳电池温度每升高 1℃，发电效率下降 0.5%，如图 1-9 所示。

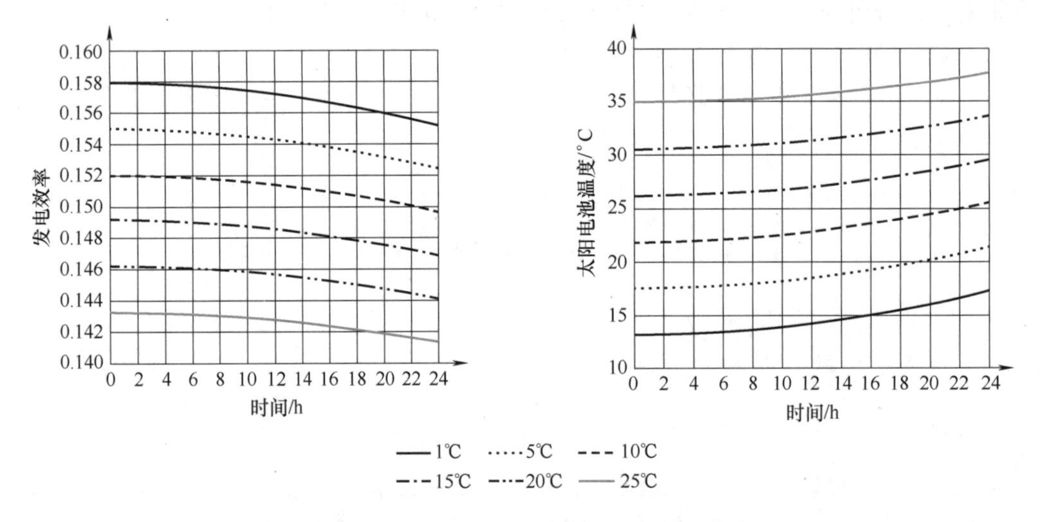

图 1-9　太阳电池发电效率与温度的关系曲线

2. 运行策略

1）晴天白天光照充足，光伏/光热一体化系统能自主产生 55℃以上的热水，无须起动空气源热泵。

2）阴雨天白天光照不充足，太阳能辐射量少，光伏/光热一体化系统能产出 10℃以上的低温热水，需起动空气源热泵。

3）零光照的夜晚，光伏/光热一体化系统停止运行，白天吸收的热能已转移到水箱，但仍有能量损失，需起动空气源热泵。

二、应用实例

1. 项目概况

下面以某学校项目为例展开分析。该项目位于安徽省合肥市，全校用水人数为 8000 人。现针对本项目的生活热水方案进行设计，拟采用光伏/光热设备耦合空气源热泵系统，并配置地暖热水一体机组进行集中制热水。

2. 设计思路分析

室外设计参数见表 1-17。

表 1-17　室外设计参数

夏　季	冬　季
夏季空气调节室外计算干球温度：35℃	供暖季室外计算温度：-1.7℃
夏季空气调节室外计算湿球温度：28.1℃	冬季通风室外计算温度：2.6℃
夏季通风室外计算温度：31.4℃	冬季空气调节室外计算温度：-4.2℃
室外通风计算相对湿度：69%	冬季空气调节室外计算相对湿度：76%
平均风速：2.9m/s	平均风速：2.7m/s
大气压：100.12kPa	大气压：102.23kPa

考虑到学校热水使用情况、本地的能源状况、初投资、能耗成本及提供舒适的热水使用，结合格力设备的特性及学校需求，推荐的系统解决方案如下：

学校生活热水：光伏/光热一体化系统制热（用于热水提温，阴雨雾霾天气空气源热泵机组补充），全年提供学校生活热水。

光伏板发电：优先供系统使用，过渡季节可供学校使用或者余电上网。

1）空气源热水机的选型。空气源热水机的参数见表 1-18。

表 1-18　空气源热水机的参数

运行时段	热水使用人数/人	用水定额/(L/天)	设计每时耗热/(kJ/h)	热泵设计每时加热量/(kJ/h)	日最大热水需求量/L	设备制热量/kW	数量/台	有效水箱容积/m^3
阴雨天气	8000	50	22330667	2930900	160000	110	8	160

注：1. 热水机进水温度为 8℃以上，出水温度暂定为 55℃。

2. 热水使用时间暂时设定为每天 14：00—20：00 不定时使用，每天高峰用水时间为 2h。

3. 热水使用系数为 0.4。

2）空气源热泵的供热量见表 1-19。

表 1-19　空气源热泵的供热量

光伏/光热一体化系统出水温度			晴　天			阴　雨　天			合计供热量/万 kW·h
季节	出水温度/℃	总天数/天	晴天数/天	热水热负荷/kW	机组供热量/kW·h	平均降雨天数/天	热水热负荷/kW	机组供热量/kW·h	
春秋	30～40	183	117.5	325.66	465300	65.5	651.31	518760	
夏	50～60	30	16.2	0	0	13.8	325.66	54648	
冬	20～30	60	43.1	488.48	263772	16.9	488.48	172380	
合计		273	176.8		729072	96.2		745788	1474860

注：1. 阴雨天光伏/光热一体化系统出水温度降低约 20℃。

2. 冬天空气源热泵机组台数按照合肥当地供暖室外计算温度（-1.7℃）下的制热量来核算。

3. 冬季空气源机组运行时间按照每天 20h 来计算。

4. 夏季指 6—8 月，冬季指 1 月、2 月和 12 月，春秋指夏冬两季之外的月份。

3）系统配电需求。空气源热泵和热水机系统所需的配电功率见表 1-20。

表 1-20　配电功率

项	名　称	单位	数量	额定功率/kW	额定功率合计/kW
空气源热泵热水机系统	地暖热水一体机	台	8	24	192
	热水循环泵	台	1	30	30
热水系统小计					222

注：以上为设备额定功率，配电功率请考虑一定的裕量。

4）光伏/光热一体化系统的设备参数及配置选型分析见表 1-21。

表 1-21　光伏/光热一体化系统的设备参数及配置选型分析

屋顶面积		光伏/光热板数量		有效水箱容积		逆变器总功率
3000m^2		1050 块		100m^3		420kW
光伏/光热板	发电功率	制热功率	最大工作压力	流速	临界温度	电池片数量
	450W	1210W	0.8MPa	0.4L/s	75.6℃	72 片

注：1. 根据屋顶面积确定光伏/光热板数量，考虑到女儿墙等因素，实际面积应小于 3000m^2。
2. 水箱体积由光伏/光热板数量和实际热水需求决定，每块光伏/光热板可产生的热水量为 100L/天。
3. 逆变器功率为光伏额定功率的 90%，现光伏额定功率为 472.5kW，故选用 7 台 60kW 的并网逆变器。

5）设备重量及占地面积见表 1-22。

表 1-22　设备重量及占地面积

名　称	数量	重量/kg	备　注
热泵热水系统	8 台	730	占地面积为 200m^2
光伏/光热一体化系统	1050 块	37.5	架高铺设时占地面积约为 2300m^2

3. 项目投资

1）空气源热泵热水系统的投资估算见表 1-23。

表 1-23　空气源热泵热水系统的投资估算

项目	名　称	规　格	单位	数量	单价/元	总价/元
设备	空气源热泵地暖（热水）机组		台	8	78500	628000
	热水机附件		套	1	1700	1700
设备造价						629700
辅材	热水循环泵	流量：200m^3/h 扬程：32m	台	1	14700	14700
	恒温水箱	160m^3	台	1	198000	198000
	其他辅材		项	1	51480	51480
辅材费小计						264180
安装人工费						37440
税金		税率取 9%				27145.8
基础费用						37440
配电和控制费用						40950
工程总造价						1036855.8

2）光伏/光热一体化系统的投资估算见表1-24。

表1-24　光伏/光热一体化系统的投资估算

名称	规格	单位	数量	单价/元	总价/元
光伏/光热板	472.5W，单晶	块	1050	1360	1428000
循环水泵	流量：60m³/h 扬程：20m	台	4	4000	16000
水箱	100m³	台	1	100000	100000
管道		批	1	100000	100000
控制柜		台	3	8000	24000
逆变器		台	7	15000	105000
支架		套	1	236250	236250
杂费			1	100000	100000
辅材费					50000
设备基础					50000
配电费用					60000
安装人工费					236250
工程总造价					2505500

4. 能耗分析

热泵热水系统的能耗分析见表1-25。

表1-25　热泵热水系统的能耗分析

	项目		单位	春秋季	夏季	冬季
计算条件	洗浴人数		人	8000		
	日用水定额		L/人	50		
	热水使用系数			40%		
	各季运行天数		天	183	30	60
	总运行天数		天	273		
晴天运行	主机	运行台数	台	3	0	7.5
		功率	kW	24	24	24
	水泵	运行台数	台	1	1	1
		功率	kW	30	30	30
	晴天数		天	117.5	16.2	43.1
	机组日运行时间		h	12	12	12
	各季节耗电量		kW·h	143820	5832	108612
	总耗电量		kW·h	258264		

（续）

	项目		单位	春秋季	夏季	冬季
阴雨天运行	主机	运行台数	台	6	3	7.5
		功率	kW	24	24	24
	水泵	运行台数	台	1	1	1
		功率	kW	30	30	30
	阴雨天		天	65.5	13.8	16.9
	机组日运行时间		h	12	12	20
	各季节耗电量		kW·h	136764	16891.2	70980
	总耗电量		kW·h	224635.2		
全年总耗电量			kW·h	482899.2		
电价			元/(kW·h)	0.63		
总运行费用			万元	30.42		
年热水供应量			t	43680		
每吨水的耗电量			kW·h/t	11.06		
每吨水的运行费用			元/t	6.96		

注：1. 除去寒暑假时间，每年运行天数按273天计。

2. 电价（按峰谷平均电价）为0.63元/(kW·h)，水价为3.4元/t。

5. 投资回报分析

收费标准：无配套费，热水按照流量收费，价格为30元/m^3。投资回报分析见表1-26。

表1-26　投资回报分析

序号	科目	名　称	数　值	计算方式说明
1	投资年限		15	单位：年
2	所得税税率		25%	
3	净残值		15.95	残值率为5%； 单位为万元
4	折现率		10%	
5	总投资		319	不含税；单位为万元
6	营业收入		2454.34	单位：万元
7	经营成本	人工成本（含维护人员1名）	47.79	单位：万元
		维保费	22.64	单位：万元
		水费	204.37	单位：万元
		热水运行费用	403.84	单位：万元
		经营成本合计	678.64	单位：万元
		累计折旧	303.05	单位：万元
8	投资指标	静态回收期	3.4	单位：年
9		净现值	394.72	单位：万元
10		内含报酬率（IRR）	28.75%	

综上所述，采用光伏/光热技术提供生活热水项目的静态回收期为3.4年，IRR为28.75%，经济效益较好，该技术具备应用在热水需求较大项目的潜力。

三、技术应用拓展分析

1. 投资造价分析

该学校在提供生活热水方案中，由472.5kW的光伏/光热一体化系统和8台空气源热泵系统等两部分组成热源。夜晚由热泵提供热水，晴天由光伏/光热一体化系统提供热水，阴雨天由光伏/光热一体化系统优先提供热水，不足部分由热泵补充。

以此热水系统的装机配置推算该系统用于供暖时，取热负荷指标为40W/m²，则可供热面积=800kW×1000÷40W/m²=2万m²。光伏/光热一体化系统与普通光伏系统相比，其单位造价只有普通光伏系统的约80%，除去光伏/光热一体化系统中光伏部分的投资，即可推算出光伏/光热一体化系统中热力部分承担的投资，即光伏/光热一体化系统中热力部分的投资=250.55万元×0.8÷1.8=111.35万元。即采用光伏/光热技术相对空气源热泵系统而言，单位面积投资会增加，增加额=111.35万元÷2万m²=55.7元/m²，热源部分的投资会比空气源热泵系统多一倍。

2. 光伏/光热板布置面积的分析

上述光伏/光热一体化系统产生的热量可解决2万m²的供暖，光伏/光热板的布置面积为3000m²，普通居民供暖项目中要找到如此大的闲置面积基本不可能，这大大限制了该技术在居民供暖方面的应用。

3. 运营成本影响分析

根据与厂家沟通和初步测算，若该系统用于供暖，光伏/光热一体化系统可解决供暖所需40%的热量，能耗约占运营成本的85%，而光伏/光热一体化系统产热为零成本，初步估算采用该系统相对传统空气源热泵系统而言，运营成本降低约34%。

通常运营成本中能耗为14~16元/m²，折旧为7~8元/m²，即该系统的运营成本降低4.8~5.4元/m²，折旧成本增加2.6~3.0元/m²。综合来看，新增投资约37%，运营成本才降低2.2~2.4元/m²，降低幅度有限，投资该系统仅用于供暖意义不大。

可以看出，光伏/光热技术只单纯用于冬季供暖，不供生活热水，新增投资较高，设备利用率低，项目的经济性较差。

四、结论与建议

1）该学校采用光伏/光热技术供应生活热水，解决了为学校8000人供应生活热水的需求，项目投资由热泵系统和光伏/光热一体化系统组成，分别需投资103.69万元、250.55万元，总投资为354.24万元（不含税319万元）。

2）该项目中，热水按30元/t销售，电力按0.63元/(kW·h)销售给学校，毛利约为73.63万元/年，静态回收期为3.4年，IRR为28.7%，具备经济性，即该技术在全年有较大热水需求的应用场景有应用推广潜力。

3）光伏/光热技术适合于同时有供暖和卫生热水需求的公共建筑，例如学校、医院、工厂等；不适合居民供暖，在居民供暖项目上受到光伏/光热板布置位置的限制（所需面积约为常规供暖项目设备布置面积的20~30倍），从经济上来看投资与收益也不匹配。

第二章

常用单体供暖设备

第一节　空气源热泵

一、空气源热泵概况

空气源热泵耗用少量电能，吸收空气中的低品位热能，再通过压缩机做功将其提升为高品位热能，可输出35～60℃的热水，满足供暖要求。其外形如图2-1所示。

空气源热泵的主要部件为压缩机、冷凝器（也称为热交换器）、膨胀阀和蒸发器。

压缩机是空气源热泵中最核心的部件，是将低压制冷剂气体进行压缩和传输的流体机械装置，是整个系统的心脏。压缩机的形式主要有活塞式、螺杆式和涡旋式。目前，空气源热泵广泛应用的压缩机形式为涡旋式。涡旋式压缩机具有体积小、重量轻、结构简单、运行可靠等优点。

冷凝器是空气源热泵的主要热交换设备，从压缩机出来的高温高压制冷剂蒸气在冷凝器中向冷却介质（例如水）放热，同时冷却、冷凝成高温高压的过冷液体。目前常用的冷凝器为板式换热器、套管式冷凝器和高效罐式换热器。

图2-1　空气源热泵的外形

膨胀阀的主要作用是降温、降压，一般安装于蒸发器和冷凝器之间。目前常见的膨胀阀为电子膨胀阀、热力膨胀阀和毛细管。

蒸发器同样是空气源热泵的主要热交换设备，制冷剂液体在蒸发器中吸收空气热量转变为气态。由于要与大量的空气进行换热，且空气的热密度较低，所以蒸发器是在空气源热泵中体积较大的部件。目前，蒸发器一般外部采用翅片式，内部铜管采用光管或者内螺纹管。

目前空气源热泵已模块化，模块式空气源热泵具有投资相对较低、模块化组合、安装便利、冷暖两用、节能高效、运行稳定等特点，已经广泛应用于新建和改建的大小工业与民用建筑空调工程，如宾馆、公寓、酒店、餐厅、办公大楼、购物商场、体育馆、厂房及医院等。

空气源热泵的前身为“风冷热泵”，始于1960年，从欧洲引入国内，早先主要用于小型公建的供冷、供暖，以供冷为主，供热为辅。2013年国务院印发了《大气污染防治行动计划》，清洁供暖成为热点议题，空气源热泵的发展迎来契机，各大传统空调企业开始涉足空气源热泵。2016年，地方政府开启“煤改电”行动，并给予建设和电价补贴，空气源热泵发展开始加速。2017年，全国许多省市区出台了空气源热泵清洁能源发展政策及补贴政策。

二、工作原理

空气源热泵是以电能驱动压缩机把低温低压的气态制冷剂转换成高温高压的气态制冷剂，高温高压的气态制冷剂在冷凝器内与水进行换热，高压的制冷剂在常温下被冷却、冷凝为液态，然后经过膨胀阀降压，变为低温低压的液态制冷剂，进入蒸发器吸收环境中空气的热量，制冷剂由液态变为低温低压的气态，再由压缩机吸入进行压缩，如此往复循环，不断地从空气中吸热，而在水侧冷凝器放热，制取热水。空气源热泵的制热原理如图2-2所示。

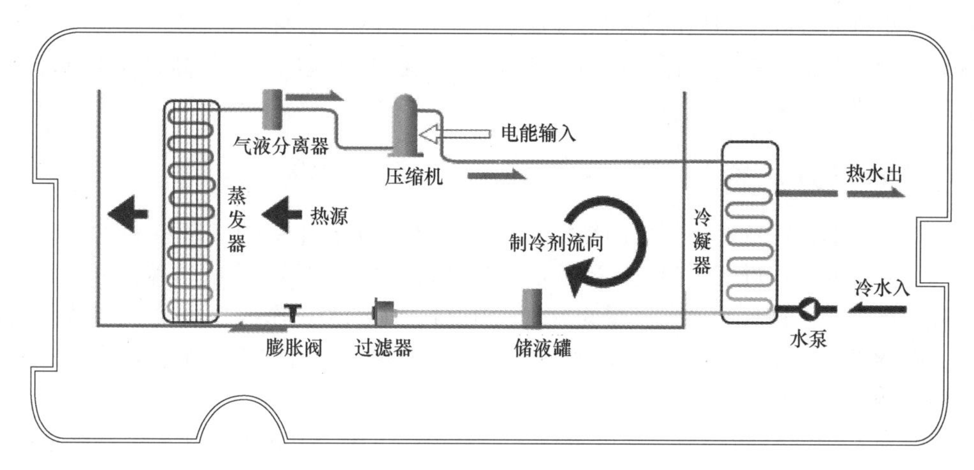

图2-2 空气源热泵的制热原理

在循环过程中，冷凝器中的水吸收的热量为压缩机压缩功转化的热量与制冷剂在蒸发器从空气中吸收的热量之和。可知，空气源热泵的COP大于1。

空气源热泵的上述循环在环境温度较低时运行会出现以下问题：

1）制热能力和COP随着环境温度降低而降低。这是由于环境温度下降，气态制冷剂的比容增大，热泵压缩机的吸气量下降，压缩机的有效容积没有充分利用导致制热量和COP都降低。

2）可能导致热泵安全问题。环境温度降低，热泵压缩机吸气压力降低，压缩比增大，压缩机排气温度升高将严重影响压缩机工作的安全性。一般热泵压缩机的排气温度要求在135℃以下。在环境温度很低时，热泵压缩机的排气温度会引发保护动作，导致热泵停止工作。

为改善上述问题，提出了准二级压缩、复叠式循环等技术。准二级压缩技术分为喷液增焓和喷气增焓，如图2-3所示。下面主要介绍喷液增焓和喷气增焓。

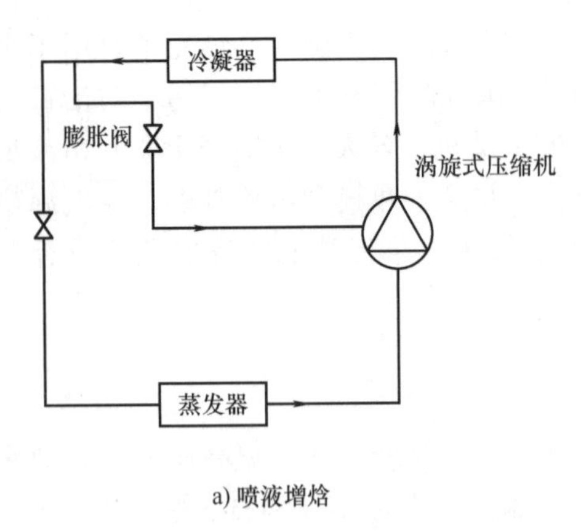

a) 喷液增焓

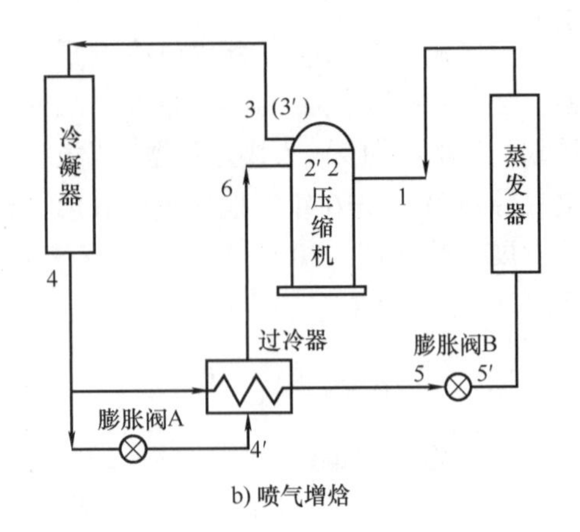

b) 喷气增焓

图 2-3 准二级压缩技术

喷液增焓主要是在压缩机上增加补液口，将一部分冷凝器出口的高温高压制冷剂节流成较低温度气液流体喷入压缩机吸气室，减小压缩机吸气比容，提高制热量，降低压缩机的排气温度，使热泵能够在低温下工作。

喷气增焓则是在喷液增焓的基础上增加了一个过冷器（也叫经济器），来自冷凝器被节流膨胀后的制冷剂液体在过冷器内被同样来自于冷凝器循环主回路上的高温高压制冷剂加热后变为气态，进入压缩机吸气室。

三、制冷剂的选择

为了减少含氯制冷剂对臭氧层的破坏，1989 年 1 月 1 日生效的《蒙特利尔议定书》对氯氟烃（CFC）的使用进行了限制。R22 是氟利昂制冷剂中应用较多的一种，由于其对大气臭氧层破坏严重，已被大多数国家禁止使用。R134a 和 R407C 作为 R22 的早期替代品被市场接受，随后 R410A 从日本开始在发达国家逐步被采用，到目前空气源热泵的制冷剂主要为 R410A。

R410A 是一种混合制冷剂，是由 R32（二氟甲烷）和 R125（五氟乙烷）组成的混合物。R410A 无色，易挥发，沸点为 -51.6℃，凝固点为 -155℃。其主要特点有：

1）不破坏臭氧层。其分子式中不含氯元素，故其消耗臭氧潜能值（ODP）为 0，全球增温潜能值（GWP）小于 0.2。

2）毒性极低。

3）不可燃。

4）化学和热稳定性高。

5）水分溶解性与 R22 几乎相同。

表 2-1 列出了 R410A、R407C 和 R134a 与 R22 在一些重要性质上的比较。可以看出，R410A 在高压运行、热传递、低压力损失、成本等方面有明显优势。

表 2-1 R410A、R407C 和 R134a 与 R22 在一些重要性质上的比较

重要性质	R410A	R407C	R134a
运行压力	159%	101%	68%
温度漂移	0.2℃	6.0℃	0.0℃

（续）

重要性质	R410A	R407C	R134a
蒸发器热传递	135%	90%	90%
冷凝器热传递	105%	95%	95%
压力降低量	72%	100%	128%
管径	较小	相同	较大
制冷剂充注量	70%	95%	100%
重新设计度	重要	次要	重要
系统性能系数	98%～106%	95%～100%	95%～100%
系统成本	较低	相同	稍高

R410A 的气体密度和压力高于 R22，运行压力比 R22 高 50%～60%，这样不但可以用更小排气量的压缩机，还可以用更小直径的管路和阀门。采用厚压缩机壳体可使系统经受更高的运行压力，运行噪声也比 R22 有所降低。

四、调试与维护

（一）水质要求

在水系统管路经多次冲刷排污后，确保水质洁净度符合要求。空气源热泵的水质要求见表 2-2。

表 2-2 空气源热泵的水质要求

项　　目	循　环　水	补　充　水
pH 值（25℃）	6.8～8.0	6.8～8.0
导电率（25℃）/(μs/cm)	<400	<300
氯离子（Cl^-）含量/(mg/L)	<50	<50
硫酸根（SO_4^{2-}）含量/(mg/L)	<50	<50
全硬度/(mg/L)	<70	<70
铁（Fe）含量/(mg/L)	<1.0	<0.3
硫离子（S^{2-}）含量/(mg/L)	不得检出	不得检出
铵离子（NH_4^+）含量/(mg/L)	<1.0	<0.3
二氧化硅（SiO_2）含量/(mg/L)	<30	<30

即使水质得到严格的控制，机组长期运行后，换热器的传热表面仍然可能会沉积水垢，当在传热表面结垢较多时，会影响传热性能。可采用甲酸、柠檬酸、醋酸等有机酸进行清洗。

（二）调试

1）在空气源热泵起动前，进行如下检查：

① 通电之前，确保所有电源端子和接地之间的绝缘电阻和电动机绝缘符合要求。

② 检查所有接点是否完好、清洁。

③ 确保水管路和制冷剂管路的所有阀门都在正确的位置，且管道连接正确。

④ 所有手动复位的控制元件都已复位。

⑤ 确定所有的传感器都在正确的位置并安装良好。

2）如果机组长时间未启用或气温较低，在开机前应先给机组供电（水泵不要起动），以使压缩机加热带工作，使积留在压缩机内的制冷剂液体挥发，否则直接开机会对压缩机产生不良影响。加热时间不低于8h。

3）开机顺序是先开水泵，后开主机；停机顺序是先关主机，后关水泵。

4）在准备开启制热时，若水温低于15℃，为保证机组可稳定可靠地起动与运行，暂时不要开启运行末端设备，应先将机组开启运行，当水温升高到35℃以上后，再将末端设备开启运行。

5）调试中，机组停机后6min内，不得再次开机。

（三）维护

为了延长空气源热泵的使用寿命、降低故障率，需要定期进行可靠的保养和维护。一般的维护如下：

1. 每天的维护

1）检查循环水泵和水流量。

2）检查电压和电源。

2. 每周的维护

1）检查主机，例如是否有异常的压缩机运行噪声，配电箱是否松动，管路是否有异常振动或泄漏。

2）记录下压力、温度等参数，以及时间。

3. 每季度的维护

1）检查电线接驳的松紧和电气绝缘。

2）检查和调整温度设定。

4. 每年的维护

1）检查水回路上的阀门和管路，若有需要请清洗水过滤器，分析水质。若需清洗水回路，则必须有专业人员协助。

2）清理腐蚀表面并重新上漆，检查配电箱门是否紧闭。

3）检查水管路接管是否紧密，检查水泵及其相关部件，查看防冻剂是否足够，如有必要请补充。

4）执行每周的保养项目。

5）检查控制装置的设定和动作是否正确。

6）检查制冷剂管路是否紧锁。

7）检查电动机绕组的绝缘。

五、空气源热泵的经济性分析

空气源热泵供热技术已经较为成熟，以下内容以分析经济性为主。中燃暖居工程的建设内容分为热源站、庭院管网、楼内立管和室内末端设备等。空气源热泵的参数见表2-3。

表 2-3　空气源热泵的参数

参　数	数　值	参　数	数　值
制热量/kW	78	名义 COP	1.80
输入功率/kW	20.5	制热 IPLV（综合性能系数）	2.00
COP	3.80	低温制热量/kW	28
名义制热量/kW	46	低温 COP	1.25
名义输入功率/kW	25.6		

注：1. 制热量/COP 工况：室外环境温度 7℃（干球）/6℃（湿球），制热出水温度为 41℃。
2. 名义制热量/COP 工况：室外环境温度 -12℃（干球）/-14℃（湿球），制热出水温度为 55℃。
3. 低温制热量/COP 工况：室外环境温度 -20℃（干球），制热出水温度为 55℃。

（一）建设成本分析

空气源热泵的供暖涉及电力增容建设费用问题，一般近年交楼的小区都为空调器制冷留有裕量，制冷所需容量高于供暖，故空气源热泵供暖需新增容量的情况不多。若少数特别老旧小区电力容量本身吃紧，需增容时增容建设费约为 30 元/m^2。

（二）运营分析

以武汉地区某 5 万 m^2 居民小区为例，其供热基础数据见表 2-4，热负荷见表 2-5。该小区的建筑为节能建筑，采用空气源热泵作为热源主机。

表 2-4　供热基础数据

序号	项　目	数　值	备　注
1	室外计算温度/℃	-0.3	
2	室外平均温度/℃	5.2	
3	室外最高温度/℃	8	日平均
4	室内设计温度/℃	18	
5	供暖天数/天	98	
6	供暖小时数/h	2352	
7	建筑面积/m^2	50000	
8	热指标/(W/m^2)	40	

表 2-5　热负荷

序号	项　目		数　值	备　注
1	最大热负荷/kW		2000	
2	平均热负荷/kW		1399	
3	最小热负荷/kW		1093	
4	年用热量	kW·h	3290230	
		GJ	11845	
		GJ/m^2	0.237	

由表 2-4 可知，按照国家规范划分，武汉地区属于“宜设供暖设施”区域。空气源热

泵供暖季的运行能耗见表 2-6。

表 2-6 空气源热泵供暖季的运行能耗

序号	项目		数值	备注
1	热功率总计/kW		2000	
2	进水温度/℃		45	
3	出水温度/℃		50	
4	水侧承压/MPa		≤1.6	
5	计算工况下的 COP		3.202	室外计算温度
6	平均工况下的 COP		3.598	室外平均温度
7	最高工况下的 COP		3.845	室外最高温度
8	计算工况下的电功率/kW		625	
9	平均工况下的电功率/kW		389	
10	最高工况下的电功率/kW		284	
11	年耗电量	kW·h	914461	
		kW·h/m^2	18.3	

空气源热泵水侧最高承压可达 1.6MPa，因此以一次泵系统测算循环水泵的能耗，见表 2-7。

表 2-7 循环水泵的能耗

序号	项目	单位	数值
1	设计流量	m^3/h	344
2	管路压损	mH_2O①	25
3	泵组效率		0.75
4	循环水泵电功率	kW	31
5	循环水泵年耗电量	kW·h	50110
		kW·h/m^2	0.98

① $1mH_2O=0.01MPa$。

该项目空气源热泵供暖系统的能耗汇总见表 2-8。

表 2-8 能耗汇总

序号	项目	单位	数值	备注
1	年供热量	10^4GJ	1.18	
		GJ/m^2	0.24	
2	年耗电量	$10^4kW\cdot h$	96.5	
		kW·h/m^2	19.3	
3	年耗水量	10^4t	0.54	
		kg/m^2	108	
4	电功率总计	kW	713	考虑 10% 的裕量系数
		W/m^2	14.26	

六、结论及建议

1）空气源热泵供暖已在北方清洁供暖中应用多年，技术相对成熟。

2）在长江流域的主要城市中，在天然气气源无法保障或气价高的区域，可采用空气源热泵作为热源的方案。

第二节　燃气吸收式热泵

一、概况

按照工作原理，燃气热泵（Gas Heat Pump，GHP）可分为燃气压缩式热泵和燃气吸收式热泵（Gas Fired Absorption Heat Pump，GAP）。

燃气热泵的工作原理类似空气源热泵，两者的区别在于空气源热泵采用电能来驱动压缩机，燃气热泵采用燃气燃烧来驱动发动机。燃气压缩式热泵与燃气吸收式热泵的区别主要是燃气压缩式热泵还可以供冷热，而燃气吸收式热泵只能供热。由于燃气压缩式热泵价格较高，这里仅介绍燃气吸收式热泵，其结构如图 2-4 所示。

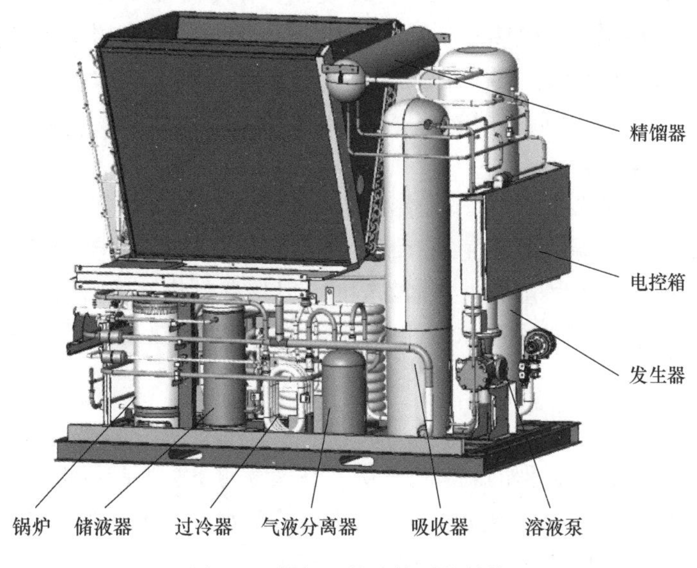

图 2-4　燃气吸收式热泵的结构

1. 工作原理

燃气吸收式热泵是利用某些具有特殊性质的工质对，通过一种物质对另一种物质的吸收和释放，产生物质的状态变化，从而伴随吸热和放热过程。目前常用的工质对有氨水/溴化锂水。在 NH_3-H_2O 工质对中，NH_3 为制冷剂，H_2O 为吸收剂；在 LiBr-H_2O 工质对中，LiBr 为吸收剂，H_2O 为制冷剂。下面以 NH_3-H_2O 为例介绍燃气吸收式热泵的工作原理，如图 2-5 所示。

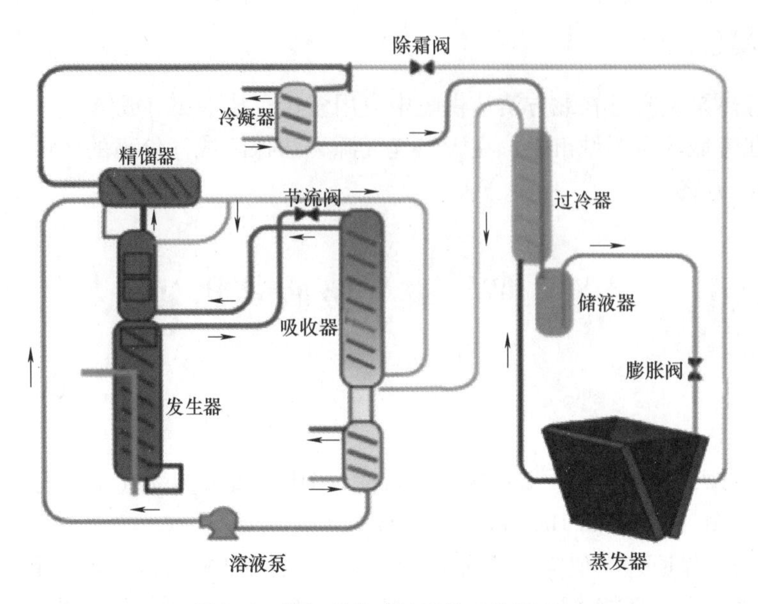

图 2-5 燃气吸收式热泵的工作原理

（1）制冷剂循环 在发生器中，氨水浓溶液被燃气加热，高温高压的氨气被不断蒸发出来。高温高压的氨气经精馏器精馏后进入冷凝器，在冷凝器中经水冷换热器降温（热量被循环水取出，用于供暖、加热热水）后，冷凝为液氨进入过冷器，与来自蒸发器的氨气进行热量交换成为过冷的液氨，经膨胀阀节流后进入蒸发器，吸收空气中的热量转化为氨气，经过冷器变为过热的氨气，然后进入吸收器被稀溶液吸收，变为浓溶液被泵输入发生器，进入下一制冷剂循环。

（2）吸收剂循环 在发生器中，氨水浓溶液被燃气加热，氨气从溶液中不断蒸发出来后溶液浓度降低，成为高温稀溶液，经节流阀进入吸收器，在吸收器中稀溶液溶解吸收来自过冷器的氨气并放出大量的热量成为氨水浓溶液。从吸收器出来的浓溶液经过水冷换热器降温（冷水进、热水出，热量被循环水取出，用于供暖、加热热水）后回到发生器，进入下一个吸收剂循环。

2. 制冷剂介绍

氨是一种无色气体，有强烈的刺激性气味。在大气压下，氨的熔点为 -77.7℃，沸点为 -33.5℃。氨不破坏臭氧层，无温室效应。氨极易溶于水且溶于水时放出大量的热量，常温常压下 1 体积水可溶解 700 体积氨；液态氨汽化时要吸收大量的热，使周围物质的温度急剧下降；价格低廉易于获取；泄漏时易于发现。所以，氨常作为制冷剂。

氨的缺点：腐蚀铜及铜合金；与空气混合达一定程度时会爆炸，常压、常温下空气中氨气的爆炸极限为 16%~28%（体积）；有毒，氨对人体的眼、鼻、喉等有刺激作用。

二、节能效果对比

1. 性能试验

在实验室对某燃气吸收式热泵（制热量为 85kW）进行了性能试验。该试验主要针对南方暖居工程项目，汇总湖北、江苏、重庆、湖南、四川等地的供暖计算温度、冬季相对湿度和供暖季平均温度，见表2-9。

表2-9　部分城市的供暖计算温度、冬季相对湿度和供暖季平均温度

地点	供暖计算温度/℃	冬季相对湿度（%）	供暖季平均温度/℃
宜昌	0.9	74	4.7
武汉	-0.3	77	3.9
十堰	-1.5	63	2.9
南京	-1.8	76	3.2
徐州	-3.6	66	2
杭州	0	76	4.2
扬州	-2.3	75	2.8
重庆（奉节）	1.8	71	4.8
南昌	0.7	77	4.7
成都	2.7	83	—
长沙	0.3	83	4.3
益阳	0.6	81	4.5

根据实验室室内温度的控制精度条件，同时考虑极端天气，选定试验工况为：

1）环境干球温度分别为5℃、0℃、-5℃、-10℃、-17℃，机组进水温度为35℃。

2）极限工况：环境干球温度为-20℃，机组出水温度为60℃。

本次试验的燃料是管道天然气，抽样三份样品进行组分检测，燃气的低位热值平均为34.07MJ/m^3。

燃气吸收式热泵的试验数据见表2-10。可以看出，在机组进水温度为35℃的6个工况下，随着环境干球温度的升高，燃气吸收式热泵的COP从1.33上升到1.73，制热量从59.9kW上升到75.7kW。环境干球温度越高，其COP越高，节能效果越明显，制热能力也随之提高。环境干球温度为-20℃时，机组出水温度为60℃，制热能力为49.7kW，仅为额定制热能力的58%，COP为1.18。

表2-10　燃气吸收式热泵的试验数据（进水温度为35℃）

参　数	进水温度/℃	出水温度/℃	水流量/(m^3/h)	燃气流量/(m^3/h)	电功率/kW	制热量/kW	燃气利用率	COP
环10℃/进35℃	34.9	45.2	6.31	4.47	1.58	75.7	1.78	1.73
环5℃/进35℃	35	45	6.31	4.55	1.6	73.6	1.7	1.65
环0℃/进35℃	35.1	44.6	6.31	4.58	1.62	70.1	1.61	1.56
环-5℃/进35℃	34.9	44.3	6.27	4.52	1.62	68.1	1.59	1.53
环-10℃/进35℃	34.9	43.8	6.28	4.48	1.68	65	1.53	1.47
环-17℃/进35℃	35.4	43.6	6.28	4.58	1.71	59.9	1.38	1.33
环-20℃/出60℃	53.5	60.3	6.3	4.51	1.77	49.7	1.16	1.18

注：1. 环10℃/进35℃指环境干球温度为10℃，机组进水温度为35℃，余类此。

2. 环-20℃/出60℃指环境干球温度为-20℃，机组出水温度为60℃，余类此。

2. 与锅炉对比试验

东北某小区的建筑面积为20800m²，实际供暖面积为11012.81m²，供暖热指标为70W/m²，供暖末端以散热器为主（70%），有少量地热供暖（30%），小区墙体无保温层，二次管网为新建管网，失水量小，周边没有建筑遮挡，耗热量较大。原有2台1MW锅炉，一开一备模式运行。现安装12台65kW燃气吸收式热泵。该试验用时38天，分4个阶段，见表2-11。

表2-11　试验阶段划分

阶　　段	开始时间	结束时间	试验内容
第1阶段	2月22日09：00	3月5日08：59	燃气锅炉运行
第2阶段	3月5日09：00	3月14日08：59	燃气热泵运行
第3阶段	3月14日09：00	3月23日08：59	燃气锅炉运行
第4阶段	3月23日09：00	3月31日09：00	燃气热泵运行

小区所在城市的气温见表2-12。在试验期间室外温度较为稳定，室外平均温度波动范围为0～5℃，没有较大的落差出现，使得试验数据受环境温度影响较小。由于试验期间环境温度较高，所以燃气锅炉在部分负荷下运行，燃气吸收式热泵实际只运行了5台。

表2-12　试验期间的环境温度

月份	气温平均值/℃	气温最高值/℃	气温最低值/℃
2月	-4.2	3.5	-14.5
3月	4.76	13	-0.5

试验数据对比见表2-13。可以看出，每输出1GJ热量，燃气吸收式热泵只消耗17.01m³天然气，而锅炉要消耗27.09m³天然气，即燃气吸收式热泵节约天然气约37%。虽然燃气吸收式热泵试验期间的平均室外温度比锅炉高0.84℃，会使得燃气吸收式热泵少消耗天然气，但仍然可以得出燃气吸收式热泵节能效果十分明显的结论。

表2-13　试验数据对比

时　　间	热泵平均值	锅炉平均值
室外平均温度/℃	4.18	3.34
供水温度/℃	38.46	38.03
每GJ热量的耗气量/m³	17.01	27.09
制热量/10^2kW	60.93	65.02
耗气量/10m³	37.51	63.35
耗电量/kW·h	262	205

三、结霜与除霜

1. 结霜

无论是空气源热泵还是燃气吸收式热泵，在冬季运行时蒸发器都容易结霜。结霜会导致传热热阻增大、空气流量降低，从空气中吸收的热量减少，热泵的制热量和 COP 都会下降，严重时会使热泵无法工作。

结霜是一种复杂的物理化学过程，空气遇到冷表面时，空气中的蒸汽在冷表面上凝结成白色冰晶。对于电空气源热泵，当蒸发器的表面温度低于周围空气的露点，空气的饱和蒸汽分压降低，相对湿度增加，水分会从空气中析出在其表面发生液态凝结并附在上面，这样就形成了霜层。霜层的形成过程可分为霜核期、霜层生长期、霜层充分发展期三个阶段。在霜核期，湿空气中水滴在蒸发器冷凝后形成少量粒状冰晶。在霜层生长期，各个冰晶沿半径成长形成针状晶体并相互堆积。最后，随着针状晶体的进一步充分发展，冷表面形成厚厚的一层羽毛状晶体，如图 2-6 所示。

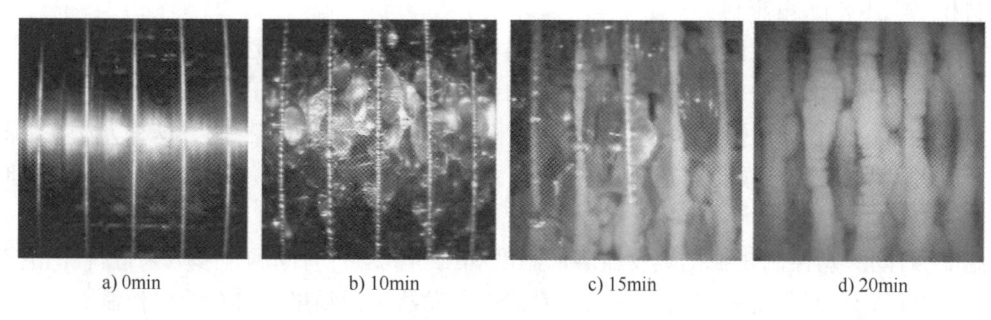

a) 0min　b) 10min　c) 15min　d) 20min

图 2-6　蒸发器表面霜层的生长变化

空气温度、湿度是影响结霜的主要参数。有学者给出了结霜温、湿度条件区间，即结霜时空气干球温度范围为 -12 ~5. 8℃，相对湿度需大于 67%。南方非供暖区，特别是长江流域的城市，由于湿度比北方城市高，更容易结霜。

2. 除霜

常见的除霜方法有电加热除霜、逆循环除霜、热气旁通除霜和蓄能除霜。

电加热除霜是在蒸发器表面或翅片内安装加热棒来进行除霜。这种除霜方法不仅消耗的电能多，热量容易散失到空气中使得效率低，而且电热丝存在安全问题。

逆循环除霜是将四通阀换向，热泵机组由制热工况转变为制冷工况，加热蒸发器使其除霜。这种方法的缺点是吸收室内热量使室内温度降低、除霜不均匀等。该方法只需将换四通阀换向，操作简单，成本较低，适用性好，被广泛用于大、中、小型热泵除霜中，是目前使用最广泛的除霜方法之一。

热气旁通除霜是将压缩机排出的高温高压气体引到蒸发器来除霜。使用该方法除霜时，系统压力变化平稳，不会产生气流噪声，对机组冲击较小，无须从室内吸热。热气旁通除霜需要的时间比逆循环除霜长，因为后者的除霜热量来自室内换热器表面余热和压缩机做功，而前者的除霜热量仅来自压缩机做功，这是由它们的除霜原理决定的。但整个运行周期内热气旁通除霜的 COP 优于逆循环除霜。

蓄能除霜是在逆循环除霜的基础上提出来的，它将蓄热装置与空气源热泵结合起来，在系统制热运行时将部分热量储存到蓄热装置中，除霜时再释放出热量。蓄能除霜从根本上解决了传统热力除霜法能量来源不足的问题，在一定程度上提高了空气源热泵运行的可靠性和稳定性，但目前该方法仍处于研究和试验阶段。

同时，热泵生产厂家也在通过改变蒸发器的形状（平板型、波纹型、百叶型等）、结构（表面设置微凹槽等）和表面增加涂层等方式来减少结霜。

目前，大多热泵生产厂家都通过增加蒸发器翅片表面涂层来延缓结霜。涂层主要分为亲水性涂层与疏水性涂层。亲水性涂层较早应用于抑霜研究，它可以有效延长霜层出现的时间，但其抑霜能力会随着霜层增厚和使用时间增加而明显下降，在恶劣工况下，抑霜效果会大打折扣。疏水翅片比亲水翅片表面的霜层生长速度慢。在疏水翅片表面，霜层与翅片实际接触面积较小，被霜层覆盖后，疏水翅片仍能抑制结霜层的生长。但疏水翅片在水蒸气冷凝过程中可能会出现疏水失效的现象。

除霜控制方法一般有定时除霜控制、温度除霜控制、温度-时间除霜控制、温差-时间除霜控制和空气压差除霜控制。

定时除霜控制是通过固定压缩机运行时间和除霜时长进行除霜控制，通常每60~90min为一个除霜周期。该方法一般考虑了最恶劣的天气情况，因此无霜时除霜时有发生。

温度除霜控制是通过监测蒸发器表面温度及其变化率进行除霜控制。这种方法在遇到极端冷天或者刮风天气，蒸发器达不到指定结束除霜温度时，会持续除霜，导致除霜时间过长。

温度-时间除霜控制是根据蒸发器表面温度和压缩机运行时间两个参数来进行除霜控制。因为压缩机运行时间不是固定的，所以主要根据蒸发器表面温度来进行除霜控制。

温差-时间除霜控制类似温度-时间除霜控制，不同的是该方法主要根据空气与蒸发器内制冷剂的温差来决定除霜程序的启停，因为在不同工况下空气与蒸发器内制冷剂的温差大体是不变的。

结霜时，蒸发器的空气流通阻力随着霜层厚度的增加而增大，相应的，蒸发器进出风口的压差也会增大。空气压差除霜控制就是根据空气压差对除霜进行控制。

四、调试与维护

1. 水质要求

燃气吸收式热泵的水质要求按照GB/T 29044—2012《采暖空调系统水质》执行，见表2-14。

表2-14 燃气吸收式热泵的水质要求

参　数	单位	补充水	循环水
pH（25℃）		7.5~9.5	7.5~10
浊度	NTU	≤5	≤10
电导率（25℃）	μS/cm	≤600	≤2000
Cl^-	mg/L	<40①	<40①
游离氯	mg/L	<0.2	<0.2
总铁	mg/L	≤0.3	≤1.0
钙硬度（以$CaCO_3$计）	mg/L	≤80	≤80
总碱度（以$CaCO_3$计）	mg/L	≤200	≤500
溶解氧	mg/L	—	≤0.1
有机磷（以P计）	mg/L	—	≤0.5

① 是在最高水温75℃时测得的数值。

2. 天然气技术指标

燃气吸收式热泵使用的天然气符合 GB 17820—2018《天然气》中一类气或二类气的技术指标，见表2-15。

表2-15　天然气技术指标

项　　目	一类	二类
高位发热量①②/(MJ/m^3)	≥34.0	≥31.4
总硫①（以硫计）/(mg/m^3)	≤20	≤100
硫化氢②/(mg/m^3)	≤6	≤20
二氧化碳摩尔分数（%）	≤3.0	≤4.0

① 使用的标准参比条件是101.325kPa，20℃。

② 高位发热量以干基计。

3. 调试

首次起动燃气吸收式热泵时，应完成以下检查：

1）不存在水和气体系统的泄漏。

2）水流量符合机组的铭牌要求。

3）电源符合机组的铭牌要求。

4）供气压力满足2.5～5kPa。

5）管路安装正确且阀门在正确位置。

6）电控箱内电源线接线规范、正确（符合电控接线手册要求），并全部完成。

7）接通机组电源，查看开关电源、相序保护器、PCB（印制电路板）控制器电源是否常亮。

8）检查相序保护器是否显示正常。

4. 维护

为确保效率并降低运行成本，机组须按时维护。执行前，请关闭机组，断开电源和气体供应。

（1）预防性维护

1）目视检查燃气吸收式热泵内部组件及翅片式换热器的一般状况。

2）检查循环水、天然气的压力及流量。

3）检查 CO 和 NO_x 的排放值。

4）检查排烟系统是否顺畅。

5）检查冷凝水排放是否清洁、顺畅。

6）检查燃气吸收式热泵是否能够达到设定点温度。

（2）日常维护

1）清洁燃烧器。

2）清洁点火电极。

3）清洁水侧换热器。

第三节　冷凝式燃气热水锅炉

一、燃气锅炉概述

随着科技的发展和生活水平的提高，环境污染已成为一个不可忽视的问题。为改善环境，全国对小吨位燃煤锅炉进行限期拆除，对大吨位燃煤锅炉进行逐步替换改造和环保排放升级改造。随着天然气的推广应用，燃气锅炉成为替代燃煤锅炉的重要供暖工具。与煤炭相比，天然气具有清洁、热值高等优点。与热泵相比，锅炉的燃烧效率比热泵低，但锅炉具有占地面积小、噪声低和造价低等优点，在今后的一段时期内，燃气锅炉的应用前景会更加广阔。

燃气锅炉按本体是否承压可分为常压燃气锅炉和承压燃气锅炉；按排烟温度可分为冷凝锅炉和非冷凝锅炉；按锅炉受热面的材质可分为铸铝锅炉和不锈钢锅炉。中燃暖居工程主要针对居民小区进行区域供热，出于安全性和节能环保的目的，一般采用常压冷凝式燃气热水锅炉。市场上冷凝锅炉的材质主要是铸铝的。

冷凝式燃气热水锅炉具有效率高、节能、环保、低噪声、占地面积小、安全可靠等优点，广泛应用于城市供热。

二、低氮燃烧

可燃物燃烧生成的 NO_x 由 NO、NO_2 和 NO_4 等组成，其中 NO 占 90% 以上。根据生成机理的不同，NO_x 又分为温度型 NO_x 和燃料型 NO_x。锅炉排放的 NO_x 主要是温度型 NO_x。由于锅炉燃烧温度高，助燃空气中的 N_2 和 O_2 化合生成 NO_x，称为温度型 NO_x。燃料型 NO_x 是燃料中含氮的化合物燃烧生成的 NO_x，至今仍不清楚燃料型 NO_x 的生成机理，其主要由燃料种类和过量空气系数决定。

根据 Zeldovich 机理，对于温度型 NO_x 有

$$\frac{\mathrm{d}c_{NO}}{\mathrm{d}t}=3\times10^{10}c_{N_2}c_{O_2}^{1/2}\exp\left(-\frac{542}{RT}\right) \tag{2-1}$$

式中，c_{NO}、c_{N_2}、c_{O_2}——分别代表 NO、N_2、O_2 的物质的量浓度（mol/m^3）；

R——通用气体常数，等于 8.314kJ/(mol·K)；

T——反应温度（K）。

从式（2-1）可以看出，温度对温度型 NO_x 的生成量影响很大，并与之呈指数关系。当温度小于 1500℃时，产生的温度型 NO_x 很少；当超过 1500℃，特别是超过 1650℃后，温度型 NO_x 快速生成。

目前，冷凝式燃气热水锅炉的燃烧基本上采用全预混式低氮燃烧方式，采用全预混金属纤维燃烧器。一般采用天然气和空气前预混，即两者在进入燃烧器前需通过文丘里管将空气和天然气按照一定比例来混合，混合后的空气和天然气进入燃烧器燃烧，燃烧温度一般小于 1200℃，在这个温度下 NO_x 生成量较少。

三、烟气冷凝

从锅炉热平衡角度进行分析探讨，其热平衡公式为

$$Q_r = Q_1 + Q_2 + Q_3 + Q_4 + Q_5 + Q_6 \tag{2-2}$$

式中，Q_r——锅炉的输入热量，在锅炉计算中，按燃料的低品位发热值计算；

Q_1——锅炉有效利用的热量；

Q_2——排烟损失的热量；

Q_3——气体未完全燃烧损失的热量；

Q_4——固体未完全燃烧损失的热量；

Q_5——锅炉散热损失的热量；

Q_6——灰渣的物理热损失。

对于燃气锅炉来说，燃料为气体，Q_4和Q_6非常小，可以忽略不计。当锅炉外表面保温性能高时，锅炉散热损失的热量Q_5不大，因此，在锅炉的输入热量Q_r一定的情况下，为使锅炉能有效利用热量Q_1，需要从降低排烟损失的热量Q_2和气体未完全燃烧损失的热量Q_3两个方面入手。

冷凝式燃气热水锅炉采用预混燃烧，降低了气体未完全燃烧热损失的热量Q_3。传统燃气锅炉的排烟温度一般大于100℃，使得燃料燃烧时产生的水在烟气中保持气态（水蒸气），随烟气从烟囱中流失。传统锅炉的热效率一般只能达到85%～91%。冷凝式燃气锅炉的尾部受热面多了烟气冷凝器，可将排烟温度降低至50℃，由于温度的降低，烟气中的水蒸气变为水并释放出显热和相变潜热，锅炉回收了这部分热量，从而减少了排烟热损失的热量Q_2，热效率大幅提高。

天然气在锅炉炉膛内燃烧产生的烟气经过换热器后进入烟气冷凝器，与锅炉的回水继续换热后排出。这样，经过烟气冷凝器被充分换热后的烟气，释放出烟气中的潜热，烟气凝结出大量的凝结水，此时烟气的温度一般在50～60℃。燃气锅炉排烟温度与热效率的关系如图2-7所示。燃气锅炉回水温度与热效率的关系如图2-8所示。

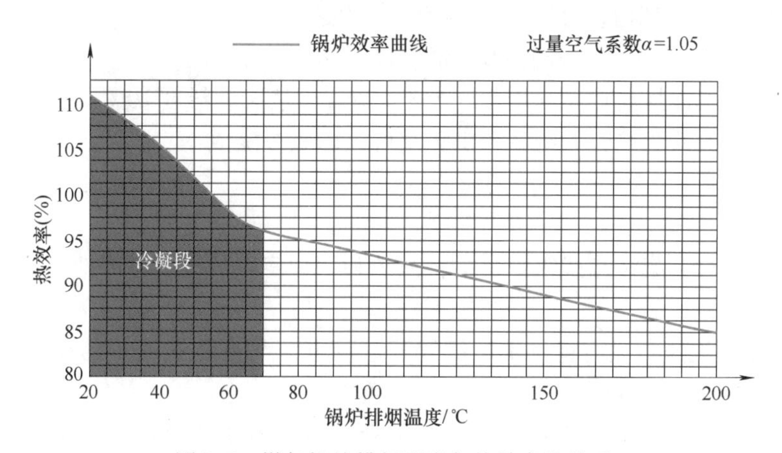

图2-7　燃气锅炉排烟温度与热效率的关系

燃气锅炉的烟气冷凝器装在锅炉尾部的受热面，如图2-9所示。烟气冷凝器的外形为方形结构，由数组管箱组成，每组管箱之间为全焊接结构，管箱内装有成排的钢铝复合翅片管。翅片管外走烟气，管内走水，形成间壁式对流换热。因采用逆向对流换热，即烟气流动方向与冷却水流动方向相反，故具有很高的对流换热系数，可以有效降低排烟温度，降温幅度可达150℃以上。烟气冷凝器最下部设置了冷凝水排放口，可将产生的冷凝水排入下水系

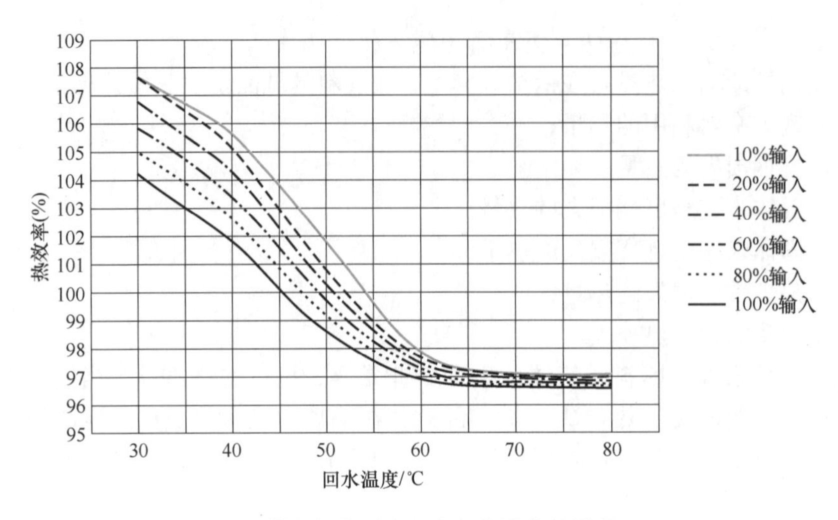

图 2-8 燃气锅炉回水温度与热效率的关系

注：1. 曲线数据基于 10℃的供回水温差。

2. 10% 输入是指 10% 的烟气进入烟气冷凝器，其余类此。

统或回收到补水箱。目前，烟气冷却器采用的材质为钢铝复合材料、316L 不锈钢、ND 钢。其中，由于 ND 钢具有优良的耐低温腐蚀性能，广泛用于烟气冷却器。

图 2-9 烟气冷凝器的外观

$1m^3$ 天然气燃烧产生 $10.3m^3$ 的理论烟气量（约 12.5kg），若取过量空气系数为 1.05，则可产生 $14m^3$ 烟气（约 16.6kg）。若烟气温度从 200℃降低至 70℃，可放出的显热约为 1600kJ，水蒸气冷凝率取 50%，放出的汽化潜热约为 1850kJ，总计放热 3450kJ，约是天然气低品位发热量的 10%。若有 80% 烟气能进入热能回收装置，则可以提高热能利用率约 8%，节省天然气燃料近 10%。以锦州某供暖项目锅炉的烟气冷凝器改造为例，大约 2 个供暖季可以回收投资成本。

四、撬装式锅炉

撬装式锅炉又称为集装箱式锅炉，即将锅炉和锅炉房中的设备紧凑地组合在一起。其主要优点如下：

（1）安装简便快速　只需将供水、供气管道及电源与撬装式锅炉的相应接口连接后即可使用。

（2）便于运行维护　非撬装式锅炉及其配套辅机一般由多个供应商提供，当设备出现问题或需要采购备品备件时会比较麻烦，而且后续的运行维护费用较高，管理难度较大。撬装式锅炉的供货单位只有一家，有利于沟通，便于设备的维护管理。

（3）安装质量有保证　与现场安装相比，撬装式锅炉的大部分安装工作在工厂中完成。生产厂家一般配有专门的安装和试验设施，安装工人技术可靠，安装质量可靠性高，利于现场调试。

撬装式锅炉的工艺如图 2-10 所示。图中采用的是定压罐定压，也可采用高位水箱定压、补水泵定压等方式。

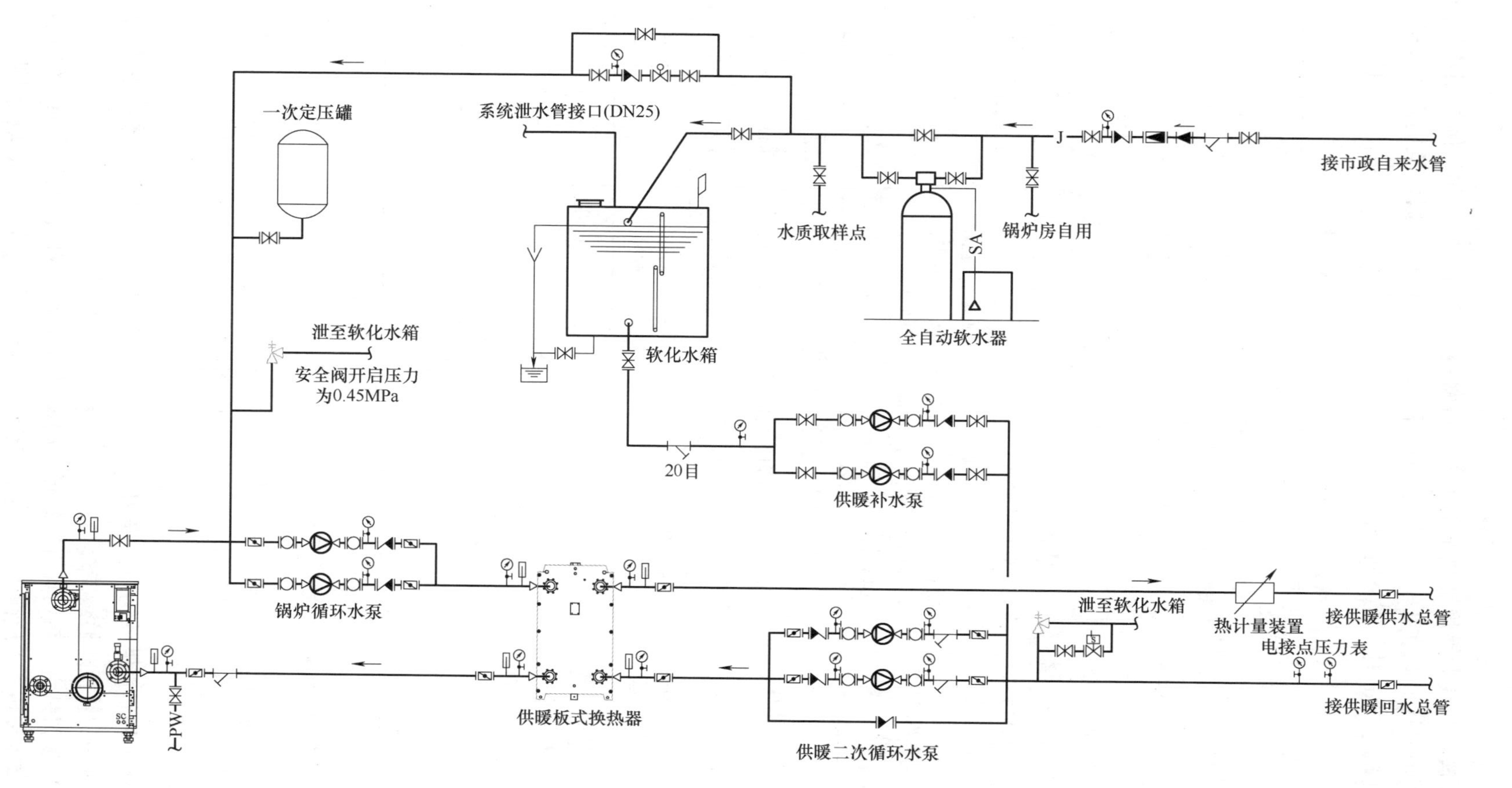

图 2-10 撬装式锅炉工艺

根据供暖面积或者锅炉制热量的不同，可将撬装式锅炉模块化，例如制热量为700kW的撬装式锅炉的技术参数见表2-16。其中，补水泵的扬程要根据建筑的高度来确定，且当建筑物高度超过50m时，宜竖向分区。

表2-16　700kW撬装式锅炉的技术参数

序号	设备名称	规格型号	数量	备　注
1	冷凝式燃气热水锅炉	输出功率为700kW，热效率≥101%；设计供回水温度为80℃/60℃，烟气中的NO_x含量≤30mg/m^3	1台	
2	一次循环水泵	流量Q≥30m^3/h，扬程H≥15m	2台	一用一备
3	自动补水阀		1个	
4	一次定压罐	容积V≥24L，承压能力≥1.0MPa	1台	
5	全自动软水器	流量Q≥1t/h	1套	
6	软化水箱	容积V≥0.75m^3	1台	不锈钢材质
7	供暖板式换热器	换热量≥700kW，一次侧供回水温度为70℃/50℃，二次侧供回水温度55℃/40℃，承压能力≥1.6MPa，水侧阻力<5mH_2O，换热器板片材质304不锈钢	1台	
8	供暖二次循环水泵	流量Q≥40m^3/h，扬程H≥20m（不分区）	2台	一用一备，变频控制
		流量Q≥20m^3/h，扬程H≥20m（分区）	4台	高低区各一用一备，变频控制
9	供暖补水泵（立式多级）	流量Q≥1m^3/h，扬程H≥27m（不分区）	2台	一用一备
		流量Q≥0.5m^3/h，扬程H≥27m（分区）	4台	高低区各一用一备
10	配电柜		1台	
11	燃气控制箱		1台	
12	PLC控制箱		1台	
13	防爆轴流风机	Q≥500m^3/h，全压≥50Pa	1台	
14	集装箱	6096mm×2438mm×2591mm（长×宽×高）	1个	
15	灭火器		1套	
16	照明系统		1套	

五、供热系统的主要辅助设备

供热系统除了热源主设备外，还可能有换热器、阀门、泵和混水装置等辅助设备。有关泵的内容将在后续章节专门介绍，故在此不再赘述。

1. 换热器

在暖居工程非直供系统中会采用换热器来实现一次和二次水水换热。换热器的种类很多，一般常用的是板式换热器。

板式换热器是由一系列具有波纹形状的金属片叠装而成的。它具有换热效率高、热损失小、结构紧凑轻巧、占地面积小、应用广泛、使用寿命长等特点。板式换热器可分为可拆卸式、全焊式和半焊式。常用的是可拆卸板式换热器和全焊板式换热器。

（1）可拆卸板式换热器　这种换热器由支架、紧压板、换热板片、密封垫片及紧固螺栓等主要部件组成，如图 2-11 所示。换热的流体经紧压板上的法兰孔流入由换热板片组成的通道，热交换后介质再由紧压板上的法兰孔流出。一般换热板片的材料为不锈钢或者钛等，密封垫片为氟橡胶、三元乙丙橡胶和丁腈橡胶等。

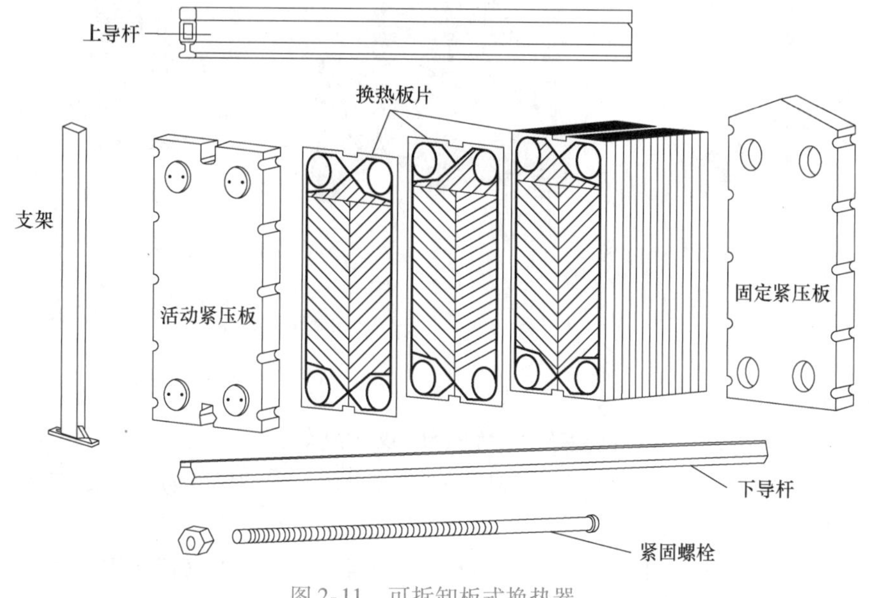

图 2-11　可拆卸板式换热器

（2）全焊板式换热器　这种换热器也叫作钎焊板式换热器，如图 2-12 所示。相比可拆卸板式换热器，全焊板式换热器没有密封垫片，通过钎焊工艺将换热板片固定在一起，不可拆卸，可耐更高的温度和压力，而且占地面积更小。

2. 阀门

阀门是流体输送系统中的控制部件，具有截止、调节、导流、防止逆流、稳压、分流及溢流泄压等功能。供热系统阀门根据结构和功能分为截止阀、闸阀、蝶阀、球阀、单向阀、安全阀和调节阀等。

（1）常用阀门

1）截止阀。

① 工作原理：利用阀杆扭力给密封面一个向下的压力，依靠阀杆的压力使阀瓣密封面与阀座密封面紧密贴合，阻止介质的流入或者用来调节介质的流速。其结构如图 2-13 所示。

② 阀门特性：

a. 优点：结构简单，维修方便，结实耐用。

b. 缺点：只允许介质单向流动，安装时有方向要求，阻力大，密封性差。

2）闸阀。

① 工作原理：闸阀启闭件（闸板）与阀座密封面高度光洁、平整、一致，通过阀杆的上提与下压，启闭件（闸板）沿阀座（密封面）做直线升降运动，对介质形成导通或关断。其结构如图 2-14 所示。

图 2-12　全焊板式换热器

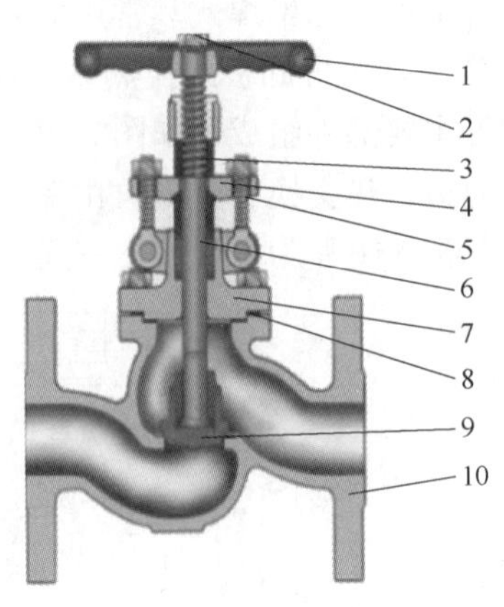

图 2-13　截止阀的结构

1—手轮　2—阀杆螺母　3—阀杆　4—填料压盖　5—T 形螺栓　6—填料　7—阀盖　8—垫片　9—阀瓣　10—阀体

② 阀门特性：

a. 优点：阻力小，没有方向要求，允许介质双向流动。

b. 缺点：高度大，对安装空间要求高，启闭时间长，手动操作费力，修理难度大。

3）蝶阀。

① 工作原理：阀瓣为圆盘，通过阀杆旋转使阀瓣在阀座范围内作 90°旋转，来实现阀门的开与关。其结构如图 2-15 所示。

图 2-14　闸阀的结构

图 2-15　蝶阀的结构

② 阀门特性：

a. 优点：结构简单，体积小，对安装空间要求低，操作方便，低压情况下密封性较好。

b. 缺点：使用压力和温度范围小，密封性较差。

4）球阀。

① 工作原理：阀芯为球体，通过阀杆控制阀芯作 90°旋转，来控制阀门畅通及关断。其结构如图 2-16 所示。

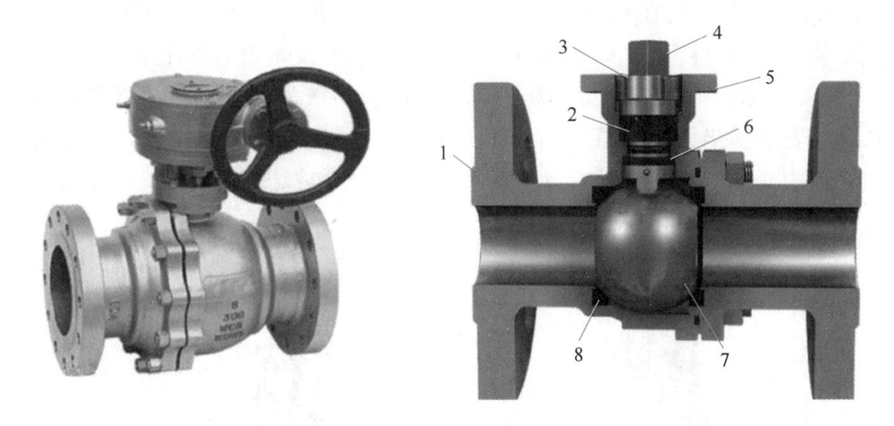

图 2-16　球阀的结构

1—阀体　2—填料　3—压盖　4—阀杆　5—高平台　6—O 形圈　7—O 形阀芯　8—阀座密封垫

② 阀门特性：

a. 优点：阻力小，体积小，操作方便，密封性好。

b. 缺点：维修困难，价格较高。

5）单向阀。

① 工作原理：依靠流体自身的力量及阀瓣的自重自动启闭，可阻止介质的倒流。其结构如图 2-17 所示。

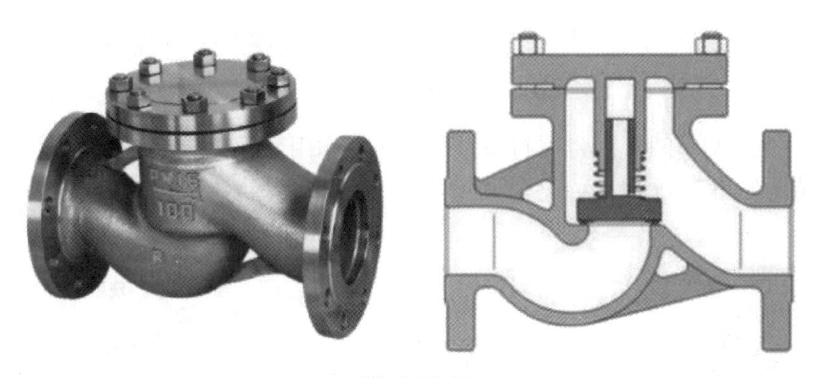

a) 升降式单向阀

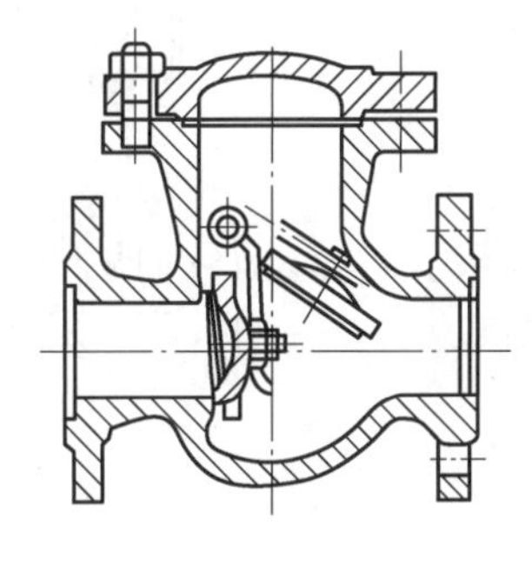

b) 旋启式单向阀

图 2-17　单向阀的结构

② 阀门特性：一般安装在水泵出口，防止水锤对水泵造成冲击。水平升降式及旋启式单向阀只能安装在水平管路上，蝶式单向阀可安装在水平及垂直管路上。

6）安全阀：根据压力系统的工作压力自动启闭，一般安装在封闭系统的设备或管路上用于保护系统的安全。当设备或管道内的压力超过安全阀设定压力时，即自动开启泄压，以保证设备和管道内介质压力在设定压力之下，保护设备和管道正常工作。其结构如图 2-18 所示。

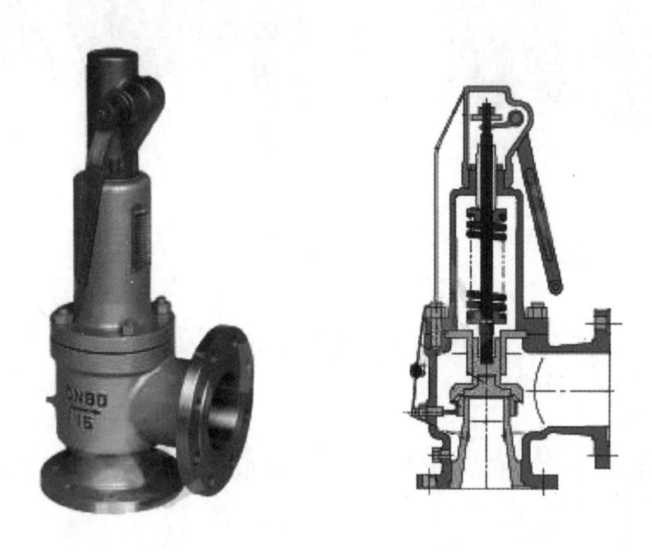

图 2-18 安全阀的结构

7）调节阀。

① 工作原理：调节阀又称为控制阀，通过外力作用到阀门上来调节介质的流量、压力等参数。其结构如图 2-19 所示。

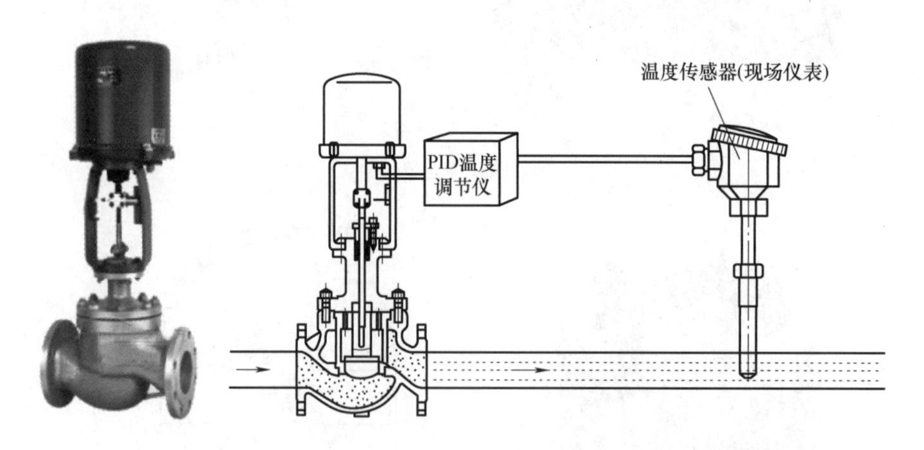

图 2-19 调节阀

② 阀门特性：调节阀根据所配执行机构使用的动力不同，分为手动调节阀、电动调节阀、气动调节阀和液动调节阀。

（2）阀门配置建议　综合考虑成本、工质、压力、温度和功能等因素，在暖居工程中对阀门配置给出以下建议。

1）热源站。

① 水泵出水口应设置蝶式单向阀，因为蝶式单向阀比旋启式单向阀便宜。

② 与市政上水直接连接时，市政上水应设置隔污阀。与非市政上水直接连接时，市政上水应设置单向阀。

③ 管道中 DN40（含 DN40）以上的关断阀门应采用法兰蝶阀，DN40（不含 DN40）以下的关断阀门应采用法兰截止阀。

④ 供热管道的蝶阀应采用双向硬密封蝶阀，市政上水、水处理和补水管道的蝶阀应采用单向软密封蝶阀。

⑤ 热源站内管道的放气阀及泄水阀应采用法兰连接的球阀。

⑥ 热力站一二次侧供回水主管道中的关断阀门宜采用球阀。

⑦ 换热站内的放气阀及泄水阀应采用法兰球阀。

2）庭院管网及楼内立管。

① 庭院管网中的关断阀门应采用焊接球阀。

② 楼内立管最高处应设置自动排气阀，而且自动排气阀前应设置检修阀，检修阀采用截止阀。

③ 各单元入口处的供回水管及其连通管应设置关断阀，关断阀采用法兰球阀；供水管应设置物联网平衡阀。

④ 入户供水管上将锁闭阀置于关断球阀前，回水管上安装锁闭调节阀。未报装的楼层，有总阀的供回水管上均应加装球阀和螺塞，没有总阀的供水管上应安装锁闭阀和螺塞，回水管上应加装锁闭调节阀和螺塞。

六、混水装置

混水直供供热在单纯循环水直供能力及供热管径不变的情况下，将循环水供热改造成混水供热，不仅可大大提高供热能力（一般可提高供热规模 20%～30%），而且可以最大限度地利用低品位能源，优化了热网运行。

与直供系统相比，直接连接的供热方式可使热网供水直接进入热用户，不进行混水，在运行中仅进行流量分配，运行调节容易，但是由于受到供水温度不能太高的限制，一般运行温差仅为 10～15℃，流量较大。小温差、大流量的供热模式使得一次网管径较大，循环水泵也较大，运行起来弊病相对较多。而混水供热方式一次网供回水温差远大于用户系统设计温差，一般运行温差为 25～40℃，通过混水来满足二次网的循环流量，并达到热网的设计温差，满足用户系统的需要。混水方式与单纯的直供方式相比，在管径、经济比摩阻相同的情况下，前者输送的热量远大于后者，因此混水供热方式在相同的热网管径下有更大的供热面积，比单纯的直供供热方式具有更大的供热能力。

与板式换热形式的间接供热相比，混水供热方式具有节电、节水、节热的优点。在节电方面，由于混水直供中没有换热器，除去了换热阻力，循环水泵扬程可降低 5～10m，循环水泵电功率小，耗电量低。混水直供定压方式与板式换热定压方式不同，换热站系统采用二次网补水定压，混水直供系统直接采用一次网定压。与板式换热系统相比，混水直供中不设补水泵，既节省了补水泵的耗电量，还节约了补水的费用，与此同时还节约了将软化水加热到与循环水相同温度的热量，同时实现了节电、节水与节热。

混水直供系统的工作原理是：一次网供水进入能源站首先通过旋流除污器与二次网用户回水混合，后经循环水泵加压调节至用户所需参数后，供给二次网热用户。

相比传统的循环水泵＋板式换热机组，混水直供系统的循环水泵扬程可降低5～10m，即可在设备采购时降低循环水泵的扬程要求；由于换热效率为100%，也可在设备采购时降低循环水泵的流量要求，从而实现循环水泵采购价格降低，使用过程中电耗的节省。混水站中不设补水泵，不需设置软化水设备，节约设备采购成本。但是，如果是对原有换热站进行改造，而原有二次网无软化水装置，相对原系统反而增加了系统投资。

七、调试与维护

1. 调试

1）调试前的检查工作。

① 检查软水系统水质，必须符合锅炉软化水标准。

② 检查系统内各水系统阀门的开闭状态，确保符合运行要求。

③ 检查混水直供系统内、水系统内注水情况，确保符合要求。

④ 检查锅炉房内设备的电气施工及布管、穿线、接线是否正确。

⑤ 检查锅炉房内设备的安装是否正确合理。

⑥ 检查系统内电气系统的电压情况和电控开关位置、指示灯等是否符合要求。

⑦ 检查系统内进、排风系统，确保完好。

⑧ 检查系统内燃气报警及联动系统，确保准确、及时动作。

2）在给系统注水时，需要排空系统内的空气，同时检查有无跑、冒、滴、漏现象。

3）起动循环水泵，观察其运行状况。

4）点火。观察锅炉电子点火系统的状态及火焰的颜色，同时根据火焰的颜色及烟气分析仪的数据调节各燃气阀的开度，来调节CO、NO_x排放量。

5）供水温度应由低至高逐渐升温。开始是烘炉阶段，然后是低温阶段，接着是升温阶段，最后才是供暖阶段。

2. 维护

1）定期清理，排放锅炉、燃烧器、循环水泵等设备内的污水及杂物。

2）定期检测软化水水质，根据现场情况添加工业盐。

3）定期检查各阀门，做好润滑防锈工作。

4）定期检查各电控系统，发现隐患及时处理，并及时清扫灰尘及杂物。

5）定期校对安全阀和热工仪表及控制系统。

6）定期做燃气报警测试，确定其性能良好。

7）定期清理空气过滤器，频率保持在一周一次为好，建议用高压空气吹扫。

8）定期做好锅炉排污，一周两到三次，持续时间为3～5s。

9）定期做好水质化验，一周至少两次，并且做好记录，确保水质合格。

10）做好锅炉运行数据及能源消耗数据记录，建议每两小时记录一次。

第四节　直燃机

一、直燃机概述

直燃机是以天然气燃烧产生的热能为动力，以溴化锂溶液为工质对，能够分别提供空调用冷冻水、供暖热水及生活热水的冷热源设备。其中，溴化锂为吸收剂，水为制冷剂。由于直燃机具备制冷和供热的能力，可用于公共建筑冬季供暖和夏季制冷特别适用于天然气价格较低，同时具备冷暖需求的建筑物。

1. 直燃机的结构及工作原理

直燃机的主要部件包括高温发生器、低温发生器、冷凝器、蒸发器、吸收器、高温换热器和低温换热器等，各主要部件的作用见表 2-17。直燃机的外形如图 2-20 所示。

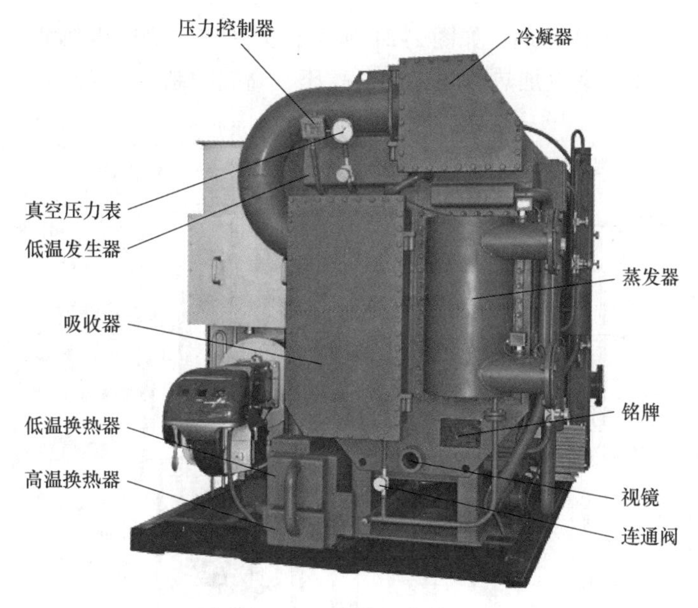

图 2-20　直燃机的外形

表 2-17　直燃机各主要部件的作用

序号	名　称	作　用
1	高温发生器	制冷工况：利用燃料燃烧产生的热量使溶液中的水分蒸发成为一次制冷剂蒸汽，同时溶液被浓缩成中间溶液。一次制冷剂蒸汽进入低温发生器，而中间溶液则流往高温换热器 工作环境：绝对压力约 700mmHg，溶液温度约 160℃ 供暖工况：稀溶液被加热产生制冷剂蒸汽，溶液被浓缩
2	低温发生器	一次制冷剂蒸汽将来自高温发生器的中间溶液再次浓缩成浓溶液，一次制冷剂蒸汽变为制冷剂水，并进一步产生二次制冷剂蒸汽 工作环境：绝对压力约 55mmHg，溶液温度约 90℃

（续）

序号	名　称	作　用
3	冷凝器	一方面将来自低温发生器的制冷剂蒸汽变成制冷剂水，另一方将来自高温发生器的一次制冷剂水降温，产生的热量由冷却水带走 工作环境：绝对压力约55mmHg
4	蒸发器	制冷工况：利用制冷剂水的蒸发使空调冷水降温的部件 工作环境：绝对压力约7mmHg 供暖工况：高温发生器产生的制冷剂蒸汽放热，变成制冷剂水溢流进入吸收器。蒸发器管簇内水吸热产生热水
5	吸收器	制冷工况：浓溶液吸收来自蒸发器的制冷剂蒸汽，并释放出热量 供暖工况：浓溶液与制冷剂水在此混合成稀溶液
6	高温换热器	回收来自于高温发生器的中间溶液的热量
7	低温换热器	回收来自于低温发生器的浓溶液的热量

（1）直燃机制冷的工作原理　如图2-21所示，天然气燃烧产生热能，在高温发生器中稀溶液被管内流动的工作蒸汽加热沸腾，产生高压、高温的制冷剂蒸汽，溶液被浓缩成中间

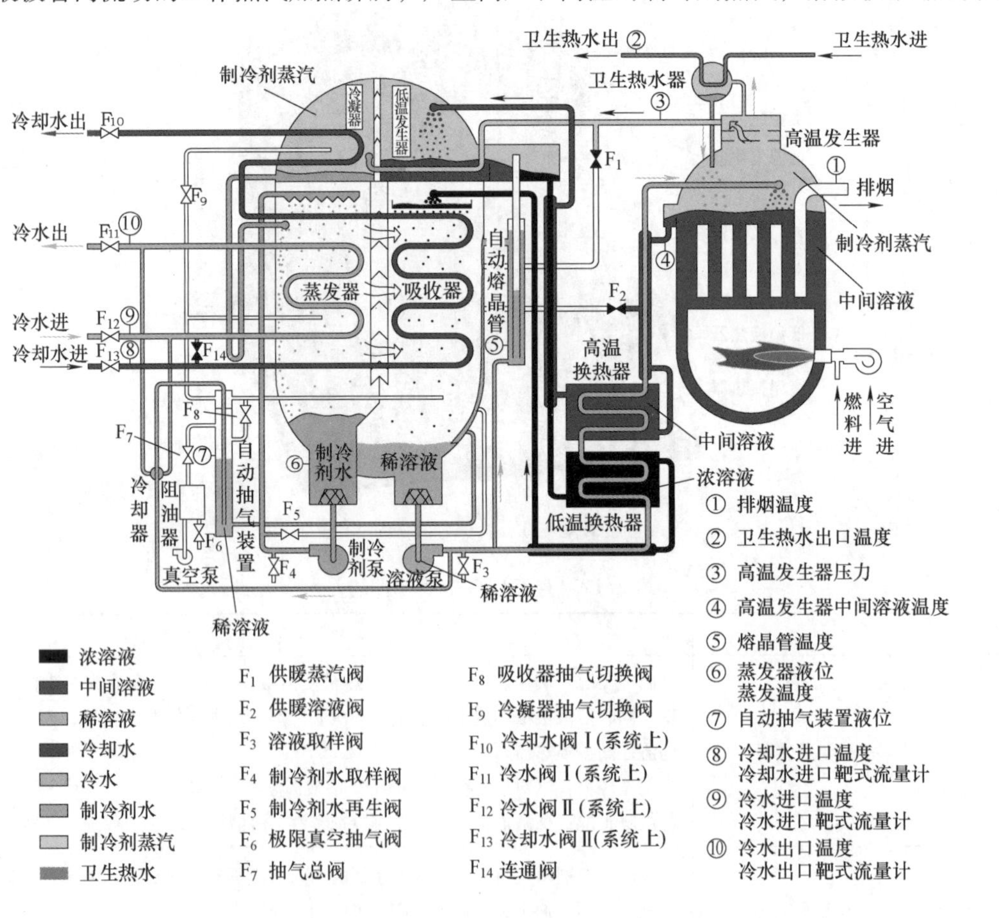

图2-21　直燃机制冷的工作原理

溶液。中间溶液经高温换热器进入低温发生器。来自高温发生器内的高压、高温制冷剂蒸汽在低温发生器内加热中间溶液，产生制冷剂蒸汽，溶液进一步浓缩成浓溶液；高压、高温的制冷剂蒸汽凝结成制冷剂水，经节流后，压力降低，与低温发生器中产生的制冷剂蒸汽一起，进入冷凝器被冷凝器中的冷却水冷却，成为与冷凝压力相对应的制冷剂水。制冷剂水经节流后进入蒸发器。由于蒸发器中的压力很低，有部分制冷剂水蒸发，而大部分制冷剂水由制冷剂泵输送，喷淋在蒸发器管簇上，吸收在管内流动的冷水的热量而蒸发，使管簇内冷水的温度降低，从而达到制冷的目的。

由低温发生器出来的浓溶液流经低温换热器进入吸收器，喷淋在吸收器管簇上，被在管内流动的冷却水冷却后，吸收来自蒸发器的制冷剂蒸汽成为稀溶液。这样，浓溶液不断地吸收蒸发器中制冷剂水蒸发而产生的制冷剂蒸汽，使蒸发器中的蒸发过程不断进行。因吸收来自蒸发器中的制冷剂蒸汽而变稀的溴化锂溶液，再由溶液泵送往高温发生器沸腾、浓缩。这样便完成了一个制冷循环。

（2）直燃机供热的工作原理　如图 2-22 所示，直燃机供热的工作原理相对简单，类似

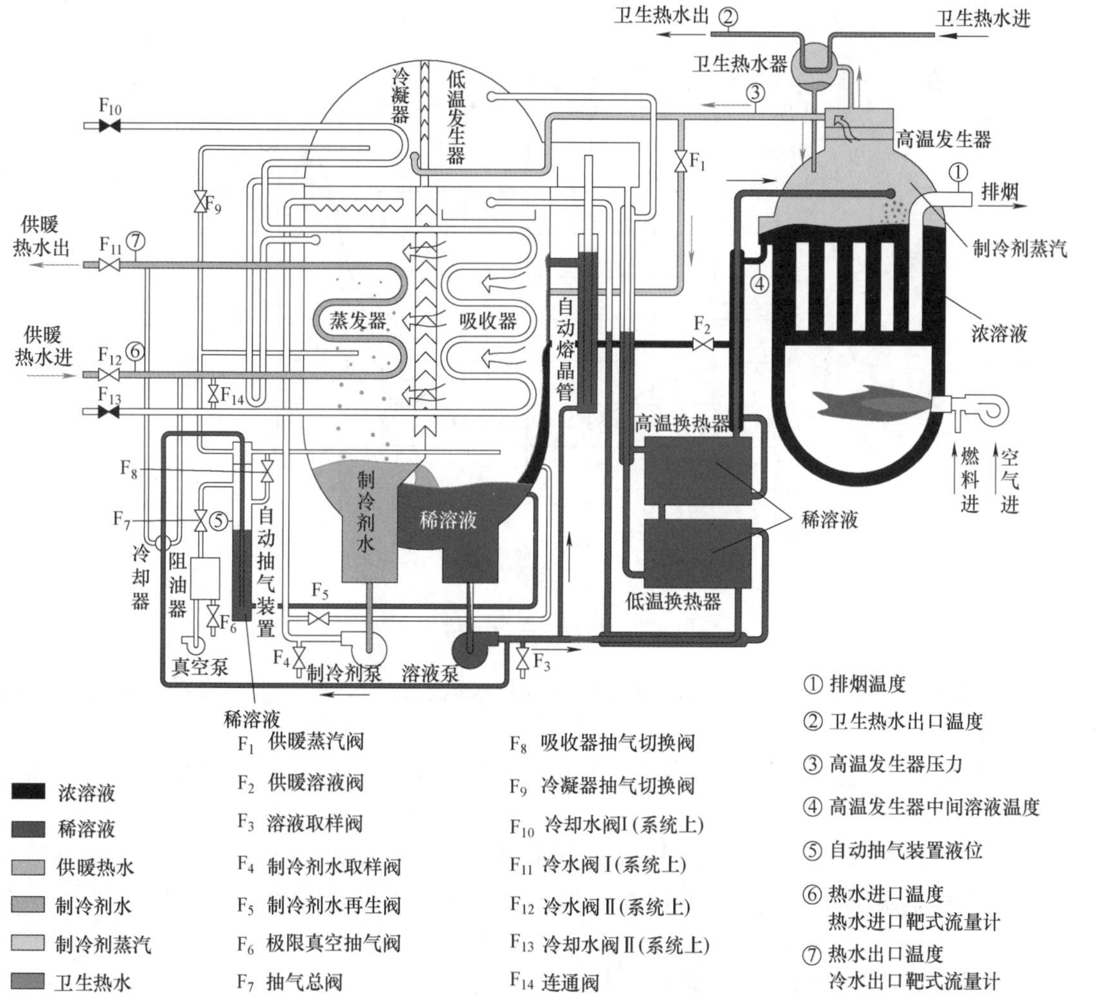

卫生热水出 ②
卫生热水进
卫生热水器
③
冷凝器
低温发生器
高温发生器
F_{10}
F_1
① 排烟
制冷剂蒸汽
F_9
供暖热水出
F_{11} ⑦
④
蒸发器
吸收器
自动熔晶管
F_2
浓溶液
供暖热水进
F_{12} ⑥
F_{13}
F_{14}
高温换热器
燃料进
空气进
F_8
F_7 ⑤
制冷剂水
稀溶液
自动抽气装置
稀溶液
冷却器
阻油器
F_5
F_6
低温换热器
真空泵
F_4
制冷剂泵
溶液泵
F_3
稀溶液
浓溶液
稀溶液
供暖热水
制冷剂水
制冷剂蒸汽
卫生热水
F_1 供暖蒸汽阀
F_2 供暖溶液阀
F_3 溶液取样阀
F_4 制冷剂水取样阀
F_5 制冷剂水再生阀
F_6 极限真空抽气阀
F_7 抽气总阀
F_8 吸收器抽气切换阀
F_9 冷凝器抽气切换阀
F_{10} 冷却水阀Ⅰ(系统上)
F_{11} 冷水阀Ⅰ(系统上)
F_{12} 冷水阀Ⅱ(系统上)
F_{13} 冷却水阀Ⅱ(系统上)
F_{14} 连通阀
① 排烟温度
② 卫生热水出口温度
③ 高温发生器压力
④ 高温发生器中间溶液温度
⑤ 自动抽气装置液位
⑥ 热水进口温度
热水进口靶式流量计
⑦ 热水出口温度
冷水出口靶式流量计

图 2-22　直燃机供热的工作原理

真空锅炉。天然气燃烧加热高温发生器中的溶液，溶液产生的蒸汽进入蒸发器，加热在蒸发器管簇内流动的热水，蒸汽凝结变为制冷剂水，由蒸发器水盘溢出，进入吸收器。高温发生器中的浓溶液经阀 F_2 进入吸收器，并和进入吸收器的制冷剂水混合成稀溶液。稀溶液由溶液泵送入高温发生器加热。这样往复循环达到供暖的目的。在供热工况下，冷却水回路和制冷剂水回路停止运行，冷水回路转换为热水回路。吸收器、冷凝器、低温发生器、高温换热器、低温换热器停止工作。

（3）直燃机制卫生热水的工作原理　天然气燃烧加热高温发生器产生的蒸汽进入卫生热水器进行汽水换热，在加热盘管中的卫生热水后，自身凝结成液态水回到高温发生器，如此循环。

2. 溴化锂溶液结晶

溴化锂溶液产生结晶是最为常见的现象，其发生与浓度及温度有关。溴化锂溶液在结晶曲线（见图 2-23）下方运行时会产生结晶，当结晶达到一定程度时，就会阻碍溶液循环，甚至造成停机。导致结晶的主要原因有以下几点：

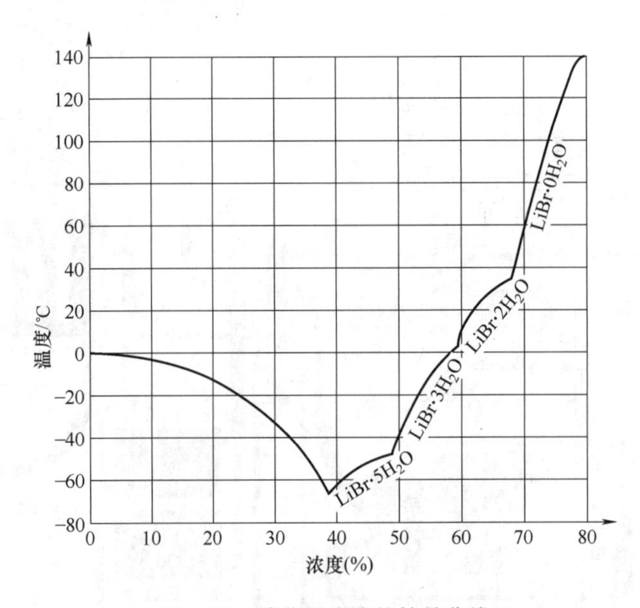

图 2-23　溴化锂溶液的结晶曲线

1）热源功率突然大幅度加大，使发生器内的水蒸发过量，导致溴化锂溶液浓度升高而产生结晶。

2）机组真空度降低，使吸收器吸收的制冷剂蒸汽减少，导致溴化锂溶液浓度升高而产生结晶。

3）机组突然断电，导致发生器内溴化锂浓溶液稀释不充分而产生结晶。

4）冷却水温度过低，使溶液冷却过度，导致吸收器内溴化锂溶液温度过低而产生结晶。

预防溴化锂溶液产生结晶的措施如下：

1）温度控制适当，避免过快和过低。监控系统时时监测浓溶液的浓度和温度，当浓溶液临近结晶时，自动关小燃料阀门。

2）在直燃机设计上，要做到当突然停电时稀溶液能够依靠自身的压力自动流入浓溶液，避免浓溶液降温而产生结晶；同时设有自动熔晶管，即使因意外而产生结晶，也可进行自动熔晶。

3）运行时应关注直燃机的真空度，及时抽真空，确保真空度。

4）设置合理的冷却水温度。

3. 占地面积

参考《直燃型溴化锂吸收式制冷（温）水机房设计与安装》（06R201），采用直燃机时，机房占地面积参考值见表2-18。

表2-18 机房占地面积参考值

直燃机的容量及台数	总容量/kW	占地面积/m^2	占地指标/(m^2/kW)
3×3489kW	10467	984	0.0940
2×2910kW+2×1740kW	9300	682	0.0733
2×2908kW+1×1163kW	6979	800	0.1146
3×2326kW	6978	384	0.0550
2×2908kW+1×756kW	6572	450	0.0685
2×3165kW	6330	328	0.0518
3×2040kW	6120	408	0.0667
2×1160kW+2×1759kW	5838	740	0.1268
2×2326kW	4652	320	0.0688
2×1759kW	3518	300	0.0853
2×1454kW	2908	190	0.0653
2×1407kW	2814	210	0.0746
2×1163kW	2326	261	0.1122
2×844kW	1688	245	0.1451
2×756kW	1512	137	0.0906

二、调试与维护

1. 水质要求

直燃机的水质要求见表2-19。

表2-19 直燃机的水质要求

项 目	单 位	冷却水的水质	补给水的水质
pH值（25℃）		6.5~8.0	6.5~8.0
导电率（25℃）	μS/cm	<800	<200
氯离子 Cl^-	mg/L	<200	<50
硫酸根 SO_4^{2-}	mg/L	<200	<50

（续）

项　目	单　位	冷却水的水质	补给水的水质
总铁 Fe	mg/L	<1.0	<0.3
总碱度	mg/L（以 $CaCO_3$ 计）	<100	<50
总硬度	mg/L（以 $CaCO_3$ 计）	<200	<50
硫离子 S^{2-}	mg/L	测不出	测不出
铵离子 NH_4^+	mg/L	<1.0	测不出
二氧化硅 SiO_2	mg/L	<50	<30

2. 调试

1）调试前的检查工作。

① 查看水路系统的进出口与水泵、冷却塔的进出口是否相符。

② 检查天然气减压阀、球阀、过滤器、压力表、高低气压开关等元件的选型、安装是否正确。检查供气压力是否达到要求。

③ 检查排气系统。排气系统包括烟道和烟囱两部分。烟囱和烟道的最低处应设置凝水收集槽和 U 形排水管。检查排气口安装位置是否符合要求。

④ 检查真空泵油品的牌号是否正确，检查真空泵的油位是否在视镜的中间位置。

⑤ 检查电气接线是否按照接线图连接并符合要求。

⑥ 检查冷却塔风机、冷水泵、冷却水泵等的电源是否接通。

2）如果溴化锂溶液未全部注入机组，严禁使溶液泵和制冷剂泵发生空转。注入溴化锂溶液时需要起动真空泵，以便将进入机组的不凝性气体排出机组外。

3）开机时必须先起动冷水泵（确认冷水泵已运转），再起动冷却水泵。

4）稀释停机后应先停冷却水泵，再停冷水泵。

3. 维护

为了保持机组的良好性能和安全运转，无论是运行期间还是停机期间，均应对机组进行定期检查。定期检查项目如下：

（1）每日维护工作　溶液泵、制冷剂泵是否有异常声音。

（2）每周维护工作

1）测量真空泵油品的质量是否符合要求。

2）观察稀溶液与冷却水之间的温度差值及制冷效果的变化情况。

（3）每月维护工作

1）进行真空泵性能试验，以确保真空泵工作可靠。

2）检查电气开关的动作可靠性。

（4）每年维护工作

1）检测排烟中 NO_x、CO 的含量是否符合要求。

2）清理燃烧机和鼓风机叶轮。

3）测量真空泵电动机绝缘是否符合要求。

4）测量溴化锂溶液的浓度、pH 值与含铬酸锂浓度是否符合要求。

5）检查传热管内壁的结垢和腐蚀情况。

三、常见冷暖联供设备的能耗指标

下面给出了常见冷暖联供或者冷热电三联供设备的能耗指标，供读者参考。

1. 耗电量估算

耗电量估算在计算系统或者辅机耗电量时可参考厂家产品手册中的数据，如果没有相关数据，可参考表2-20进行估算。

表2-20　耗电量估算指标

名　称	单　位	数　值
内燃机发电机组简单循环耗电		3%～4%
燃气热电联产机组纯凝工况耗电		2%～2.5%
溴化锂机组供冷耗电	kW·h	0.04～0.045
燃气锅炉供蒸汽耗电	kW·h/t	5～6
集中供热耗电	kg/(m²·a)	1.7～2.5

注：集中供热耗电数据中供暖期为4个月时取下限估算，供暖期为6个月时取上限估算。

2. 耗水量估算

在计算系统或者辅机耗水量时可参考厂家产品手册中的数据，如果没有相关数据，可参考表2-21进行估算。

表2-21　耗水量估算指标

系统名称	单　位	估算公式	数　值
电制冷冷水机组供冷补水	kg/(kW·h)	0.01×冷媒水流量+0.02×冷却水流量	0.005
溴化锂机组供冷补水	kg/(kW·h)	0.01×冷媒水流量+0.025×冷却水流量	0.009
集中供暖项目补水	kg/(m²·a)		30～50
燃气锅炉供蒸汽补水	t/t		0.1

注：集中供热耗水量指标中供暖期为4个月时取下限估算，供暖期为6个月时取上限估算。

3. COP值估算

主机设备的COP取值可参考表2-22。

表2-22　主机设备的COP取值

主　机	类　型	COP
水冷机组	制冷量>1163kW	4.1～4.5
	528kW<制冷量≤1163kW	4～4.2
	制冷量<528kW	3.8～4

（续）

主　机	类　型		COP
风冷冷热水机组	制冷	制冷量 > 50kW	2.9～3.1
		制冷量≤50kW	2.6～2.8
	制热	制冷量 > 50kW	2.3～2.5
		制冷量≤50kW	2.2～2.3
直燃机	吸收式	制冷（设备）	1.3～1.4
		制热（设备）	0.9

四、冷暖联供方案对比

以暖居工程为例，具体测算条件是：热负荷指标为 $40W/m^2$，冷负荷指标为 $70W/m^2$。投资费用估算见表2-23。可以看出，采用冷暖联供方案时，空气源热泵＋电制冷机组的投资费用最低，其次是直燃机和燃气锅炉＋电制冷机组，投资费用最高的是燃气热泵＋电制冷机组。

表2-23　投资费用估算　　（单位：元/m^2）

能源站工艺路线	能源站	管网	户内	报装率		
				75%	50%	30%
燃气锅炉＋电制冷机组	85	28	95	208	236	273
燃气热泵＋电制冷机组	115	28	95	238	266	303
空气源热泵＋电制冷机组	75	28	95	198	245	263
直燃型溴化锂机组	83	28	95	206	234	271

由于直燃机和燃气锅炉＋电制冷机组的初始投资费用基本相同，下面将在运行费用上对两者进行对比。

以1万 m^2 项目为例，运行费用主要包括运行期间能源消耗费（燃料费、水费、电费）与设备维护费等。由于燃气锅炉和直燃机的供暖效率相近，供暖运行费用此处不做对比，主要比较制冷运行费用。例如每年夏季空调器运行135天，每天平均运行12h，同时取值（中燃暖居工程技术路线）电制冷机组运营能耗（电）为 $6.2kW \cdot h/(m^2/月)$，直燃机运营能耗（燃气）为 $2.8m^3/(m^2/月)$。

直燃机和燃气锅炉＋电制冷机组方案的制冷运行费用对比见表2-24。

表2-24　年制冷运行费用对比

序号	运行费用名称	单　位	直燃机（方案1）	燃气锅炉＋电制冷机组（方案2）
1	燃气量	万 m^3/年	12.6	0
2	燃料费	万元/年	34.65	0

（续）

序号	运行费用名称	单　位	直燃机（方案1）	燃气锅炉+电制冷机组（方案2）
3	耗水量	m^3/年	10.2	5.67
4	水费	万元/年	0.0051	0.0028
5	耗电量	万kW·h/年	4.536	27.9
6	电费	万元/年	3.86	23.715
7	能耗总费用	万元/年	38.5	19.28
8	设备维护费用	万元/年	5	8
9	运行总费用	万元/年	43.5	31.72
差　额		万元/年	11.78	

由表2-24可知，直燃机比燃气锅炉+电制冷机组方案的年制冷运行总费用高11.78万元。

从经济性来讲，南方冷热联供项目采取的两种方案主设备初始投资费用基本一样，方案2运行费用相对较低；但方案1占地面积小，可供暖、制冷和供生活热水，一机多用。

基于以下假设，对直燃机和燃气锅炉+电制冷机组方案典型配置进行对比，推算两者运行成本相当时的天然气价格和电价，结果见表2-25。

1）冬季耗热量与夏季耗冷量相同，年运行小时数为5760h（供热4个月，供冷4个月）。

2）仅考虑用能价格对供能成本的影响。

3）仅对主机能耗进行对比分析。

4）设备制冷COP及制热效率按照固定值选取。

表2-25　直燃机与燃气锅炉+电制冷机组方案对比

项　目	单　位	燃气锅炉+电制冷机组	直燃机
夏季制冷COP	—	5.70	1.40
冬季制热效率	—	0.92	0.92
用电价格	元/(kW·h)	0.90	—
燃气价格	元/Nm^3	1.99	1.99
折旧费用	元/(kW·h)	0.0139	0.0174
单位kW·h供能成本	元/(kW·h)	0.1871	0.1792
不含税	元/(kW·h)	0.1788	0.1788

根据表2-25可知，直燃机与燃气锅炉+电制冷机组两种方案在综合电价为0.9元/(kW·h)与燃气价格为1.99元/m^3时供能成本（不含税）持平。电价与燃气价格对系统选择的影响如图2-24所示，同时给出了不同的能源价格下，冷暖联供系统的选择。

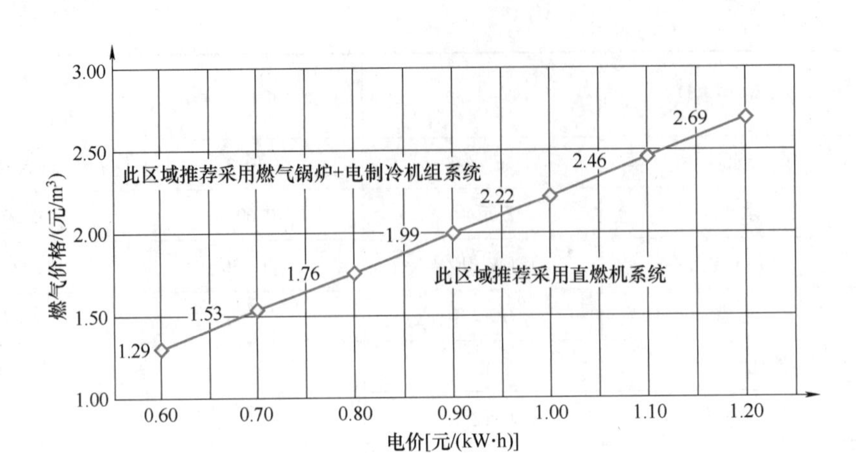

图 2-24　电价与燃气价格对系统选择的影响

第三章

供暖系统的控制与调节

第一节　燃气热泵与燃气锅炉耦合的节能控制

目前，暖居工程的部分项目以天然气作为能源，采用燃气空气源热泵配合燃气冷凝锅炉机组耦合的方式供热。因此，既要考虑运行成本，还要考虑系统运行的可靠性。在热泵和锅炉耦合运行时，常见的调节方式有质调节、量调节以及分阶段改变流量的质调节。这里将以分阶段改变流量的质调节为例，分别讨论热泵与锅炉在串联和并联形式下的控制策略。

一、设计思路

1. 分阶段改变流量的质调节

分阶段改变流量的质调节是指将供暖按照室外温度的高低分成若干个阶段，在室外温度较低的阶段，保持设计流量，采用质调节方法运行；在室外温度较高的阶段，则保持较小的流量，仍然采用质调节的方法。

在进行分阶段质调节时，建议采用室外温度的平均值。此时，供热调节的基本公式为

$$\overline{Q}=\frac{t_n-t_w}{t_n-t'_w}=\frac{\left(\dfrac{t_g+t_h}{2}-t_n\right)^{1+b}}{\left(\dfrac{t'_g+t'_h}{2}-t_n\right)^{1+b}}=\overline{G}\frac{t_g-t_h}{t'_g-t'_h} \tag{3-1}$$

式中　$\overline{Q}$——相对热负荷比；

$\overline{G}$——相对流量比；

t_n、t_w、t'_w——供暖室内计算温度、室外温度、供暖室外计算温度（℃）；

t_g、t_h、t'_g、t'_h——热用户供、回水温度和设计供、回水温度（℃）；

b——由实验结果得到的散热器与温差有关的指数。

进行供热系统运行调节时，设计参数和室外温度t_w下的相对热负荷比$\overline{Q}$均已知，三个未知量供水温度t_g、回水温度t_h和相对流量比$\overline{G}$的表达式如下：

$$t_g=t_n+\left(\frac{t'_g+t'_h}{2}-t_n\right)\overline{Q}^{\frac{1}{1+b}}+\frac{1}{2}(t'_g-t'_h)\frac{\overline{Q}}{\overline{G}} \tag{3-2}$$

$$t_h = t_n + \left(\frac{t_g' + t_h'}{2} - t_n\right)\overline{Q}^{\frac{1}{1+b}} - \frac{1}{2}(t_g' - t_h')\frac{\overline{Q}}{\overline{G}} \tag{3-3}$$

$$\overline{G} = \frac{t_g' - t_h'}{t_g - t_h}\overline{Q} \tag{3-4}$$

设第 i 阶段内的相对流量比$\overline{G} = \varphi_i$，将其代入式（3-2）和式（3-3），可得第 i 阶段内的供、回水温度为

$$t_{g,i} = t_n + \left(\frac{t_g' + t_h'}{2} - t_n\right)\overline{Q}^{\frac{1}{1+b}} + \frac{1}{2}(t_g' - t_h')\frac{\overline{Q}}{\varphi_i} \tag{3-5}$$

$$t_{h,i} = t_n + \left(\frac{t_g' + t_h'}{2} - t_n\right)\overline{Q}^{\frac{1}{1+b}} - \frac{1}{2}(t_g' - t_h')\frac{\overline{Q}}{\varphi_i} \tag{3-6}$$

式中　$t_{g,i}$、$t_{h,i}$——第 i 阶段内供、回水温度（℃）；

φ_i——第 i 阶段内的相对流量比。

采用分阶段点确定供回水温差的方法，即在分阶段点，供回水温差与设计温差相同，通过式（3-7），可求得室外温度的分阶段点，即

$$\overline{Q}_i = \frac{t_n - t_{w,i}}{t_n - t_w'} = \varphi_i \tag{3-7}$$

各阶段的流量通过优化供暖期输送电耗的目标函数得到，此处将供暖期划分为两个阶段，分别取初寒期和末寒期的相对流量比 $\varphi_1 = 0.8$，严寒期的相对流量比 $\varphi_2 = 1$。为防止系统水力失调，相对流量比不宜低于 0.6。

由此计算出的供水温度和回水温度应依据实际供热效果进行修正，修正后的温度作为控制目标。

2. 燃气空气源热泵与锅炉串联

（1）工艺流程　燃气空气源热泵与锅炉采用串联方式，如图 3-1 所示。从热用户回来的低温水经过循环水泵加压后输送给燃气空气源热泵系统，加热后变为中温水。在室外温度较高，满足供热需要时，中温水输送到供水母管；不满足供热需要时，中温水经过板式换热器与燃气锅炉输送的高温水进行换热升温，升温后的中温水通过供水母管输送到热用户。

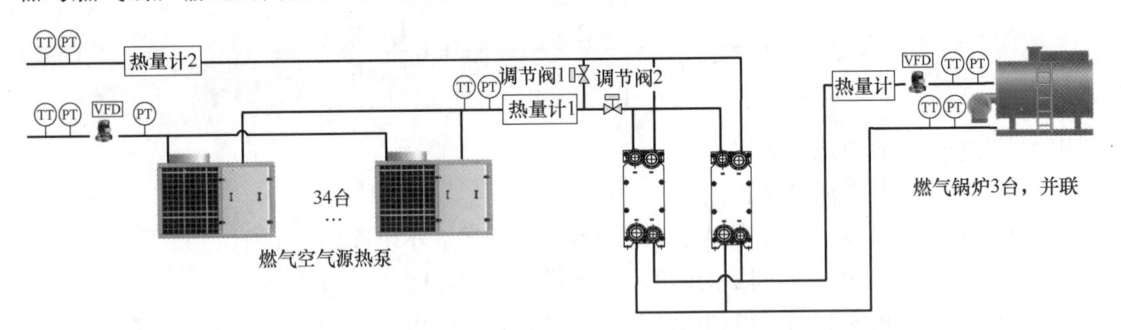

图 3-1　燃气空气源热泵与锅炉串联

PT—压力变送器　TT—温度变送器　VFD—变频器

（2）控制逻辑　通过调节循环水泵的频率，使各阶段的相对流量比恒定；在初寒期和末寒期，供热总量在燃气空气源热泵供热能力之内，打开调节阀 1，关闭调节阀 2，通过燃气空气源热泵的开启台数来实现供热质调节。在此阶段，燃气空气源热泵承担全部的供热任

务。燃气空气源热泵加减载机的条件是目标供（回）水温度 ± 允许值。为避免频繁起停机组，可增加延续时间作为必要条件。

在严寒期，燃气空气源热泵供热能力不足时，打开调节阀 2，关闭调节阀 1，改变二次中温水流向，开启燃气锅炉一次高温水系统，二次中温水经过板式换热器与一次高温水进行换热升温，升温后的二次中温水通过供水母管输送到热用户。在此状态下，燃气空气源热泵全投入运行，燃气锅炉的调控条件是供（回）水温度 ± 允许值及延续时间。

3. 燃气空气源热泵与锅炉并联

（1）工艺流程　从热用户回来的低温水经过循环水泵加压后分为两部分，一部分低温水输送给燃气空气源热泵系统，加热后变为中温水输送到供水母管；另一部分低温水经过板式换热器与燃气锅炉输送的高温水进行换热变为中温水。两部分中温水在供水母管混合后，输送到热用户，如图 3-2 所示。

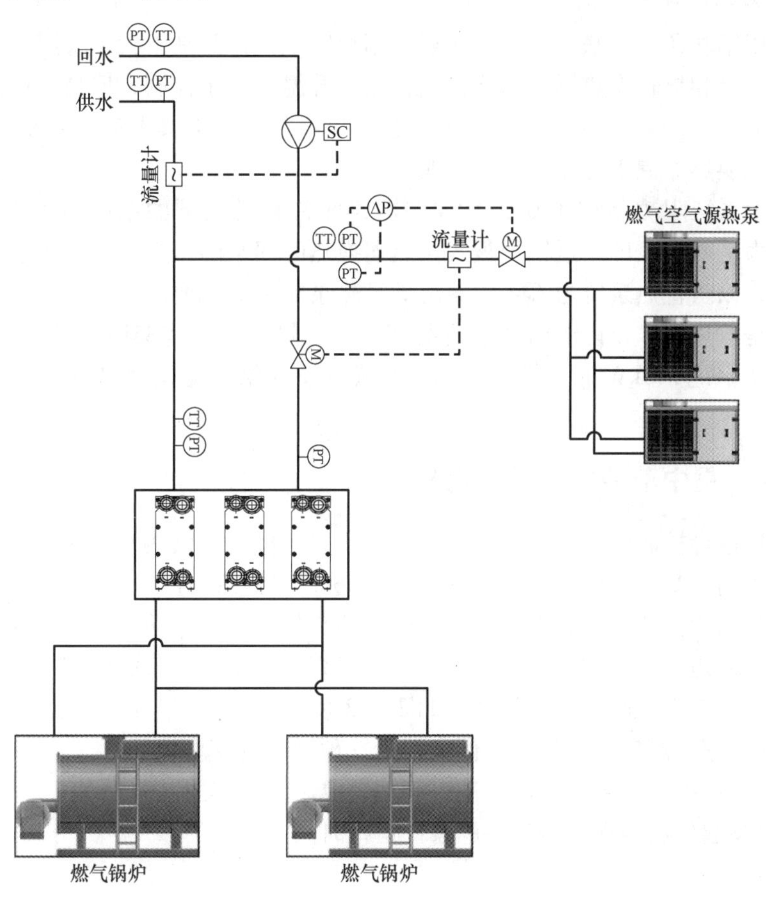

图 3-2　燃气空气源热泵与锅炉并联

SC—转速控制　ΔP—压差

（2）控制逻辑　循环水泵以所标定的系统总流量为调控目标，通过变频调节水泵的频率，实现各阶段流量的恒定。

板式换热器进口电动调节阀的调控目标为根据燃气空气源热泵出口流量对燃气空气源热泵系统进行定流量调节。同时，根据不同供热阶段设定的燃气空气源热泵系统流量的上、下限值，当流量超过限值，板式换热器进口电动调节阀不进行调整。

燃气空气源热泵系统出口电动调节阀的调控目标为燃气空气源热泵系统所需的压差。通过对燃气空气源热泵系统出口电动调节阀开度的调整，使燃气空气源热泵系统的供回水压差恒定。

供热站的总体调控目标为供水温度或回水温度。在初寒期和末寒期，流量满足热泵系统，供热总量在燃气空气源热泵供热能力之内，板式换热器进口电动调节阀全部关闭，由燃气空气源热泵承担全部的供热任务，加减载机控制条件与串联时相同。

在严寒期，燃气空气源热泵供热能力不足时，流量增加，由板式换热器进口电动调节阀使热泵系统流量恒定，由燃气空气源热泵系统出口电动调节阀使压差恒定，供热站以供（回）水温度作为控制目标。在此状态下，燃气空气源热泵全部投入运行，燃气锅炉的调控条件为供（回）水温度±允许值及延续时间。

4. 串并联方式的比较

无论是采用串联还是并联方式，从能源利用角度来说，差别不大。采用串联方式时，中温水依次流经热泵和板式换热器，水流稳定，依次升温，便于控制；但是，这种方式会增加供热站内总阻力。采用并联方式时，热源处总体压降较小，但需要解决水流分配、稳定压差、热泵与板式换热器混水的复杂控制问题。

串联模式下系统阻力将增加0.12MPa左右，而并联模式下的系统阻力小于串联模式，但必须考虑压力平衡点，即经过锅炉板式换热器换热的回水的压力需要与热泵机组入口处的压力大体相当，以防止热泵压力不足，无法满足热泵流量的需要。

如果末端是散热器，设计供回水温差为15℃时，热泵功率是85kW，此时推荐采用串联模式；当热泵功率是140kW时，推荐采用并联模式。如果末端是地暖盘管，则推荐采用并联模式。

二、暖居工程中节能控制的应用思考

热泵与锅炉耦合控制时，首先要对设备进行优先级排序。供热站的热源形式有燃气空气源热泵和燃气预制冷凝模块锅炉，其优先级为燃气空气源热泵优于燃气预制冷凝模块锅炉。

起动时先根据所需热量和温度初设起动设备的台数，逐次起动。起动完成后，根据条件判断该进行加载还是减载，加载时优先加载优先级高的设备，然后加载优先级低的设备，减载时则反之。热泵与锅炉耦合控制的逻辑如图3-3所示。

1）优先级排序：燃气空气源热泵优先于燃气预制冷凝模块锅炉。

2）初设起动设备的台数，逐次起动。起动完成后，加载或减载设备。

3）统计设备起停次数和每台设备的累计运行时间。

4）判断条件：

① 热泵是否全开。

② 回水温度±允许偏差值。

③ 机组负荷率。

④ 延续时间。

在供暖系统中，一般设定允许偏差值为±2℃，延续时间可设定为30min。

5）加减载机原则：优先级高的设备全部起动后，再加载优先级低的机组；减载时则反之。同一优先级机组，按效率原则或开机累计时间原则选择加减载机顺序。

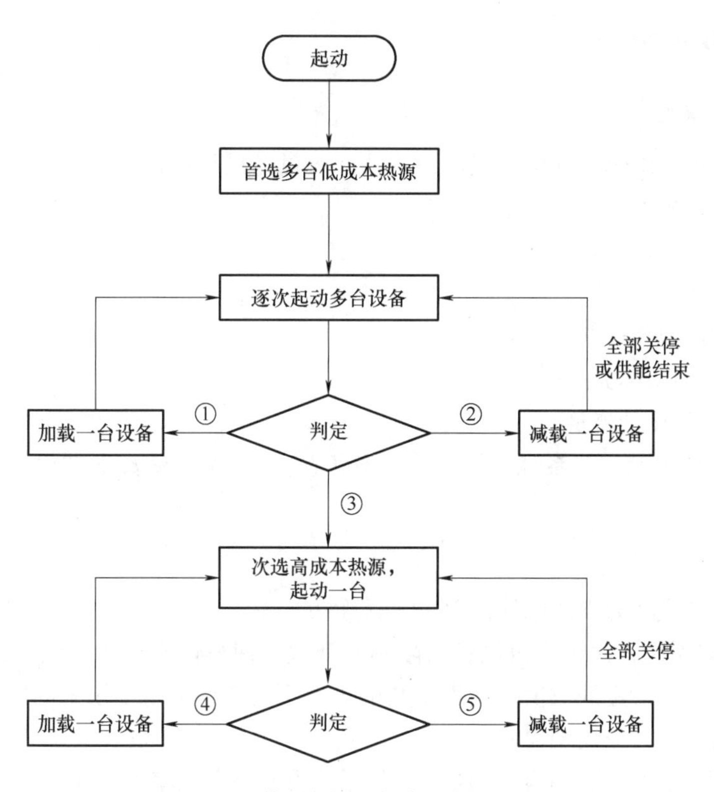

图 3-3 热泵与锅炉耦合控制的逻辑

三、结论与建议

1）在锅炉与热泵耦合系统中，为了顺利实现自动控制，在供热站内应安装必要的仪器仪表，以提供必要的数据支撑，这些仪器仪表包括：供回水总管压力表、温度计、流量（热量）计；热泵和板式换热器后的压力表、温度计、热量计；锅炉前后的压力表、温度计、热量计；补水系统的液位计、流量计、压力表；供热站的电能表、燃气表等。

2）热泵与锅炉的高效工作区间不同，通过热泵制取的热水温度较低，而通过锅炉可制取较高温度的热水。初末寒期由热泵承担供热任务，同时考虑系统的可调性，建议根据末端用户的供热方式确定耦合方式。

3）采用串联方式时，锅炉与热泵的配备应以当地温度、湿度情况作为参考；而调节方式应采用分阶段改变流量的质调节。

第二节 分区供暖系统的平衡控制

供热系统的平衡调节是所有供热企业必须面对的重要工作。供热区域的面积越大，管线越长，热网调节控制的难度也就越大。热力公司在不断加强精细化管理、提高技术水平的同时，还要增加先进设备的投入与使用。

一、水力失调概述

1. 水力失调的概念

水力失调是指在供热系统中各热用户的实际流量与设计流量之间的不一致性。用来表达水力失调程度的公式为

$$x=\frac{V_s}{V_g} \tag{3-8}$$

式中 x——水力失调的程度；

V_s——用户的实际流量；

V_g——用户的设计流量。

如果 $x=1$，则表示供热系统正处在热平衡状态，x 的数值偏离 1 越远，则水力失调的程度就越严重。

2. 水力失调的原因

一般来讲，造成水力失调的原因有以下几个方面：

1）一些供热系统，由于自身设备的限制，常常会使得供水压力不足，或者是由于循环水量超过了系统原本设定的数值，使得水泵的压力不足，或者是水泵中的压力下降，都会导致供热系统中出现水力失调现象。

2）在供热系统中，由于管网设计得不合理，或者是存在堵塞，也会使得供热系统中的水泵压力受到损失，从而出现水力失调现象。

3）失水严重或超过设备的能力，会造成供热系统水力失调。

4）新接入的用户常常会使得原本的系统特性发生改变，这也会在一定程度上造成水力失调现象的产生。

5）室内水力情况的改变，也会导致水力失调。

6）如果对网络当中的阀门进行随意变动，改变了管路的阻力系数，也会使得管网中的压力出现降低或者不足的现象，从而导致水力不调。

二、平衡阀的分类及特点

目前，我国供热系统中的平衡阀一般有静态平衡阀、动态阻力平衡阀与物联网平衡阀等几种。平衡阀的工作原理是，通过改变系统管道特性（如阻力系数）的数值来改变流体的阻力，从而实现流量调节。从力学的角度来看，平衡阀的作用就相当于节流元件。

1. 静态平衡阀

静态平衡阀也叫作手动调节平衡阀、数字锁定平衡阀。静态平衡阀的工作原理是通过改变锁芯的开度来改变各个支路的阻力，从而达到支配流量的作用。这个阀门的阀杆处有锁定装置，在平衡调试的过程中，阀门上面的仪表能够显示出实际流量。静态平衡阀能够保证支路的阻力不变，可起到良好的热平衡作用。

由于静态平衡阀的调试比较复杂，而且一旦供热管网的情况发生变化就需要重新调试，因此，目前我国新建的供热系统中，静态平衡阀使用较少。

2. 动态阻力平衡阀

动态阻力平衡阀的工作原理与静态平衡阀大致相同，区别在于多了一套导压孔锁闭旋钮。在倒空关闭时，动态阻力平衡阀会自动变为静态平衡阀。在供热系统关停后，阻力发生变化，只要打开导压孔，系统将处于自动调节状态，在重新达到平衡之后关闭导压孔，动态阻力平衡又会变为静态平衡。这种阀门调试简单，能够有效弥补静态平衡阀的诸多缺陷，因而具有良好的发展及应用前景。

3. 物联网平衡阀

物联网平衡阀是基于物联网平衡技术的设备。它是一种采用无线通信技术，向云端服务器传输数据，并接收来自云端服务器控制指令的智能调节阀。物联网平衡阀的构造比静态平衡阀简单，主要组成部分包括调节阀、电动执行机构和温度测量与传感装置。它具有以下特点：

1）阀门具有较好的流量特性，调节性能良好。

2）阀门内置高精度温度传感器，可精确测量热力入口的回水温度。

3）电动执行机构具有高精度调节能力，调节精度远大于人工操作的手动调节。

要保证供热管网系统的热平衡，就需要合理地选择合适的平衡阀，并选用正确的方式进行调试，这样可以对供热管网中的水力特性起到有效的改善效果，使得系统能够达到水力平衡，或者是接近水力平衡。

三、案例分析

1. 案例概述

某小区有13栋住宅楼，部分楼的1～3层为商业楼，最高楼层为28层，分为高、中、低区，采用分散式热源方式进行供热。供热设计参数有：供回水温度设计值为50℃/40℃，单位热负荷设计值为40W/m²，低区压差为70kPa，中区压差为70kPa，高区压差为90kPa。供热实测数据见表3-1。

表3-1　供热实测数据

项　　目	高区	中区	低区
供回水温度	50℃/45.9℃	48℃/42.9℃	51.5℃/43.2℃
供回水压力	1.23MPa/1.11MPa	0.83MPa/0.81MPa	0.46MPa/0.4MPa

该小区供暖系统存在的主要问题如下：

1）换热站的近端楼供热效果良好，最远端楼的供热效果相对较差，同时供暖系统管道排气效果不好。

2）供回水压差相对较小，尤其最远端楼的供回水压差仅为0.03～0.04MPa。

3）户内地暖为用户自行安装，故而户间差异较大，不同户型间供热效果差异较大。

产生这些问题的主要原因有：

1）整个小区定压补水压力偏小，出现系统排气不良。

2）各楼间水力失调明显，尤其是近端楼和远端楼流量差别较大。

3）管道井内的压差阀出现“短路”现象，证明已安装的压差阀没有起到应有的作用，反而带来了很大的压力损失，导致供回水压差偏小，室内循环不好。

4）各楼层的静态平衡阀调节性能差，导致各用户的循环水量偏离设计值。

2. 解决方案

根据对该住宅小区供暖系统现状的分析，可采取如下措施：

（1）定压补水　由于住宅小区供暖系统定压补水压力偏小，因而需要提高系统的定压补水压力，以改善系统循环。在原定压补水压力的基础上再提高0.05～0.1MPa。

（2）管网平衡

1）要实现管网平衡，选择阀门是关键，因此可选择具有流量、温度自动平衡的阀门来达到节能降耗的目的。为达到管网平衡，在每个单元管道井内的回水管上安装物联网平衡阀，控制各个单元的热水流量，同时使各楼各单元的压差稳定，避免后期水压波动，进而满足用户的流量需求。

2）为了解决各单元的水力失调，楼管道井内加装物联网平衡阀。物联网平衡阀按照供热面积进行流量分配，用于平衡各单元间的阻力并合理分配供水热量，保证各单元间不出现供热差异。同时对各楼的实时回水温度进行检测，并对典型用户发放户内远程温度计，根据实时传输数据进行分析与调整。

（3）自动排气　由于管道井排气管最高点与室内散热器高差不大，可加高管道井的排气管，同时安装自动排气阀，随时排除循环过程中的空气。

改造后的平衡管网，基本上都能达到设计流量，经过一个供暖季的运行，供暖效果良好，同时用气量节省约5%。

四、结论与建议

1）在中燃暖居项目上使用物联网平衡阀以及采用正确的方式进行联调，可以极大地改善系统的水力特性，使系统接近或达到水力平衡。

2）在中燃暖居项目能源站内也需增加平衡措施。高、中、低区板式换热器中应增加平衡阀，并在板式换热器供回水处增加温度监控设备以达到随时监控的目的。通过监控不同区域的供回水温差进行分析并调节，最终达到热量平衡分配的目的。

3）供热管网的水力平衡调试既需要准确的计算，也需要具有一定实践经验的专业技术人员去研究和解决调试过程中遇到的一些问题，专业性强，技术要求高。

第三节　能源站变频泵的最佳控制

在能源站供暖系统中，泵设备主要分为循环水泵和补水泵，其中循环水泵需要持续运行，是主要耗电设备，其耗电量占泵系统总耗电量的90%左右，因此，降低循环水泵能耗是实现供暖节能的一项重要技术措施。JGJ 26—2010《民用建筑节能设计标准》规定，供热系统中循环水泵的功耗一般控制在0.35～0.45W/m^{2}的范围内，但是在实际供暖中，循环水泵的流量大部分时段都超出供暖系统所需的流量，进而造成循环水泵的功耗较高，一般为0.5～0.6W/m^2，甚至高达0.6～0.9W/m^2，造成巨大的电能浪费。

因此，调节循环水泵流量是解决循环水泵高功耗的主要途径，传统的调节方法是通过手

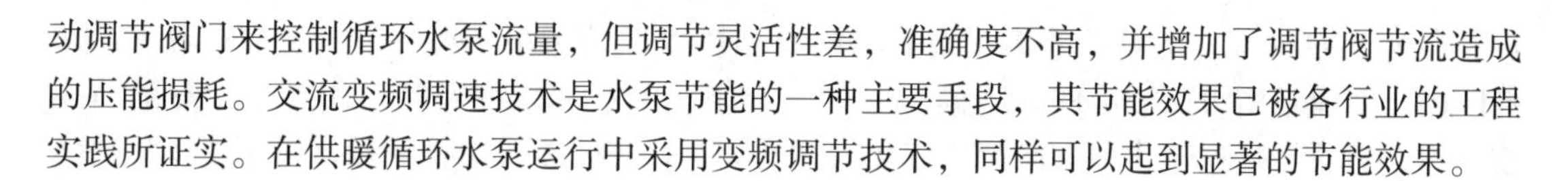

动调节阀门来控制循环水泵流量，但调节灵活性差，准确度不高，并增加了调节阀节流造成的压能损耗。交流变频调速技术是水泵节能的一种主要手段，其节能效果已被各行业的工程实践所证实。在供暖循环水泵运行中采用变频调节技术，同样可以起到显著的节能效果。

一、循环水泵概述

在供暖系统中，循环水泵主要为离心泵。以下仅介绍离心泵。

1. 工作原理

离心泵运转时，电动机带动叶轮高速旋转，进入叶轮的液体随着旋转产生离心力，由于离心力的作用，从叶轮中心被甩向叶轮外围，并获得能量。液体离开叶轮进入泵壳后，速度降低，部分动能转变为静压能最后从泵出口排出。由于液体被甩出叶轮，叶轮中心形成低压，与吸入口形成压差，液体在压差的作用下，由吸入口连续不断地补充液体进入叶轮。

2. 主要特点

（1）高效节能　离心泵厂家采用计算流体动力学，分析计算出泵内压力分布和速度分布的关系，优化泵的流道设计，确保泵有高效的水力型线，提高了泵的效率。

（2）安装、维修方便　泵的进出口能像阀门一样安装在管路的任何位置及任何方向，安装、维修极为方便。

（3）运行平稳，安全可靠　电动机轴和水泵轴为同轴直联，同心度高，运行平稳，安全可靠。

3. 离心泵的特性曲线

压头、流量、功率和效率是离心泵的主要性能参数，这些参数之间的关系，可通过实验测定。离心泵生产厂家将其产品的基本性能参数用曲线表示出来（这些曲线称为离心泵的特性曲线），以供选泵和操作时参考。特性曲线是在固定的转速下测出的，只适用于该转速，故特性曲线上都注明转速 n 的数值。图 3-4 所示为一台国产离心泵在 $n=2900\text{r/min}$ 时的特性曲线。

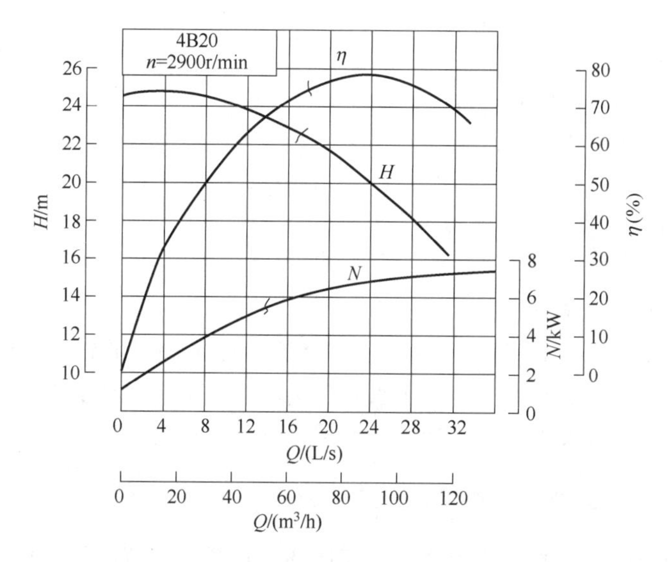

图 3-4　离心泵的特性曲线

（1）H-Q 曲线　H-Q 曲线表示泵的流量 Q 和扬程 H 的关系。离心泵的扬程在较大流量范围内是随流量增大而减小的。不同型号的离心泵，H-Q 曲线的形状有所不同。有的曲线较平坦，适用于扬程变化不大而流量变化较大的场合；有的曲线比较陡峭，适用于扬程变化范围大而不允许流量变化太大的场合。

（2）N-Q 曲线　N-Q 曲线表示泵的流量 Q 和轴功率 N 的关系，N 随 Q 的增大而增大。显然，当 $Q=0$ 时，泵轴消耗的功率最小。因此，起动离心泵时，为了减小起动功率，应将出口阀关闭。

（3）η-Q 曲线　η-Q 曲线表示泵的流量 Q 和效率 η 的关系。开始时 η 随 Q 的增大而增大，达到最大值后，又随 Q 的增大而下降。该曲线最大值相当于效率最高点。泵在该点所对应的扬程和流量下操作，其效率最高。所以，该点为离心泵的设计点。选泵时，总是希望泵在最高效率下工作，因为在此条件下操作最为经济合理。但实际上泵往往不可能正好在该条件下运转，因此，一般只能规定一个工作范围，称为泵的高效率区。高效率区的效率应不低于最高效率的92%左右。泵的铭牌上所标明的都是最高效率下的流量、扬程和功率。离心泵产品目录和说明书上还常常注明最高效率区的流量、扬程和功率的范围等。

二、循环水泵的变频调速工作原理

根据水泵的相似律，改变水泵转速 n 时，流量、扬程及功率满足如下关系：

$$Q/Q_{m}=n/n_{m} \tag{3-9}$$

$$(H/H_{m})^{\frac{1}{2}}=n/n_{m} \tag{3-10}$$

$$(N/N_{m})^{\frac{1}{3}}=n/n_{m} \tag{3-11}$$

式中　Q——水泵的实际流量（m^3/h）；

Q_m——水泵的设计流量（m^3/h）；

H——水泵的实际扬程（m）；

H_m——水泵的设计扬程（m）；

N——水泵的实际功率（kW）；

N_m——水泵的设计功率（kW）；

n——水泵的实际转速（r/min）；

n_m——水泵的设计转速（r/min）。

异步电动机的转速公式为

$$n=(1-s)60f/p \tag{3-12}$$

式中　s——电动机的转差率，一般取1.3%；

f——电动机的频率（Hz）；

p——电动机的磁极对数。

根据式（3-12），变频器可通过改变电源频率来改变电动机的转速，使得水泵的特性曲线发生改变，从而达到调节的目的。由于水泵的扬程与流量之间存在正比例关系，在循环水泵变频调速应用中，通常采用压力反馈信号实现变频器的自动调速。

三、循环水泵的变频调速控制方式

循环水泵的变频调速控制方式主要有定压循环变频调速、恒压差循环变频调速和变压差循环变频调速。

1. 定压循环变频调速

定压循环变频调速是指通过变频器变频调速使供水压力保持恒定，其控制设备主要由变频器和压力变送器（或电位压力表）组成。压力变送器安装在循环水泵的出口管道上，变频器根据压力反馈信号自动调节循环水泵的转速，保证循环水泵的出口压力恒定。在回水压力和供暖负荷恒定的情况下，供水压力设定得越高，变频器频率越高，循环水泵的功耗越高，反之越低。通过合理设定供水压力，可以将循环水泵的功耗降低到合理的范围。

这种控制方式投资较少，安装简便，便于实施，但容易受回水压力波动的影响，运行稳定性较差。

2. 恒压差循环变频调速

恒压差循环变频调速是指通过变频器变频调速使供回水压差保持恒定，其控制设备主要由变频器和供回水压力变送器组成。变频器根据压差反馈信号自动调节循环水泵的转速，保证循环水泵进出口压差恒定。运行人员可根据供暖负荷的大小设定供回水压差，设定的压差越大，变频器的频率就越高，反之越低。

这种控制方式不受回水压力波动的影响，运行稳定可靠，能较好地解决循环水泵流量过大造成的电能浪费问题，是目前供暖行业中应用较广的变频调速控制方式。

3. 变压差循环变频调速

在供暖过程中，室外温度对供回水温差影响较大，气温越低，供回水温差越大，供暖效果越差。由于供暖系统普遍存在热力失调的情况，为保证所有用户的供暖效果，通常按照最不利点用户确定供暖温度，以致多消耗了大量热能。变压差循环变频调速控制方式能够根据室外温度的变化自动调节循环水泵的流量：当室外温度升高时，减小循环水泵流量，从而降低了水泵的功耗；当室外温度下降时，加大循环水泵流量，缩小供回水温差的变化，保证最不利点用户的供暖效果，从而减少了管网热力失调造成的热能浪费。该控制设备除了具有变频器和压力变送器外，还必须配有室外温度气候补偿，按照设定的“室外温度-压差对照表”，根据室外温度变化自动调整设定压差，从而达到变压差变频节能的目的。运行人员根据管理经验自行设置“室外温度-压差对照表”，气温越低，设定的压差越大，反之越小。该方式在某单位供暖热源站中得到应用，应用情况如下：

循环水泵主要控制的设备有2台ABB变频器、1台西门子PLC，以及压力变送器、温度变送器，通过控制器编程，自动生成“室外温度-压差对照表”（见表3-2），变频器按照对应的压差信号进行PID（比例-积分-微分）控制。在供暖运行实验中，不同设定压差下循环水泵的运行数据见表3-3。

表3-2　室外温度-压差对照表

室外温度/℃	-8	-7	-6	-5	-4	-3	-2	-1	0	1	2	3	4	5	6
设定压差/MPa	2.6	2.5	2.4	2.3	2.2	2.1	2.0	1.9	1.8	1.7	1.6	1.5	1.4	1.3	1.2

表3-3 不同设定压差下循环水泵的运行数据

日期	设定压差/MPa	变频比率(%)	频率/Hz	泵1电流/mA	泵2电流/mA	电压/V	供水压力/MPa	回水压力/MPa	实际压差/MPa	日耗电量/kW·h	变频节电率(%)
1月5日	无	93.7	50	120	120	380	5.4	2.5	2.9	3200	19
1月6日	2.2	92.5	46.8	80	88	380	5.4	3.2	2.2	2600	20
1月7日	2.1	91.9	46.7	82	90	380	5.3	3.2	2.1	2560	23
1月8日	2.0	90.7	46.0	80	86	380	5.2	3.2	2.0	2480	26
1月9日	1.8	86.2	45.3	76	81	380	5.0	3.2	1.8	2360	35
1月10日	1.7	85.1	43.0	69	70	380	4.9	3.2	1.7	2080	39
1月11日	1.6	83.2	42.6	63	67	380	4.8	3.2	1.6	1960	41
1月12日	1.5	82.7	41.5	61	64	380	4.7	3.2	1.5	1880	45
1月13日	1.3	76.8	41.2	56	60	380	4.5	3.2	1.3	1760	49

表3-2和表3-3说明，循环水泵的频率随设定压差的不同而变化，设定压差越小，循环水泵的频率越低，节电率越高。因此，变压差循环变频调速控制方式能够根据室外温度变化，灵活调节循环水泵的频率，节能效果显著。

四、结论与建议

1）在满足合理运行工况供水压力范围内，运行人员应尽量减小供回水压差，降低循环水泵的功耗。

2）可采用变压差循环变频调速控制方式，使循环水泵达到最佳控制状态。

3）根据运营人员积累的经验，变频器调整频率一般设为40Hz左右，既能够满足管网运行压力的需求，又能够实现节能的目的。

第四节 供暖系统的调节

近年来，建筑能耗已经占据所有能耗的20%~40%，而供热能耗是建筑能耗的重要组成部分，故而节能潜力巨大。保证供热系统供需平衡是实现供热系统节能减排的重要途径。由于供热系统的调节具有延迟性，为了使供热系统始终处于最佳节能状态，有必要通过精确的负荷调节来实现。

集中供暖系统的供热量和所供暖建筑的需热量之间是动态平衡的关系，热源提供的逐时的制热量与热用户逐时所消耗的热负荷应该保持一致。为了实现上述目标，需要预测供暖系统的动态热负荷。动态热负荷达到动态平衡能够避免能源浪费，改善供暖质量，同时减少污染物排放，这对整个社会有着重大的经济和生态意义。

一、供暖系统热负荷的确定

供暖系统设计、运行中最基础的工作是热负荷计算，因其是供暖工程设计中最基本的数据，其数值直接影响供暖方案的选择，以及各种设备、仪表的确定。

供暖设计中，热负荷概算法包括体积热指标法和面积热指标法。

（1）体积热指标法 热负荷的计算式为

$$Q = q_v A(t_n - t_w) \times 10^3 \tag{3-13}$$

式中 Q——建筑物的热负荷（kW）；

A——建筑物的外围体积（m^3）；

q_v——建筑物的供暖体积热指标［$W/(m^3 \cdot ℃)$］；

t_n——冬季室内计算温度（℃）；

t_w——室外计算温度（℃）。

（2）面积热指标法 热负荷的计算式为

$$Q = q_n F \times 10^3 \tag{3-14}$$

式中 F——建筑物的建筑面积（m^2）；

q_n——建筑物的供暖面积热指标（W/m^2），取值见表3-4。

表3-4 建筑物的供暖面积热指标推荐值 （单位：W/m^2）

建筑物类型	住宅	综合居住区	学校、办公	食堂、餐厅	大礼堂、体育馆	旅馆	商店	影剧院、展览馆	医院、托儿所、幼儿园
未采取节能措施	58~64	60~70	60~80	115~140	115~165	60~70	65~80	95~115	65~80
采取节能措施	40~45	45~55	50~70	100~130	100~150	50~60	55~70	80~105	55~70

建筑物的供暖热负荷主要与围护结构（墙、门、窗等）、位置、层高、朝向、冷风侵入量等有关，但采用供暖面积热指标法比体积热指标法更易于计算，因此多采用供暖面积热指标法估算热负荷。

二、供暖系统的调节方案分析

由于设计、施工和运行等原因导致供暖系统在实际运行时不能完全按照设计水力工况运行，水力失调较大。供暖系统在投入运行时，即初次运行供暖设备时应进行阻力平衡的调节，一般利用安装好的调节阀门调节管网各支路的流量，使各用户的流量合理分配，满足用户取暖需求。

按照调节方法分主要有：改变网路的供回水温度（质调节），改变网路流量（量调节），同时改变网路的供回水温度和流量（质量-流量调节），以及改变每天供暖小时数（间歇调节）。以下仅介绍质调节。

1. 供暖系统质调节

当供暖系统进行质调节时，管网保持循环水量不变而只对供回水温度进行调节，可以得到直接连接系统（无混水装置）的质调节供、回水温度计算式，即

$$\tau_1 = t_n + \Delta t_s' \overline{Q}^{\frac{1}{1+b}} + 0.5\Delta t_j' \overline{Q} \tag{3-15}$$

$$\tau_2 = t_n + \Delta t_s' \overline{Q}^{\frac{1}{1+b}} - 0.5\Delta t_j' \overline{Q} \tag{3-16}$$

式中 τ_1——供水温度（℃）；

τ_2——回水温度（℃）；

t_n——供暖室内计算温度（℃）；

$\overline{Q}$——相对供暖热负荷比，等于实际热负荷与设计热负荷之比；

$\Delta t'_s$——用户散热器的设计平均计算温差（℃）；

b——与散热器相关的系数；

$\Delta t'_j$——用户的设计供回水温差（℃）。

热力站现多采用气候补偿模式，能随室外气候变化自动调节供热出力，简单而经济，不仅能实现按需供热，也能实现对供热需求的量化管理，从而节约热能。质调节的弊端是，当前大多数热力公司由于在严寒期热负荷达不到设计要求（一次网供回水温差达不到设计温差25℃），同时一次网存在水力不平衡的现象，所以只能采用大流量、小温差的运行方式来达到热能均衡的目的，这是不合理的。因为水泵选型偏大则电能消耗会过高，据调查，某些热力公司每年的热水输配电耗达3.0kW·h/m^2。

二级网供暖用户与一级网热水网路采用换热器进行换热的间接连接系统中，通常对供暖系统按质调节方式进行调节，以保证供暖系统的水力工况稳定。

2. 分阶段改变流量的质调节

分阶段改变流量的质调节是指将供暖期按照室外温度的高低分成几个阶段，在室外温度较低的阶段保持设计最大流量，而在室外温度较高的阶段保持较小的流量。在每个阶段内，网路的循环水量始终保持不变，按照改变网路供回水温度的质调节方式进行供热调节。

在中小型热水供暖系统中，一般可选用两组（台）不同规格的循环水泵，如其中一组（台）循环水泵的流量按设计值的100%选择，另一组（台）按设计值的70%~80%选择即可。在大型热水供暖系统中，也可以考虑选用三组不同规格的水泵。由于水泵扬程与流量的二次方成正比，水泵的电功率与流量的三次方成正比，节约电能效果显著。因此，分阶段改变流量的质调节方式，在区域锅炉房热水供暖系统中得到较多的应用。对于直接连接的供暖用户系统，采用此调节方式时，应注意不要使进入供暖系统的流量过小，通常不应小于设计流量的60%。如果流量过小，对于双管供暖系统来说，由于各层的重力循环作用压头的比例差增大，会引起用户系统的垂直失调；而对于单管供暖系统，由于各层散热器的传热系数K变化程度不一致，也同样会引起用户系统的垂直失调。

三、锅炉群控负荷调节

热负荷预测调整要保证热源的稳定及时，所以热量的输出就非常重要。通过对单台锅炉、总锅炉的热量计算和二次系统的热量计算，可以大致得到整个供热系统的热负荷和热平衡的关系。在此基础上，再通过对天然气流量的计算，可以得到锅炉的动态热效率，并指导锅炉控制器控制锅炉的燃烧负荷，使锅炉能长期运行在效率最佳点。

下面以3台同型号燃气锅炉举例说明。锅炉的额定热功率为1200kW，额定流量为33.7m^3/h（按50℃热水估算合33.3t/h），供水温度可调范围是30~95℃。

假设锅炉停运时有水流通过，且水流平均分配，可近似为额定流量；水泵工频运行，可根据水泵参数及现场仪表估算水流量。

室内计算温度为20℃；热用户设计供回水温度为50℃/40℃；一次网设计供回水温度为

80℃/60℃；室外计算温度为 -12.5℃；锅炉额定供回水温差 $\Delta t=31$℃；高效运转负荷区间为 30%~90%。

加载过程：一台机组运行时，随着用热量上升，锅炉设定供水温度达到上限或供回水温度低于下限加偏差值，并持续一段时间后，起动第二台机组；此时，第一台锅炉制热量为 90kW，起动第二台机组后，两台机组负荷均降为 45kW。二台机组运行时情况相同，加载第三台机组。此前，两台机组总制热量为 180kW，起动第三台机组后，三台机组的负荷都降为 60%。

根据上述条件，计算结果见表 3-5。

表 3-5　不同环境温度下的计算数值

室外温度/℃	相对供暖热负荷比	用户供水温度/℃	用户回水温度/℃	一次网供水温度/℃	一次网回水温度/℃	一台锅炉运行时的供水温度/℃	两台锅炉运行时的供水温度/℃	三台锅炉运行时的供水温度/℃
-10	86%	48	38.8	75.6	57.2	112.4	94	75.6
-9	83%	47.3	38.4	74	56.2	109.6	91.8	74
-8	80%	46.6	38	72.4	55.2	106.8	89.6	72.4
-7	77%	45.8	37.5	70.7	54.1	103.9	87.3	70.7
-6	74%	45.1	37.1	69.1	53.1	101.1	85.1	69.1
-5	71%	44.3	36.6	67.4	52	98.2	82.8	67.4
-4	68%	43.5	36.1	65.7	50.9	95.3	80.5	65.7
-3	65%	42.8	35.7	64.1	49.9	92.5	78.3	64.1
-2	62%	42	35.2	62.4	48.8	89.6	76	62.4
-1	58%	41.2	34.7	60.7	47.7	86.7	73.7	60.7
0	55%	40.4	34.2	59	46.6	83.8	71.4	59
1	52%	39.3	33.5	56.7	45.1	79.9	68.3	56.7
2	49%	38.5	33	55	44	77	66	55
3	46%	37.7	32.5	53.3	42.9	74.1	63.7	53.3
4	43%	36.9	32	51.6	41.8	71.2	61.4	51.6
5	40%	36.1	31.5	49.9	40.7	68.3	59.1	49.9
6	37%	35.2	30.9	48.1	39.5	65.3	56.7	48.1
7	86%	34.4	30.4	46.4	38.4	62.4	54.4	46.4
8	83%	33.5	29.8	44.6	37.2	59.4	52	44.6

室外温度在 5~8℃时，一台锅炉运行在高效运行区间；室外温度在 -2~5℃时，两台锅炉同时运行在高效运行区间；室外温度在 -10~ -2℃时，三台锅炉同时运行在高效运行区间。

四、供暖系统的调节方法

供暖系统的初调节一般在系统运行前进行，也可以在系统运行期间进行。初调节的目的是将各热用户的运行流量调配至理想状态（即满足热用户实际热负荷需求的流量），当供暖系统为设计工况时，理想流量即为设计流量。由于供热管网主干线比较长，最近分支和最远分支通过管径调整难以达到阻力平衡，只能通过增加近端用户阀门阻力来达到阻力平衡。若施工完毕，不进行初调节，势必会导致离热源近的用户实际流量比设计流量大，而离热源远的用户实际流量比设计流量小，出现水力失调。初调节的方法很多，有阻力系数法、比例调节法、补偿法、计算机法、模拟阻力法、回水温度调节法和自力式调节法等，而供热管网初调节方法和管网阀门配置的种类、位置等有关，也与压力表、温度计的安装位置有关。每种调节方法都要求一定的管网配置。

这里重点介绍回水温度调节法。当管网用户入口没有安装平衡阀或入口安装有普通调节阀但调节阀两端的压力表不全，甚至管网入口只有普通阀门时，可以采用回水温度调节法来进行调节。

1. 调节原理

当供暖系统在稳定状态下运行时，如果不考虑管网沿途损失，则管网热媒供给室内散热设备的热量应等于散热设备的散热量，也等于供暖用户的热负荷。而管网供给室内散热设备的热量等于其流量、供回水温差以及热水比热的乘积。当实际流量大于设计流量时，供回水温差减小，回水温度高于规定值；当实际流量小于设计流量时，供回水温差增大，回水温度低于规定值。因此，只要把各用户的回水温度调节到相等（当供水温度相等）或供回水温差调节到相等（管道保温效果差，供水温度略有不同），就可以使各热用户得到和热负荷相适应的制热量，达到均匀调节的目的。这种调节方法虽然是一种最简单、最原始、最耗时的调节方法，但是其可用于任何供暖系统，对阀门种类没有要求，也不要求安装压力表、温度计，只要有一台红外测温仪或数字式表面温度计即可。

2. 调节过程

（1）调节温度的确定　当热源制热量大于或等于用户热负荷，循环水泵的流量大于设计流量时，考虑到循环水泵节能运行，此时用户回水温度应调节到温度调节曲线对应的回水温度；当热源制热量大于或等于用户热负荷，循环水泵的流量小于设计流量时，供回水平均温度应调节到温度调节曲线对应的供回水温度平均值；当热源制热量小于用户热负荷时，用户回水温度应调节到略低于总回水温度。

（2）调节过程　由于供暖系统有较大的热惯性，温度变化明显滞后。调节系统流量后，系统温度不能及时反映流量的变化，所以阀门开度的调整量具有一定的经验性。测量温度要在全部用户调节完毕，间隔一段时间后进行。间隔时间和系统的大小有关。当总回水温度稳定在某数值不变时即可进行下一轮调整。首先记录各用户回水温度，并和总回水温度作比较：温度高得越多，阀门关得越小；用户间在回水温度差别相同的条件下，管径越大，关得越多。第一轮调整时，近端用户阀门关闭应过量。记录各用户阀门关闭圈数后第一轮调整完毕，待总回水温度稳定不变后记录各用户回水温度，和调节前作比较，再和总回水温度作比较，然后进行第二轮调整。两轮调整的间隔时间应大于第一轮调整后最远用户回水返回热源所需时间的2倍，可按照管网流速和最远用户管长进行估算。如此反复进行，直至满足要求。

3. 室内温度反馈

热负荷计算是基于建筑物的体积热指标或面积热指标进行的，但是建筑物的实际能耗指

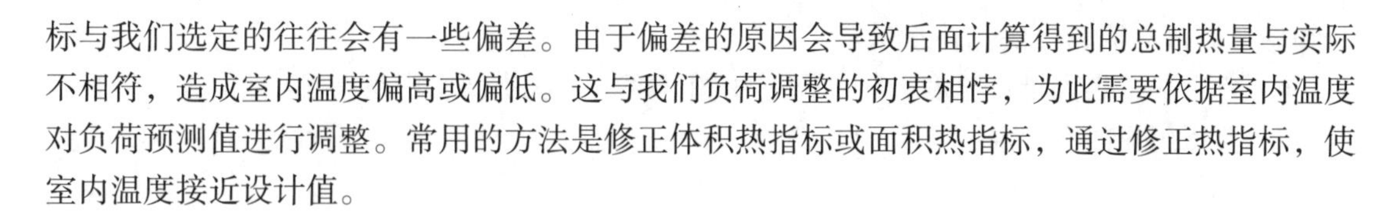

标与我们选定的往往会有一些偏差。由于偏差的原因会导致后面计算得到的总制热量与实际不相符，造成室内温度偏高或偏低。这与我们负荷调整的初衷相悖，为此需要依据室内温度对负荷预测值进行调整。常用的方法是修正体积热指标或面积热指标，通过修正热指标，使室内温度接近设计值。

五、结论与建议

1）通过水力平衡调节消除水力失调，避免不经济运行状况，如“大流量、小温差”的情况。

2）管网系统的热力入口处加装热调节装置可以加强热调节能力。

3）根据建筑物的不同类型及使用特点实行分时段供暖，夜间可低温运行。

4）供暖系统随室外气象参数进行相应的调节，避免过热造成能源浪费。

第五节　供热运行监测和节能大数据分析

随着智能化控制技术应用到集中供热领域，供热企业已基本实现了对热源和供热管网的实时运行监测和能耗分析。但是，单一的运行参数监测和被动的能耗分析功能对多热源环状管网的水力工况分布和全局换热站的高效运行起到的帮助作用较为有限。而大数据分析是采用历史数据进行处理的分析方式，可对管网整体水力工况进行监测，主动对负荷进行预测分析，最终实现实时工况调节。

一、系统建立

1. 硬件部分

（1）监测系统　在热源、调峰首站、中继泵站、联网泵站和换热站等关口位置安装温度计、压力表、流量计等测量仪表，以无线或光纤通信方式通过 DCS 将采集的数据实时上传到数据中心；各换热站内设置循环水泵运行电流、补水泵流量检测仪表，同时设置泡水、烟感、超温等报警装置；居民用户入户节点处设置温度、流量测量装置。

（2）调节与控制　热源首站设置在热电联产电厂出口处，电厂内热网循环水泵设有压力耦合装置；中继泵站、联网泵站内增压水泵设置变频器，同时具备就地操作和远程控制功能；调峰首站主热源和辅助热源分别安装流量调节装置；换热站内一次侧安装流量调节装置，二次侧循环水泵安装变频器，通过与站内控制器联动可实现自动调节和泵阀联动功能。

2. 大数据库

以历年供暖季实际运行数据为样本，建立数据库，样本包括以下内容：

1）逐时室外温度、风力和湿度。

2）热源运行温度、压力、流量、补水量和能耗。

3）中继泵站运行温度、压力、流量和增压泵频率。

4）联网泵站、调峰热源运行温度、流量、压力和增压泵频率。

5）换热站一、二次侧运行温度、压力和流量，一次侧调节阀开度，二次侧循环水泵运行频率、运行电流，二次侧补水量。

6）户用热量表流量、温度，物联网平衡阀开度，二次供回水温度。

7）典型用户的室内温度。

3. 平台功能

在数据实时监测、能耗计算、历史记录查询等现有功能的基础上，基于数据库开发以下功能：

1）主热源、辅助热源出力配比分析功能。

2）未来五日热负荷预测。

3）全网水力工况动态分布展示。

4）不同时间内度日数热耗的环比、同比分析。

5）能耗异常辅助分析。

6）换热站运行状态预警。

7）换热站运行参数自动调整。

通过以上功能的实现，建立一套有助于优化管网水力工况、保障安全生产运行、提升能效水平的热网运行监控平台。

二、系统应用

某热电公司的热网为环装管网，总长38km，管网最大管径为DN1200，运行方式为多热源联网运行，热网中设置有调峰首站、中继泵站、联网泵站、换热站600余座，均为间接供热模式。2009年实现了供热运行参数实时监测并开发了热网远程监测系统。2013年开始运用管网动态仿真系统进行管网建设负荷模拟、运行期动态负荷预测。2014年实现全网的自动化控制，完善了热网系统的控制功能。2015年开始实施建立热网运行监测大数据分析平台，新增辅助决策与分析功能。

1. 热源

（1）主、辅热源出力分析　根据数据库内数据，标定出主、辅热源的供热能力，热网循环水泵运行流量的范围，管网允许的峰值压力和温度，并通过驾驶舱、雷达图两种方式，直观显示出当前时刻不同热源出力以及热源裕量情况，便于运行人员调度不同热源的出力配比以及水力工况匹配方式，灵活实现质调节与量调节的结合，积极应对各种天气变化。

（2）供暖季热耗完成度分析　在供暖季开始之前，根据过去3个供暖季的热耗情况，制订当年的热耗完成计划，以饼状图方式显示出实时累计热耗占全年计划热耗的百分比，便于直观监测热耗完成情况；同时将热源热耗分解到各首站、各区域，便于分析热耗异常原因。

（3）度日数热耗分析　基于度日数热耗对供暖季每日热耗进行对比分析。供暖季度日数是指供热开始后每日平均室外温度与室内温度标准的差值数乘以1天所得乘积的累加值，单 日度日数即为当天室外平均温度与室内温度标准的差值数乘以1天，单位为℃·d。

这里所说的单日度日数热耗是当天平均单位热耗与当天度日数之比，即

$$q_{d}=q_{n}/[(18-t_{w})d] \tag{3-17}$$

式中　q_d——单日度日数热耗［W/(m^2·℃·d) 或 kJ/(m^2·℃·d)］；

q_n——单日平均单位热耗（W/m^2 或 kJ/m^2）；

t_w——单日室外平均温度（℃）；

d——天数（d）。

度日数热耗可以在不受室外温度干扰的情况下对每日热耗情况进行对比分析，平台中以连续曲线的形式展示出逐日度日数热耗，更便于生产运行人员查看每日热耗情况是否存在异常。

（4）未来日热耗预测　基于数据库内历年度日数热耗情况，分析出热网平均度日数热耗水平，结合未来日室外气温和供热面积情况，以折线图方式预测未来 3～5 天的热量消耗情况。通过热耗情况预测可由数据库内的信息反算出热源出口温度，在掌握未来热耗情况的同时指导调度运行人员调整热源运行参数。

（5）辅助功能　根据历史数据，可通过趋势线方式分析热网补水情况，通过柱状图查看热耗的环比、同比情况。

2. 管网及换热站

（1）全网水力工况动态分布　根据数据库内各换热站一次侧运行热参数，将一次侧资用压头由大到小分为五个等级，不同等级在图中由不同颜色的闪烁亮点标示。基于管网布置图和各换热站实时一次侧压力情况，在图中标示出各换热站实时资用压头，直观展示全网水力工况动态分布，便于生产运行人员发现水力工况异常情况。

（2）换热站能耗异常分析　基于数据库内数据，分析各换热站供暖季的热耗、电耗、水耗水平，通过将各换热站数据进行横向对比，如逐日单位电耗对比、逐日度日数热耗对比、逐月单位水耗对比，同时列出同类型换热站中能耗排名前 10 的换热站，对其中变幅异常或能耗高的进行重点分析。

（3）换热站自动控制　通过读取户用热量表参数及典型用户的室内温度数据，可基于设定值对换热站二次侧循环水泵运行频率和一次侧流量进行调整。考虑到室内温度变化热惰性较大，可基于数据库信息来优化控制策略中参数的设置，以实现换热站平稳、快速自动运行。

对于已安装户用物联网平衡阀的情况，可基于换热站二次侧设定的供水温度，自动对二次网用户进行平衡调整，实现水力平衡和热量平衡。

（4）辅助功能　与热源部分类似，该系统同样具备换热站不同周期内同比、环比分析和换热站趋势线分析功能。对比分析功能有助于锁定能耗异常换热站，趋势线功能可帮助运行人员分析异常。

3. 报警和预警

（1）报警　基于数据库内数据，并根据历年运行参数，对热源和换热站的运行参数设置阈值上、下限，超过阈值范围后进行报警。已实现报警的情况包括：热网超压运行；热网补水量超限；换热站二次侧超压；换热站停泵；换热站除污器堵塞；换热站水箱液位过低；换热站调节阀故障；换热站表计故障。

（2）预警　相比报警功能，预警功能是通过参数变化趋势判断管网和换热站是否正常运转，更有利于生产运行人员提前消除供热隐患。已实现预警的情况包括：热源回水压力异常；板式换热器健康状态异常；换热站运行异常；循环水泵电流异常；换热站补水系统异常；换热站流量波动异常。

运行参数预警功能首先取近一周运行记录有效值作为参考依据，然后与实时数据进行比对，绘制出实际值偏离平均值的幅度，并以此作为依据判断当下运行状态是否出现持续或振荡性变化。板式换热器健康状态作为衡量换热器换热能力的重要参数，预警功能通过实际运行对数温差与设计值进行对比来判断换热器是否存在堵塞等影响换热效果的情况。

4. 实施效果

基于大数据分析的热网运行监控平台，通过实时采集数据与数据库内数据进行对比，在原有实时监控平台基础上实现了以下优化：

1）基于数据分析，进行主、辅热源的出力配比分析，有助于热源联网热网的热源调配；利用历年供暖季度日数热耗均值，实现了热源未来日热耗预测和供暖季总能耗预测。

2）在管网运行层面，利用数据库内数据对换热站运行资用压头进行分类，结合实时采集的数据，实时对管网动态水力工况进行监测；在换热站运行层面，以历年运行能耗和同类型换热平均水平为基准，标示能耗异常换热站，有助于进一步节能降耗。

3）针对不同换热站运行参数不同的问题，平台可对不同换热站设置不同的报警阈值；此外，利用历史数据与实时数据进行对比，可辅助判断换热站运行是否存在异常，从预警角度更早帮助运行人员发现隐患。

目前，中燃暖居工程相较于传统集中供热大管网，具有热源负荷小、二次管网短、热用户反应敏感、调度反馈时间短等特点。建议通过一两个供暖季数据的分析，积累暖居工程二次网物联网平衡阀在中间户、孤岛、冷山、上停或下停用户的热负荷数据，以度日数为基准，结合热泵、锅炉等热源数据、天气数据（包含光照、风速等）、用户不热投诉记录等，进行模型优化和大数据分析。通过物联网平衡阀实现水力平衡，辅以室内温度传感器对孤岛、冷山用户进行局部微调实现热量平衡，在度日数基础上叠加环境因素进行负荷预测，达到从自控运行到自动运行，实现智慧供热。

三、结论与建议

1）介绍了供热数据库的硬件和软件组成部分。

2）通过举例介绍了大数据系统在供热方面的应用，实现热源站、管网动态调节、异常分析和故障预警等功能，说明了保证供热的节能降耗和安全运营，大数据系统是必不可少的。

3）供暖季利用中燃自控平台进行数据收集，结合用户反馈记录、运营调控数据进行数据分析，建立适合暖居工程的初步的数据模型。

4）运用大数据分析工具，对数据模型进行测试验证，形成中燃暖居工程特色运营大数据分析工具，实现最佳能耗，降低运营成本。

第四章

供暖系统的设计与选址

第一节　暖居工程建筑物冷热负荷的计算

一、热负荷计算

供暖的房间要维持一定的温度，就必须保证房间在目标温度下处于热平衡状态，这就要求供暖设计热负荷相对准确，既要避免能源浪费，又要满足人们生活和工作的需要。同时，供暖设计热负荷直接影响供暖系统方案的选择和投资等，关系到供暖系统的使用和经济效果。

中燃暖居工程目前采用指标法计算建筑物负荷，由于指标法估算不是特别准确，同时指标的选取主要依据设计人员的经验，为了满足设计效果，很有可能指标选取偏大。为了避免出现“大马拉小车”现象并减少投资，对冷热负荷进行建模详细计算是必不可少的。

一般地，热负荷是以房间为单位进行计算的，这里将以建筑物作为整体考虑进行计算。根据暖居工程的特点，建立暖居工程建筑物的冷热负荷计算模型，为后续暖居工程设计提供技术支持。

1. 设计热负荷

对于居住建筑，供暖系统的设计热负荷可简化为

$$Q = Q_1 + Q_2 + Q_3 - Q_4 \tag{4-1}$$

式中　Q_1——围护结构的传热耗热量（kW）；

Q_2——由门窗缝隙渗入室内的冷空气的耗热量（kW）；

Q_3——由门窗孔洞和其他洞口侵入室内的冷空气的耗热量（kW）；

Q_4——太阳辐射进入室内的热量（kW）。

在工程设计时，设计热负荷也可分为以下几部分来计算，即

$$Q = Q_{1,j} + Q_{1,x} + Q_2 + Q_3 \tag{4-2}$$

式中　$Q_{1,j}$——围护结构的基本耗热量（kW）；

$Q_{1,x}$——围护结构的附加（修正）耗热量（kW）；

Q_2——冷风渗透耗热量（kW）；

Q_3——冷风侵入耗热量（kW）。

2. 围护结构的基本耗热量

将居住建筑作为整体考虑，则有

$$Q_{1,j}=\sum q=\sum KF(t_n-t_w) \tag{4-3}$$
$$q=KF(t_n-t_w)$$

式中 F——围护结构的面积（m^2）；

t_n——冬季室内计算温度（℃），可设为18℃；

t_w——室外计算温度（℃），采用历年平均不保证5天的日平均温度；

K——围护结构的传热系数［$W/(m^2 \cdot ℃)$］；对于南方住宅，节能建筑外墙取0.7，非节能建筑外墙取2。

冬天室内热量通过远离外墙的地面传到室外的热阻随着距外墙距离的不同而不同，但在离外墙8m以上的地面，传热量基本不变。在工程上将地面沿外墙平行的方向分成四个计算地带（见图4-1），其传热系数的取值见表4-1。

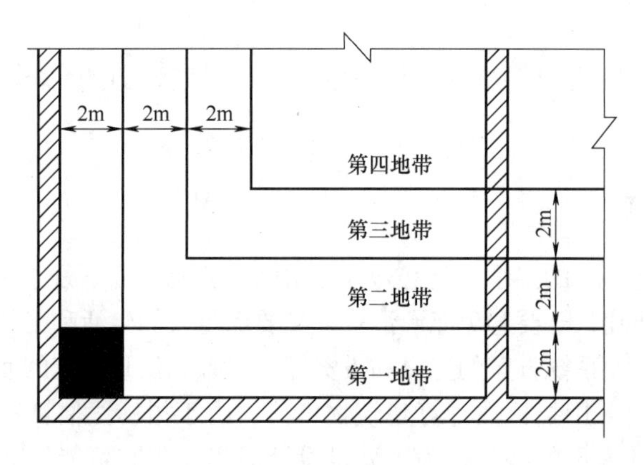

图4-1　地面计算地带的划分

表4-1　地面计算地带的传热系数

地　　带	传热系数/［W/(m² · ℃)］
第一地带	0.47
第二地带	0.23
第三地带	0.12
第四地带	0.07

3. 围护结构的附加（修正）耗热量

$Q_{1,x}$主要考虑朝向、风力、高度等因素对围护结构的基本耗热量进行修正。

（1）朝向附加耗热量　按围护结构的不同朝向，选择不同的朝向修正率。根据GB 50736—2012《民用建筑供暖通风与空气调节设计规范》的规定，宜按表4-2选用不同朝向的修正率。

表4-2　朝向修正率

朝　　向	修　正　率	朝　　向	修　正　率
北、东北、西北	0%～10%	东、西	-5%
东南、西南	-15%～-10%	南	-30%～-15%

（2）风力附加耗热量　风力附加耗热量主要考虑室外风速变化而对耗热量进行修正。一般情况下，不需考虑风力附加耗热量，但建在不避风的高地、河边、海岸、旷野上的建筑物，以及城镇、厂区内特别高的建筑物，其垂直外围护结构宜附加5%～10%的耗热量。

（3）高度附加耗热量　当民用建筑的房间高度大于4m时，每高出1m应附加2%的耗热量，但总的附加率不应大于15%。应注意的是，高度附加率应附加于房间各围护结构的基本耗热量和其他附加耗热量的总和上。

4. 冷风渗透耗热量

对于多层建筑，可通过计算不同朝向的门、窗缝隙长度以及从每米长缝隙渗入的冷空气量，确定冷风渗透耗热量。

对于门、窗缝隙的计算长度，当房间仅有一面或相邻两面外墙时，全部计入其门、窗可开启部分的缝隙长度；当房间有相对两面外墙时，仅计入风量较大一面的缝隙；当房间有三面外墙时，仅计入风量较大的两面的缝隙。冷风渗透耗热量 Q_2 的表达式为

$$Q_2 = 0.278V\rho c(t_n - t_w) \tag{4-4}$$

式中　V——经门、窗缝隙进入室内的总空气量（m^3/h），$V = Lln$；

L——每米门、窗缝隙进入室内的空气量，按当地冬季室外平均风速［$m^3/(h/m)$］；

l——门、窗缝隙的计算长度（m）；

n——朝向修正系数；

ρ——供暖室外计算温度下的空气密度（kg/m^3）；

c——冷空气的定压比热容［kJ/(kg·℃)］。

为简化计算，对于多层建筑也可采用换气次数法计算冷风渗透耗热量，即

$$Q_2 = 0.278n_k V_n \rho c(t_n - t_w) \tag{4-5}$$

式中　n_k——房间换气次数（次/h），考虑到暖居工程主要在南方城市，人们有开窗的习惯，取值为2；

V_n——房间体积（m^3）；

ρ——供暖室外计算温度下的空气密度（kg/m^3）；

c——冷空气的定压比热容［kJ/(kg·℃)］。

5. 冷风侵入耗热量

在冬季风压和热压的作用下，冷空气由开启的外门侵入室内，把这部分冷空气加热到室内温度所消耗的热量叫作冷风侵入耗热量。冷风侵入耗热量按照外门基本耗热量乘以外门附加率（见表4-3）计算，同时因为南方湿度较北方大，按照50%的相对湿度所需的耗热量对冷风侵入耗热量进行修正。

表4-3　外门附加率取值

外门布置状况	附加率	外门布置状况	附加率
一道门	65%n	三道门（有两个门斗）	60%n
两道门（有门斗）	80%n	公共建筑和生产厂房的主要出入口	500%

注：n 为建筑物的楼层数。

6. 暖居案例验证分析

现以南京某暖居工程项目为例进行计算，建筑物高21m，东西方向各长11m，南北方向各长20m，6层楼，是节能建筑，计算其单位面积耗热量。

经计算，项目的总热负荷为35kW，单位面积热负荷为31W/m^2。

从本案例计算得到的单位面积热负荷为31W/m^2，与《中燃集团暖居工程设计指引》的设计热负荷指标（40W/m^2）偏差约22%。偏差主要来源于设计指引给出的热指标是根据全国大多数地方的经验得出的，针对某个具体项目是存在偏差的；同时本模型在参数选取和模型简化方面也会产生偏差。根据国内现有纬度较低集中供暖区域河南省公布的DBJ41/T 075—2016《河南省公共建筑节能设计标准》，供暖计算热负荷指标为30～37W/m^2，所以本模型的计算结果较为可行。本模型后续还将根据暖居工程的实际运营情况进行适当修正。

虽然本模型对规范给出的详细计算方法进行了简化，相比于指标法，本模型仍需要较多的参数，同时指标法和模型的计算结果相似，偏差在可接受范围内。因此，在未获得详细资料前仍可按照指标法编制方案，但是在施工图设计阶段需要按照必须采用本模型的方法或类似方法进行详细计算。

一般地，按照投资深度的不同，在方案阶段工程造价偏差约20%是可接受的，工程造价与负荷近似成正比，即指标法和本模型计算结果的偏差在可接受范围内。在未获得详细资料前仍可按照指标法编制方案，但在施工图设计阶段需要按照必须采用本模型的方法或类似方法进行详细计算；如有详细资料可采用本模型计算热负荷。

二、冷负荷计算

与热负荷不同，冷负荷要采用非稳态计算，即计算逐时冷负荷。这是因为如果稳态计算冷负荷峰值会估计过高，峰值出现的时间也会估计错误。如图4-2所示，建筑物有蓄热能力，蓄热能力越强，冷负荷的峰值和峰值出现的时间都会改变。

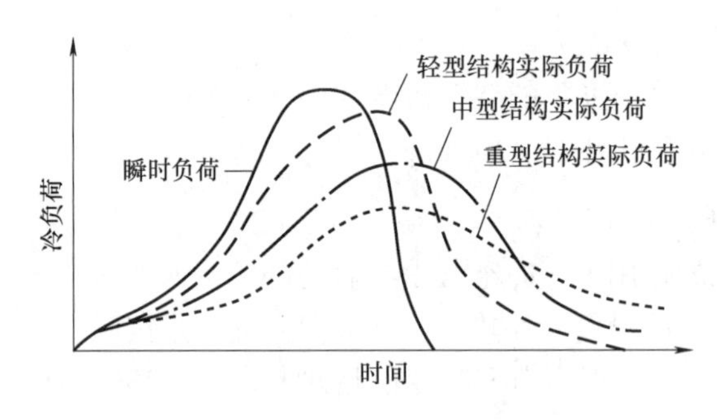

图4-2 建筑物的冷负荷

1. 围护结构传入的冷负荷

$$\dot{Q}_{c(\tau)1}=KF(t_{c(\tau)}-t_R) \tag{4-6}$$

式中 $\dot{Q}_{c(\tau)1}$——围护结构（外墙、屋面、外窗）传入的逐时冷负荷（W）；

K——围护结构的传热系数［W/(m^2·℃)］，对于南方住宅，节能建筑外墙取0.7，非节能建筑外墙取2；

F——围护结构的面积（m^2）；

$t_{c(\tau)}$——外窗传热逐时冷负荷计算温度（℃），在GB 50736—2012《民用建筑供暖通风与空气调节设计规范》附录H中查取；

t_R——夏季室内计算温度（℃），一般为24～28℃。

2. 通过玻璃窗进入的太阳辐射形成的逐时冷负荷

$$\dot{Q}_{c(\tau)2}=FC_{clC}C_aC_iC_sD_{Jmax} \tag{4-7}$$

式中　C_{clC}——透过无遮阳标准玻璃太阳辐射冷负荷系数，在GB 50736—2012《民用建筑供暖通风与空气调节设计规范》附录H中查取；

C_a——有效面积系数，见表4-4；

C_i——窗内遮阳设施的遮阳系数，见表4-5；

C_s——玻璃修正系数；

D_{Jmax}——夏季透过标准玻璃窗的太阳总辐射照度最大值，在GB 50736—2012《民用建筑供暖通风与空气调节设计规范》附录H中查取。

表4-4　窗的有效面积系数

单层钢窗	单层木窗	双层钢窗	双层木窗
0.85	0.7	0.75	0.60

表4-5　窗内遮阳设施的遮阳系数

遮阳类型	颜　色	遮阳系数
白布窗帘	浅色	0.50
浅蓝布窗帘	中间色	0.60
深黄、紫红、深绿布窗帘	深色	0.65
活动百叶窗帘	中间色	0.60

3. 人体散热形成的逐时冷负荷

$$\dot{Q}_{c(\tau)3}=C_{clrt}\phi nq_{rt} \tag{4-8}$$

式中　C_{clrt}——人体冷负荷系数，在GB 50736—2012《民用建筑供暖通风与空气调节设计规范》附录H中查取；

ϕ——群集系数，见表4-6；

n——室内全部人数；

q_{rt}——人体散热量（W），成年女子的散热量按成年男子的85%计算，儿童的散热量按成年男子的75%计算。

表4-6　某些空调建筑物的群集系数

影剧院	旅店	体育馆	图书阅览室
0.89	0.93	0.92	0.96

4. 照明散热形成的逐时冷负荷

白炽灯散热形成的逐时冷负荷为　$\dot{Q}_{c(\tau)4}=1000n_3NC_{clzm}$　(4-9)

荧光灯散热形成的逐时冷负荷为 $\dot{Q}_{c(\tau)4}=1000n_1n_2n_3NC_{clzm}$ (4-10)

式中 n_1——镇流器消耗功率系数，明装荧光灯的镇流器装在空调房间内时，n_1 取1.2，暗装荧光灯的镇流器装在顶棚内时，n_1 取1.0；

n_2——灯罩隔热系数，当荧光灯罩上部穿有小孔（下部为玻璃板），可利用自然通风散热于顶棚内时，n_2 取0.5~0.6；而荧光灯罩无通风孔者，n_2 取0.6~0.8；

n_3——同时使用系数；

N——照明灯具所需功率（kW）；

C_{clzm}——照明冷负荷系数，在GB 50736—2012《民用建筑供暖通风与空气调节设计规范》附录H中查取。

5. 设备散热形成的逐时冷负荷

$$\dot{Q}_{c(\tau)5}=C_{clsb}C_{sb}Q_{sb} \tag{4-11}$$

式中 C_{clsb}——设备冷负荷系数，在GB 50736—2012《民用建筑供暖通风与空气调节设计规范》附录H中查取；

C_{sb}——设备修正系数；

Q_{sb}——设备散热量（W）。

当工艺设备及其电动机都在室内时，有

$$Q_{sb}=1000n_1n_2n_3N/\eta \tag{4-12}$$

当只有工艺设备在室内，电动机不在室内时，有

$$Q_{sb}=1000n_1n_2n_3N \tag{4-13}$$

当只有电动机在室内，工艺设备不在室内时，或者只有电子设备时，有

$$Q_{sb}=1000n_1n_2n_3(1-\eta)N/\eta \tag{4-14}$$

式中 n_1——利用系数，电动机最大实耗功率与安装功率之比，一般为0.7~0.9；

n_2——电动机负荷系数，电动机每小时平均实耗功率与机器设计时最大实耗功率之比，计算机为1，一般仪表为0.5~0.9；

n_3——同时利用系数，一般为0.5~0.8；

N——电动设备的安装功率（kW）；

η——电动机效率。

三、结论与建议

1）为避免造成投资和运营浪费，需要对建筑物进行冷热负荷建模并详细计算。

2）以南京某项目为例，本模型的计算结果（31W/m^2）与设计指引（40W/m^2）的偏差约为22%。偏差的主要原因是设计指引热指标是根据全国大多数地方的经验得出的，针对某个具体项目时可能会存在偏差，而且一般选取的热指标都是偏大的。

3）比较国内现有纬度较低集中供暖区域公布的供暖计算热负荷标准，本模型的计算结果较为符合实际情况。

4）这里的冷热负荷计算模型，基本符合暖居工程的特点，可为后续暖居工程设计提供技术支持。

第二节　建筑节能与供暖热指标

一、概述

1. 节能建筑

节能建筑是指在满足使用功能和室内热环境质量的条件下，通过提高建筑围护结构的隔热保温性能、供暖空调系统的运行效率，利用自然能源等技术措施，使建筑的供暖与空调降温能耗降低到规定水平，且当室内不采用供暖与空调降温措施时，仍能满足一定居住舒适度的建筑。

节能建筑的主要指标有：建筑规划和平面布局要有利于自然通风，绿化率不低于35%，建筑间距应保证，每户至少有一个居住空间在大寒日能获得满窗日照2h等。根据国家有关建筑节能设计标准，节能建筑屋顶的保温能力为非节能建筑的1.5～2.6倍，外墙的保温能力为非节能建筑的2～3倍，窗户的保温能力为非节能建筑的1.3～1.6倍。节能建筑一般都要求采用带密封条的双层或者三层玻璃窗户，其保温性能和气密性能好，在供暖与空调制冷时，可以相对节约50%的能耗。

2. 一至四步节能

我国建筑节能是以1980—1981年的建筑能耗为基础，按每步在上一阶段的基础上提高能效30%为一个阶段。因此，通常所说的第一步节能是在1980—1981年的基础上节约30%，通称为节能30%的标准。第二步节能是在第一步节能的基础上再节约30%，即30% +70% ×30% =51%，简称为节能50%的标准。第三步节能是在第二步节能的基础上再节约30%，即50% +50% ×30% =65%，简称为节能65%的标准。

目前我国住宅和公共建筑普遍执行的是节能65%的标准。北京、天津、新疆等地区在居住建筑方面已经开始执行节能75%的标准。这就是我们经常听说的“三步节能”和“四步节能”。

3. 被动式低能耗建筑

被动式低能耗建筑是指适应气候特征和自然条件，通过保温隔热性能和气密性能更高的围护结构，采用新风热回收技术，并利用可再生能源，提供舒适室内环境的建筑。被动式低能耗建筑设计时多采用被动式设计策略。被动式设计策略主要是指建筑设计所采用的合适朝向、蓄热材料、遮阳装置、自然通风等策略。

自2013年我国第一个被动房——秦皇岛“在水一方”诞生以来，被动式低能耗房屋（被动房）以极低的能耗和极佳的室内舒适环境获得了市场认可，北京、河北、河南、山西、江苏、浙江、湖北 、青海、湖南、黑龙江、福建、西藏等省市区已经开始被动房建设，项目涉及严寒、寒冷、夏热冬冷、夏热冬暖各个气候区。被动房发展迅猛，河北、山东、河南、北京、浙江已经有了较大规模的被动式低能耗建筑居住小区。

二、建筑节能的发展历程及规范汇总

1. 我国节能建筑的发展历程

我国的建筑节能，起步于20世纪80年代。改革开放后，建筑业在墙体改革及新型墙体材料方面有了发展。如何在发展中降低建筑能耗，使之与当时能源供应较紧缺的现状相协调，成为相关部门关注的重点。为此，建筑节能工作首先从减少供暖能耗开始了。1986 年建设部颁布了 JGJ 26—1986《民用建筑节能设计标准（采暖居住建筑部分）》，要求新建居住建筑在 1980 年当地通用设计能耗水平基础上节能 30%。JGJ 26—1986《民用建筑节能设计标准（采暖居住建筑部分）》是我国第一部建筑节能设计标准。1995 年《民用建筑节能设计标准》修订并于次年执行，修订后的《民用建筑节能设计标准》将第二阶段建筑节能指标提高到 50%。

21 世纪以来，在科学发展观的指引下，建设领域明确了必须走资源节约型、环境友好型的新型工业化道路，我国已初步建立起了以节能 50% 为目标的建筑节能设计标准体系，部分地区执行更高的 65% 及 75% 的节能标准。2008 年《民用建筑能效测评标识管理暂行办法》《民用建筑节能条例》等施行。直至 2021 年，国家已下发及修订了多版有关建筑节能的相关规范。

2. 建筑节能规范汇总

国家颁布的各气候区相关节能最新规范汇总如下：

1）居住建筑节能设计系列标准（夏热冬冷地区，行业标准）：JGJ 134—2010《夏热冬冷地区居住建筑节能设计标准》。

2）公共建筑节能设计系列标准（国标）：GB 50189—2015《公共建筑节能设计标准》。

3）地方标准：因主要针对长江中下游区域的暖居工程项目，此处仅汇总了上海市、江苏省、浙江省、安徽省、湖北省、湖南省、江西省发布的居住建筑和公共建筑节能规范，见表 4-7。

表 4-7　暖居工程涉及的地方标准

省/市	规范名称	备　注
上海市	DGJ 08—205—2008《居住建筑节能设计标准》	50% 节能，已废止
	DGJ 08—205—2015《居住建筑节能设计标准》	65% 节能，现行
	DGJ 08—107—2004《公共建筑节能设计标准》	50% 节能，已废止
	DGJ 08—107—2015《公共建筑节能设计标准》	65% 节能，现行
江苏省	DGJ 32/J71—2008《江苏省居住建筑热环境和节能设计标准》	50% 节能，已废止
	DGJ 32/J71—2014《江苏省居住建筑热环境和节能设计标准》	65% 节能，已废止
	DB 32/4066—2021《江苏省居住建筑热环境和节能设计标准》	75% 节能，现行
	DGJ 32—J96—2010《公共建筑节能设计标准》	65% 节能，现行
浙江省	DB 33/1015—2003《居住建筑节能设计标准》	已废止
	DB 33/1015—2015《居住建筑节能设计标准》	65% 节能，现行
	DB 33/1036—2007《公共建筑节能设计标准》	50% 节能， 2022 年 2 月 1 日废止
	DB 33/1036—2021《公共建筑节能设计标准》	75% 节能， 2022 年 2 月 1 日开始施行

（续）

省/市	规范名称	备　注
安徽省	DB 34/1466—2011《居住建筑节能设计标准》	50%节能，已废止
	DB 34/1466—2019《居住建筑节能设计标准》	65%节能，现行
	DB 34/1467—2011《公共建筑节能设计标准》	已废止
	DB 34/5076—2017《公共建筑节能设计标准》	现行
湖北省	DB 42/301—2005《居住建筑节能设计标准》	节能50%，已废止
	DB 42/T559—2009《武汉城市圈低能耗居住建筑节能设计标准》	节能65%，已废止
	DB 42/T559—2013《低耗能居住建筑节能设计标准》	节能65%，现行
湖南省	DBJ 43/001—2004《居住建筑节能设计标准》	已废止
	DBJ 43/001—2017《居住建筑节能设计标准》	现行
	DBJ 43/003—2010《公共建筑节能设计标准》	节能50%，已废止
	DBJ 43/003—2017《公共建筑节能设计标准》	现行
江西省	DB 36/J007—2012/T《居住建筑节能设计标准》	已废止
	DBJ/T 36—024—2014《居住建筑节能设计标准》	现行

三、节能建筑的判定

1. 节能与非节能建筑的判定

（1）判定方法1　根据国家发布相关建筑节能规范的时间来判定。暖居工程位于我国夏热冬冷气候分区，根据夏热冬冷地区颁布的节能规范时间判定是否为节能建筑，即：住宅建筑遵循2001年版本规范的为节能建筑，公共建筑遵循2005年版本规范的为节能建筑，反之为非节能建筑。一般新规范会延后1年正式实施，可以推算出，在2002年之后建成的居住建筑及2006年之后建成的公共建筑为节能建筑。

另外，需要注意的是，尚需调查建筑是否进行过节能改造，小区物业一般会保留有施工图备份。

（2）判定方法2　“外墙（门窗）保温”是我国在执行节能措施方面的一项强制性规定，在《夏热冬冷地区居住建筑节能设计标准》中有明确的“外墙（门窗）保温”的要求，但在此规范之前夏热冬冷地区建筑的外围护结构（门窗）一般不设置外保温，所以可根据建筑外墙（门窗）是否设置有保温层（保温型门窗）来判断是否为节能建筑。需要注意的是，外墙保温层可设置在外墙外部，亦可设置在外墙内部。

2. 一至四步节能建筑的判定

由表4-7可知，大部分省市已经在规范中明确规定了建筑需要达到的节能标准，由此可根据相关规范发布时间来判定既有建筑属于二步节能标准、三步节能标准或者四步节能标准，判定时间汇总见表4-8和表4-9。表4-8和表4-9中的年份均为相关规范发布时间+1年（一般为实施时间），部分省份缺少二步节能或者三步节能规范，暂按照国标发布时间推断。年份后的*标注是相关规范内并没有明确规定节能标准，暂按规范发布时间推算。

表 4-8　居住类节能建筑判定时间汇总

市/省	二步节能	三步节能	四步节能
上海	2009 年	2012 年	—
江苏	2009 年	2015 年	2021 年
浙江	2004 年 *	2016 年	—
安徽	2012 年	2020 年	—
湖北	2006 年	2014 年	—
湖南	2005 年 *	2018 年 *	—
江西	2013 年 *	2015 年 *	—

表 4-9　公共类节能建筑判定时间汇总

市/省	二步节能	三步节能	四步节能
上海	2005 年	2013 年	—
江苏	2006 年（未发布相关规范）	2011 年	—
浙江	2008 年	2016 年（未发布相关规范）	—
安徽	2012 年 *	2018 年 *	—
湖北	2006 年（未发布相关规范）	2016 年（未发布相关规范）	—
湖南	2011 年	2018 年 *	
江西	2006 年（未发布相关规范）	2016 年（未发布相关规范）	

3. 被动式低能耗建筑的判定

一般被动房（被动式低能耗建筑）必须进行 PHI（德国被动房研究所）认证后，才能被认可为被动房，所以只需查看既有建筑是否有 PHI 认证即可。

四、供暖热负荷指标建议

暖居工程项目均在我国传统的非供暖区域，现有的供暖空调设计手册中涉及该地区住宅及公建建筑供暖负荷特性的内容较少，表 4-10 和表 4-11 为根据工程经验给出的不同类型建筑的供暖热负荷指标，同时建议被动式低能耗建筑的供暖热负荷指标取 $13W/m^2$。

表 4-10　建议的供暖热负荷指标

建筑节能类型	建筑类型	热负荷指标/(W/m^2)
节能建筑	住宅	40
	住宅附属公建	50
	学校、办公	60
	医院	65
	旅馆	70
	影剧院、展览馆	90

（续）

建筑节能类型	建 筑 类 型	热负荷指标/(W/m²)
非节能建筑	住宅	50
	住宅附属公建	60
	学校、办公	70
	医院	75
	旅馆	75
	影剧院、展览馆	95

表 4-11 居住类建筑的供暖热负荷指标

建筑类型	一步节能推荐值/(W/m²)	二步节能推荐值/(W/m²)	三步节能推荐值/(W/m²)
住宅	43	40	38
住宅附属公建	53	50	47

五、结论与建议

1）对于节能建筑、非节能建筑的判定，以及二步节能、三步节能、四步节能建筑的判定，可根据规范实施时间大体判定，尤其二至四步节能建筑，大部分规范均有相关节能标准的要求。被动房一般会有专业机构进行 PHI 认证，落实既有建筑是否有 PHI 认证即可。

2）由于暖居工程项目的建筑外墙保温性能差，居民有冬季开窗通风的习惯，故其供暖热负荷指标不宜取太低，这里给出了节能建筑、非节能建筑、一至四步节能建筑的供暖热负荷概算指标建议值，但还需根据具体项目详细计算。对于被动房，因有严格的能耗指标及供暖指标限定，故供暖热负荷指标取值较低。

第三节 暖居工程热源站的选址

一、热水炉房选址

暖居工程热水炉主要选用低氮冷凝燃气常压热水炉，具有高效、节能、环保、安全等特点。燃气常压热水炉不在市场监督局特种设备监管范围（免除检验和监督），但具备条件时也需要通过当地的环保验收与消防认证。

（一）热水炉房选址原则

热水炉房选址参考燃气锅炉房执行。燃气热水炉房位置的选择确定，应符合 GB 50016—2014《建筑设计防火规范》（2018 年版）和 GB 50028—2006《城镇燃气设计规范》（2020 年版）等相关规范的规定，并应综合考虑如下要求：

1）热水炉房的选址要综合考虑燃气种类、锅炉容量、运行压力、供回水温度、系统形式及建筑类型等因素。

2）燃气热水炉房应位于交通便利的地方，应位于地质条件较好的地区，应能满足给水、排水、电力供应等要求，并力求靠近热负荷比较集中的区域。区域燃气热水炉房尚应符合城市总体规划、区域供热规划的要求。

3）燃气热水炉房宜为独立的建筑物，应有较好的朝向，有利于自然通风和采光。

4）当燃气热水炉房和其他建筑物相连或设置在其内部时，不应设置在人员密集场所和重要部门的上一层、下一层、贴邻位置以及主要通道、疏散口的两旁，并应设置在首层或地下室一层靠建筑物外墙部位。

5）住宅建筑物内，不宜设置燃气热水炉房。

6）燃气热水炉房严禁直接设在聚集人多的空间内（如公共浴室、教室、观众厅、商店、餐厅、候诊室等），也不能建设在主要疏散口附近。

（二）防火间距、防火要求

1. 热水炉房的火灾危险性分类和耐火等级划分

参考 GB 50041—2020《锅炉房设计标准》第 15.1.1 条的规定，热水炉房应属于丁类生产厂房，建筑不应低于二级耐火等级。

2. 防火墙、防火门的设置

热水炉房与相邻的辅助间之间应设置防火隔墙，并应符合下列规定：

1）热水炉房与调压间之间的防火隔墙，其耐火极限不应低于 3.00h。

2）热水炉房与其他辅助间之间的防火隔墙，其耐火极限不应低于 2.00h，隔墙上开设的门应为甲级防火门。

燃气热水炉房和其他建筑物临近时，应采用防火墙与贴邻的建筑分隔。

3. 地上燃气热水炉房的防火间距

燃气热水炉房与各类厂房、仓库、民用建筑等的防火间距执行 GB 50016—2014《建筑设计防火规范》（2018 年版）第 3.4.1 条的规定。

GB 50016—2014《建筑设计防火规范》（2018 年版）第 3.4.5 条规定，丁类厂房与民用建筑的耐火等级均为一、二级时，丁类厂房与民用建筑的防火间距可适当减小，但应符合下列规定：

1）当较高一面外墙为无门、窗、洞口的防火墙，或比相邻较低一座建筑屋面高 15m 及以下范围内的外墙为无门、窗、洞口的防火墙时，其防火间距不限，如图 4-3 所示。

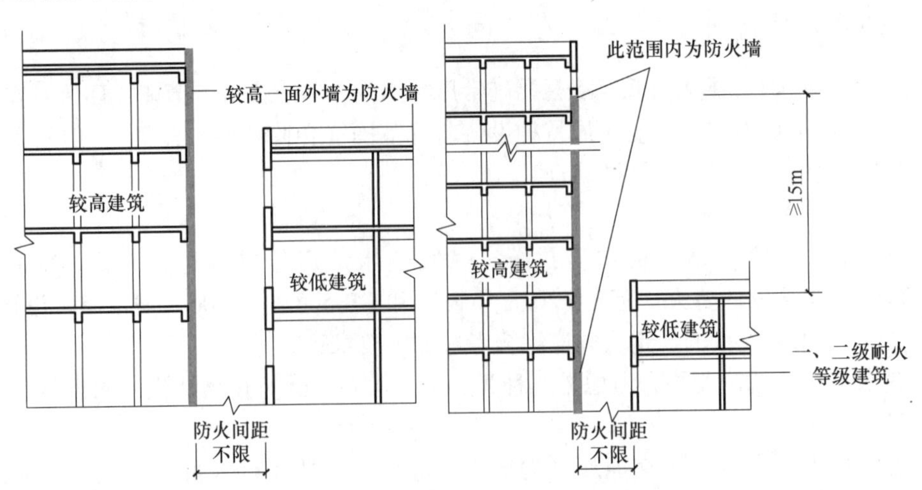

图 4-3　防火间距示意图（一）

2）相邻较低一面外墙为防火墙，且屋顶无天窗或洞口、屋顶的耐火极限不低于1.00h，或相邻较高一面外墙为防火墙，且墙上开口部位采取了防火措施，其防火间距可适当减小，但不应小于4m，如图4-4所示。

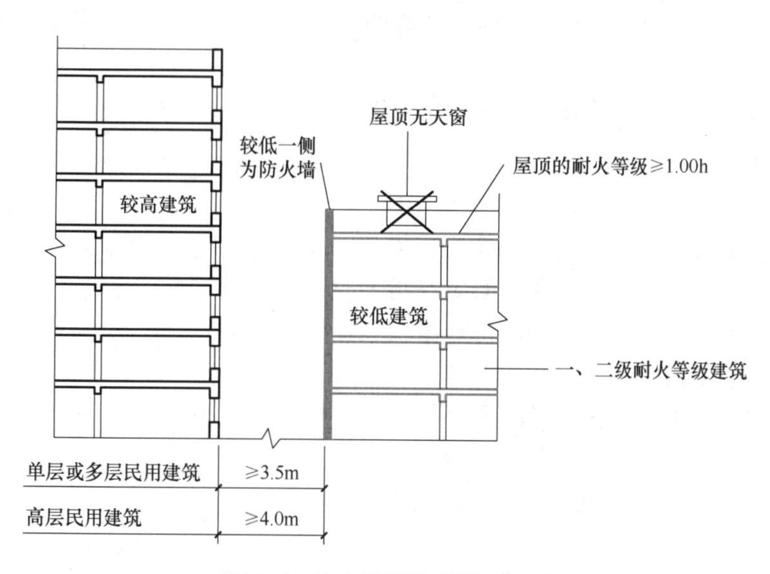

图4-4　防火间距示意图（二）

4. 屋顶燃气热水炉房的防火间距

若某小区在地上以及现有建筑内都无法找到合适的位置来改造设计热水炉房，根据GB 50016—2014《建筑设计防火规范》（2018年版）第5.4.12条规定，常（负）压锅炉可设置在屋顶上。若物业同意在物业用房的屋面或其他平台上建造热水炉房，首先应经原设计院复核原设计屋面能够满足建设热水炉房的荷载需求，其次防火间距建议按下列要求考虑：

规范中仅要求设置在屋顶上的常（负）压锅炉房，距离通向屋面的安全出口不应小于6m（见图4-5），未明确与其他建筑物的距离要求。考虑到事故时对周边建筑造成的影响与地上独立锅炉房等效，故设计时仍需要按照GB 50016—2014《建筑设计防火规范》（2018年版）第3.4.1条中丁类厂房与其他建筑物的间距要求进行复核。

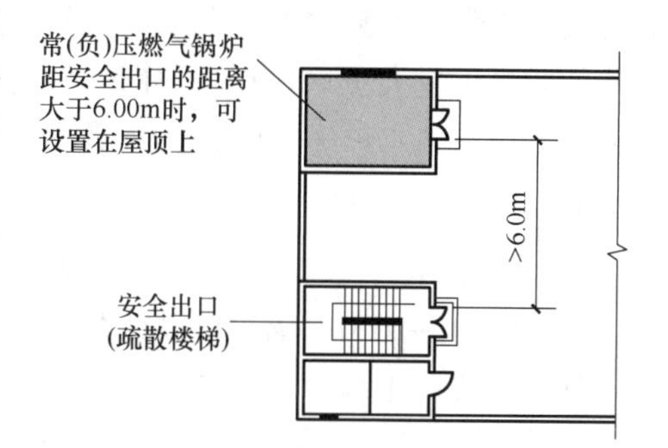

图4-5　屋顶热水炉房防火间距示意图

（三）地下燃气热水炉房的设置与要求

1. 地下燃气热水炉房的设置

在旧有小区进行供暖改造设计时，由于小区的总平面规划中没有考虑热水炉房的位置，而热水炉房与建筑物的安全间距等要求导致地上没有符合要求的位置设计热水炉房，需要在现有地下室等位置通过分割房间设置热水炉房。GB 50016—2014《建筑设计防火规范》（2018年版）第5.4.12条规定，当燃气锅炉房符合一定条件时，允许设置在地下室一层靠外墙的位置。

当燃气热水炉房设置在地下室平面中部，但设有供泄爆使用的下沉式露天天井时，是否符合 GB 50016—2014《建筑设计防火规范》（2018 年版）第 5. 4. 12 条的规定？从建筑学的角度来讲，围护建筑物，使之形成室内、室外分界的构件称为外墙。它具有承担一定荷载、遮挡风雨、保温隔热、防止噪声、防火等功能。“外墙”是分隔室内与室外的界限，也是建筑面积计算、防火分区划分、建筑节能计算等的边界，“外墙”概念应具备普适性，不应随研究领域的不同而改变。

下沉式天井与室外大气连通，天井四周的墙体应属于地下室外墙，如图 4-6 所示。

2. 泄爆要求

地下燃气热水炉房的泄爆要求执行 GB 50041—2020《锅炉房设计标准》第 15. 1. 2 条的规定：锅炉房的外墙、楼地面或屋面应有相应的防爆措施，并应有相当于锅炉间占地面积 10% 的泄压面积，泄压方向不得朝向人员聚集的场所、房间和人行通道，泄压处也不得与这些地方相邻。地下热水炉房采用竖井泄爆方式时，竖井的净横断面积应满足泄压面积的要求。

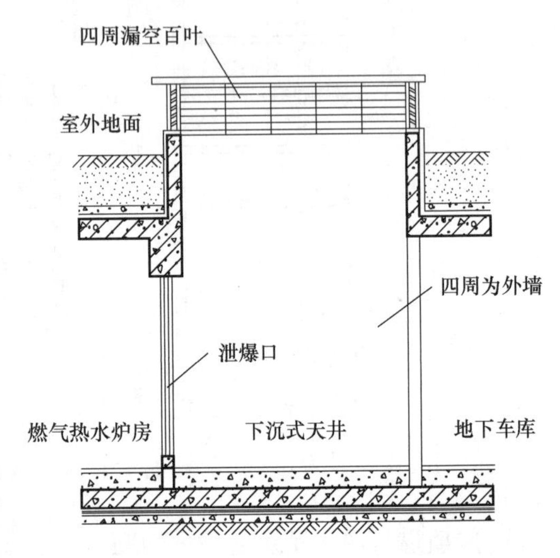

图 4-6　地下室热水炉房的泄爆竖井

泄压口可利用对外墙、楼地面或屋面采取相应的防爆措施办法来解决，如采用轻质屋面板、轻质墙体和易于泄压的门、窗等，泄压地点也要确保是安全的。

GB 50016—2014《建筑设计防火规范》（2018 年版）第 3. 6. 3 条对泄压设施有如下规定：泄压设施宜采用轻质屋面板、轻质墙体和易于泄压的门窗等，应采用安全玻璃等在爆炸时不产生尖锐碎片的材料。泄压设施的设置应避开人员密集场所和主要道路，并宜靠近有爆炸危险的部位。作为泄压设施的轻质屋面板和墙体的质量不宜大于 60kg/m^2。屋顶上的泄压设施应采取防冰雪积聚措施。

地下燃气热水炉房采用竖井泄爆方式时，竖井的净横断面积也要达到规范的泄压面积要求。

3. 疏散做法

GB 50041—2020《锅炉房设计标准》第 4. 3. 7 条规定，锅炉间人员出入口应有一个直通室外。在实际工程中，改造的锅炉房很难为锅炉房单独设计一个楼梯间，一般要与现有地下车库等共用已有楼梯间。GB 50041—2020《锅炉房设计标准》第 4. 1. 3 条规定，当锅炉房和其他建筑物相连或设置在其内部时，不应设置在人员密集场所和重要部门的上一层、下一层、贴临位置以及主要通道、疏散口的两旁。所以，热水炉房选址应尽量靠近楼梯间而又不能与楼梯间贴临。

根据 GB 50016—2014《建筑设计防火规范》（2018 年版）第 5. 4. 12 条的条文解释，“直通室外”是指疏散门不经过其他用途的房间直接开向室外，或疏散门靠近室外出口，只经过一条距离较短的疏散走道，直通室外。所以，热水炉房经过一段较短走廊再进入安全出口是满足规范要求的，但规范中并未明确给出较短距离的具体限值要求。根据 GB 50098—

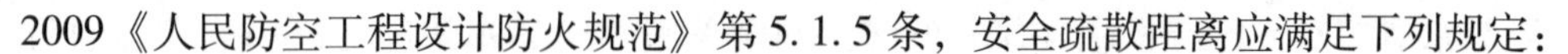

2009《人民防空工程设计防火规范》第 5.1.5 条，安全疏散距离应满足下列规定：

1）房间内最远点至该房间门的距离不应大于 15m。

2）房间门至最近安全出口的最大距离：医院应为 24m；旅馆应为 30m；其他工程应为 40m。位于袋形走道两侧或尽端的房间，其最大距离应为上述相应距离的 1/2。

若燃气热水炉房需要设在地下室内时，建议参考 GB 50098—2009《人民防空工程设计防火规范》第 5.1.5 条的规定，确定热水炉房房间门距离楼梯间口的最短距离。

4. 通风要求

参考 GB 50041—2020《锅炉房设计标准》第 15.3.7 条的规定，地下燃气热水炉房的换气次数每小时不应少于 12 次，送入热水炉房的新风总量必须大于热水炉房每小时 3 次的换气量。

（四）燃气热水炉房选址指引

1）燃气热水炉房的首选地址为非地下室上方室外空地处。燃气热水炉房与单、多层民用建筑（指建筑高度不大于 27m 的住宅建筑或建筑高度大于 24m 的单层公共建筑及建筑高度不大于 24m 的其他公共建筑）的防火间距不得小于 10m，与一类高层民用建筑（指建筑高度大于 54m 的住宅建筑或建筑高度大于 50m 的公共建筑）的防火间距不得小于 15m，与二类高层民用建筑的防火间距不得小于 13m。

2）当燃气热水炉房外墙为防火墙，且屋顶无天窗或洞口、屋顶的耐火极限不低于 1.00h，或相邻较高一面外墙为防火墙，且墙上开口部位采取了防火措施，其防火间距可适当减小，但不应小于 4m。

3）燃气热水炉房在荷载复核满足要求的前提下，选址次选地下室顶部室外地面空地处。

4）燃气热水炉房在荷载复核满足要求的前提下，还可在物业用房的屋面或其他平台上建造。其通向屋面安全出口的距离不应小于 6m。

5）燃气热水炉房也可设在地下室靠外墙的部位，但泄爆、安全疏散、通风应满足相关规范要求。

其他未尽说明详见 GB 50016—2014《建筑设计防火规范》（2018 年版）相关条款并咨询设计单位。

二、常压热水撬装热源站选址

1. 适用范围

常压热水撬装热源站是一种撬装设备，其将常压热水炉系统、热循环系统、燃气供应系统、安全保障系统及控制系统整体撬装，具有安装方便、节约占地、节约投资、装运灵活等优点，适合用于临时性、过渡性、应急性和孤网性供热解决方案。

2. 选址指引

1）常压热水撬装热源站的选址应征得小区业主方的同意，避免建设在小区主要疏散口、人员活动密集场所附近。

2）常压热水撬装热源站应选址在远离小区建筑物外窗的地面空地，避免噪声、烟气排放对周围居民的影响。

3）常压热水撬装热源站与民用建筑等的防火间距参考燃气热水炉房与民用建筑等的防火间距执行。

其他未尽说明详见 GB 50016—2014《建筑设计防火规范》（2018 年版）相关条款并咨询设计单位。

三、热泵选址

1. 选址原则

为了确保热泵机组良好运行，热泵机组安装位置的选择应遵循以下原则：

1）机组应选择通风良好、排风顺畅、不会发生短路循环的场所，并且机组的排风不应影响周围环境。机组之间及机组与周围墙体之间的净距应留有操作和检修空间。当安装多台机组时，应确保留有足够的吸气空间以防止发生短路循环。

2）机组场地应平整且不易积水。机身周围应有排水道以排除冷凝水。

3）机组安装场所应远离建筑物外窗，应避免热泵噪声对周围居民造成影响，如有必要可加装隔音板。

4）机组周围不应有易腐蚀、易燃、易爆等危险物品，且不应容易积聚可燃气体。机组周围应无强热源以及其他设备的排气口，没有强烈的热蒸气。

5）机组宜设置在防雷保护区内，并应有静电接地措施。当机组设置在防雷保护区范围外时，应采取防雷措施。

6）机组应保证远离电磁波辐射源（如通信发射设备、小区内变电站等）5m 以上距离。

7）当机组设置在屋顶时，还应符合下列规定：

① 建筑结构必须满足机组动荷载及承重要求，并应采取减振措施。

② 建筑物应设置通向屋顶的楼梯、检修通道及检修人员安全防护栏。

8）当室外机设置在地面时，应设置护栏或车挡。

2. 安装要求

（1）燃气空气源热泵　此类机组可单独安装在某一位置，也可多台机组安装在一个较大的场地内。

1）单台机组的安装要求如图 4-7 所示。

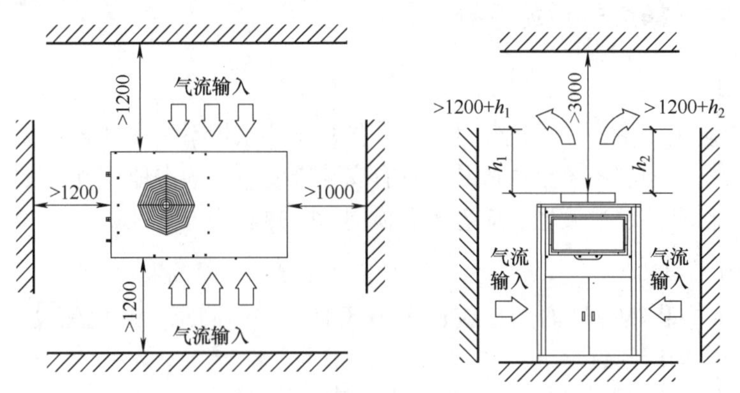

图 4-7　单台机组气流流通空间最小间距示意图

2）多台机组的安装要求如图 4-8 ~ 图 4-10 所示。

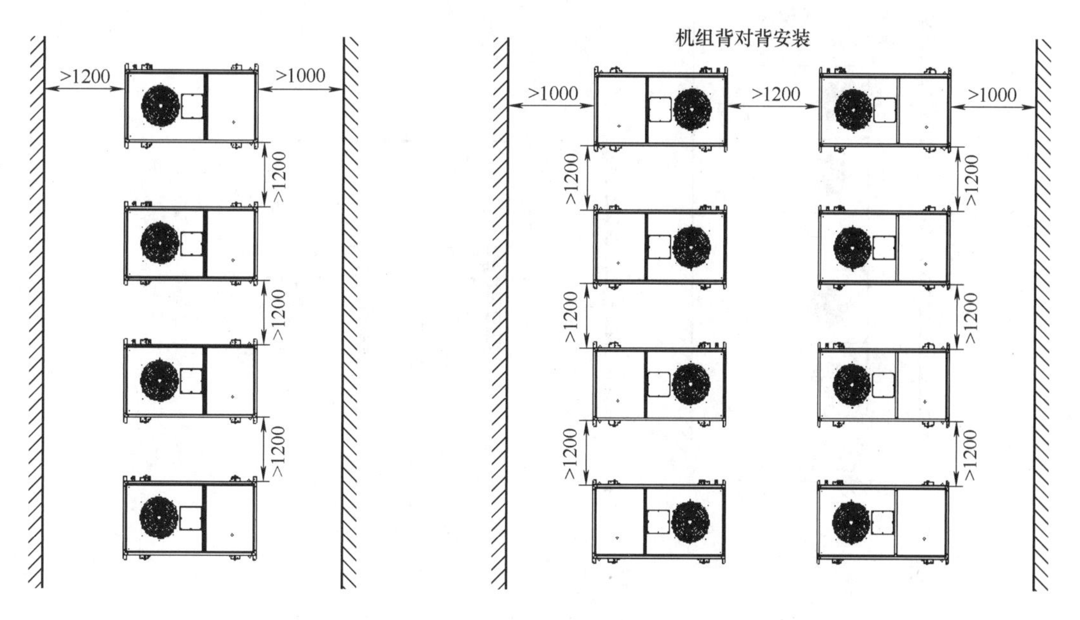

图 4-8　多台机组气流流通空间允许最小间距示意图（一）

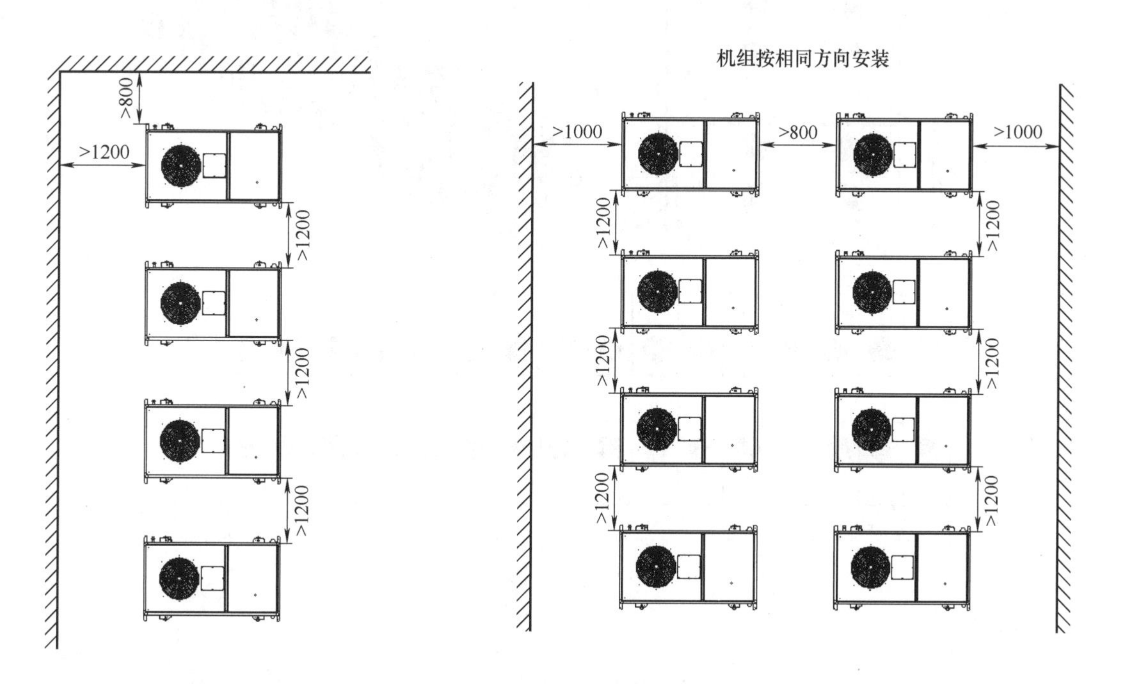

图 4-9　多台机组气流流通空间允许最小间距示意图（二）

3）大型机组的安装要求如图 4-11 所示。

对于机组顶部存在顶墙（挡风类障碍物）的情况，原则上要求机组顶部距离墙 3000mm 以上。若热泵前、后、左、右侧的周围空间都是开放空间，要求机组顶部距离墙 2000mm 以

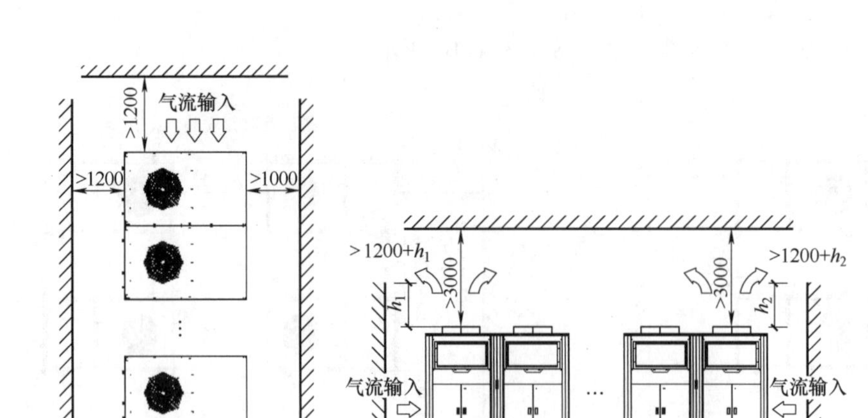

图 4-10　多台机组气流流通空间允许最小间距示意图（三）

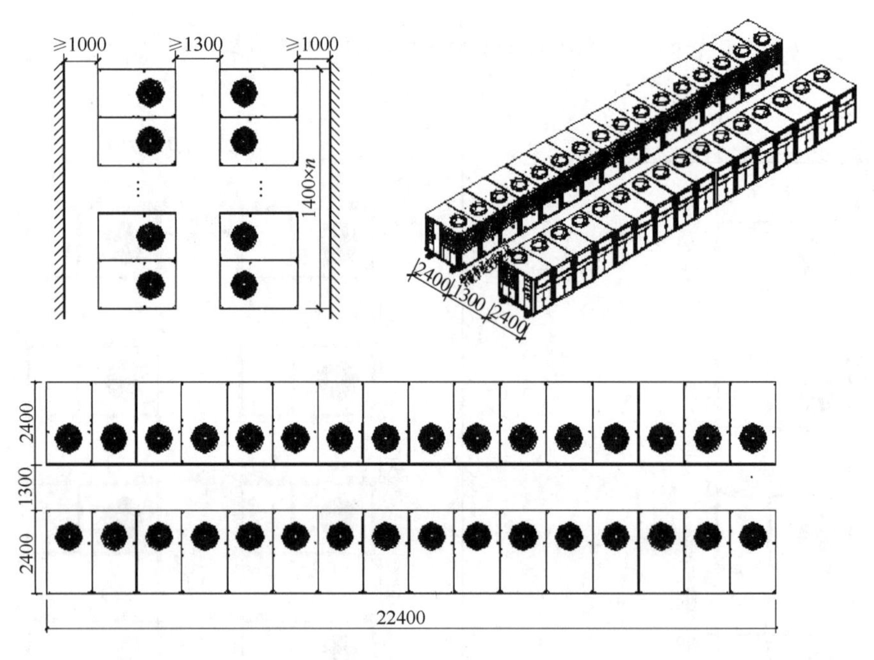

图 4-11　大型机组模块化组合安装示意图

注：n≤16。

上。如果尺寸不足 2000mm，或者机组周围的空间为非开放空间，则需要另外设置保持空气流畅的通风措施。

（2）空气源热泵　机组相邻单元模块间隔应保持在 1m 以上，即机组要有足够的空间用于进风和设备维护，如图 4-12 所示。机组周围应通风良好，并保证与障碍物之间的最小距离不小于 2m，有条件时可在机组上部距离机组最高点 3m 的位置搭设罩棚。

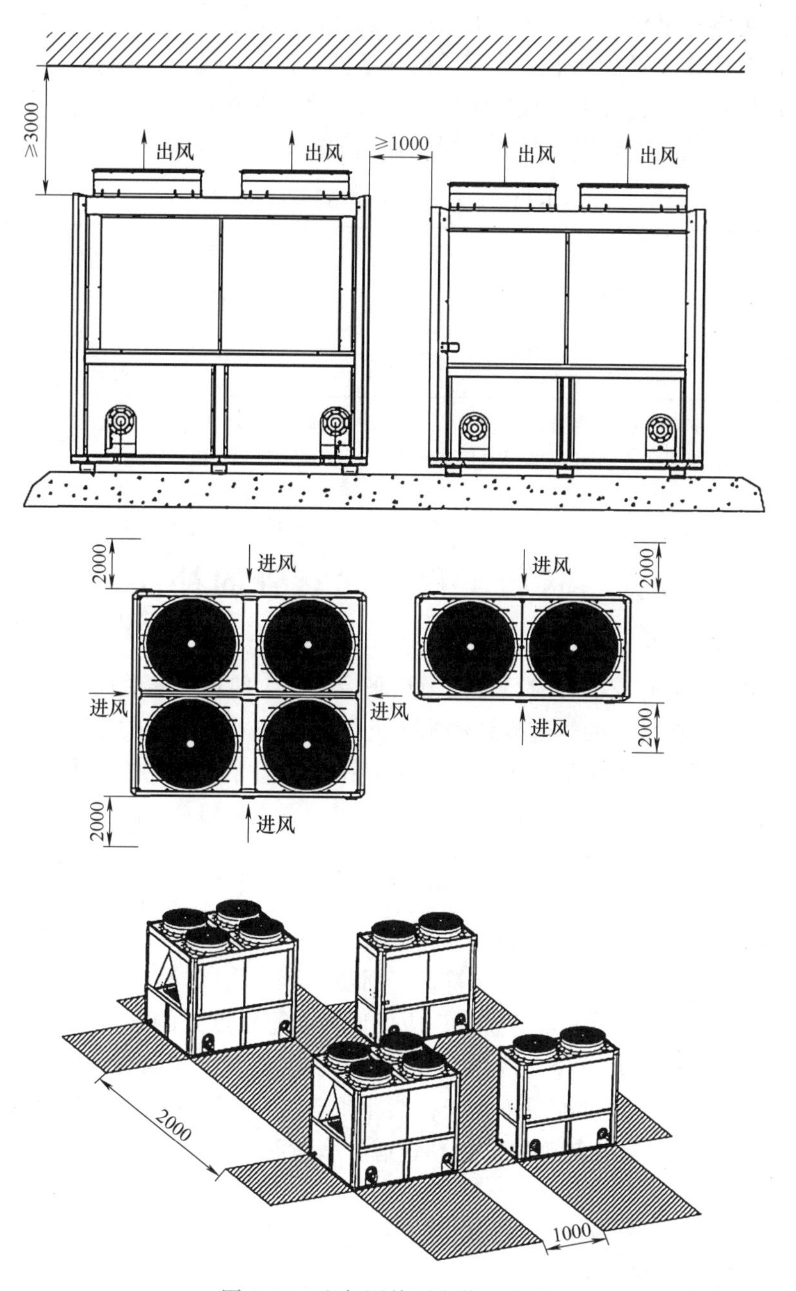

图 4-12　空气源热泵安装示意图

3. 热泵选址指引

1）热泵选址首选非地下室上方室外角落空地、靠近围墙地面、车位、绿地等位置。

2）热泵在荷载复核满足要求的前提下，选址次选地下室顶部室外地面空地、车位、绿地等处。

3）热泵在荷载复核满足要求的前提下，再次可在住宅的附属建筑屋面、公建的屋面或其他平台（自行车棚/停车位上部）上布置，与周围建构筑物的间距、布置同第 1）条。

4）尽量避免将热泵机组布置在不上人屋面、老旧和高层住宅屋顶等场所。

5）热泵机组严禁布置在地下室等通风换热条件不良的场所。

6）小区规模较大时，可根据现场情况分散布置多个热源站。

7）从控制噪声的角度来看，热泵与居住建筑的推荐距离见表4-12。

表4-12　热泵与居住建筑的推荐距离　（单位：m）

名　称	推荐距离（夜间45dB）
燃气空气源热泵	>15
水泵	>15
空气源热泵	>20

注：1. 根据GB 3096—2008《声环境质量标准》，居住区域执行城市1类环境噪声标准值，即昼间55dB，夜间45dB。
2. 热泵安装后，根据试运行噪声情况结合厂家意见由专业厂家二次设计隔音墙。

第四节　暖居工程单元立管的补偿设计

供暖管道在温度上升或下降时，会因为热胀冷缩发生伸长或缩短而产生热应力，引起管道变形或损坏，因此在常规的管道设计和施工上往往考虑采取必要的补偿措施，来吸收管道的伸长和缩短，从而减少管壁的应力和作用在管件或支架等结构上的作用力，以维护和保证管网的安全与正常运行。

一、相关规范及标准中关于补偿的规定

《全国民用建筑工程设计技术措施 暖通空调·动力》的第2.4.11条指出，管道布置时，必须认真考虑管道的固定与补偿，并应符合下列要求：

1）水平干管或总立管固定点的布置，应保证分支管接点处的最大位移量不大于40mm；连接散热器的立管应保证管道分支接点由管道伸缩引起的最大位移量不大于20mm；无分支管接点的管段，间距应保证伸缩量不大于补偿器或自然补偿所能吸收的最大补偿量。

2）供暖管道必须计算其热膨胀；计算管道膨胀量时，管道的安装温度应按冬季环境温度考虑，一般可取0～-5℃。

3）供暖系统供回水管道应充分利用自然补偿的可能性；当利用管段的自然补偿不能满足要求时，应设置补偿器。

4）补偿器应优先采用方形或Z形；并应设置于两个固定点间距的1/2～1/3范围内。

5）确定固定点的位置时，应考虑安装固定支架（与建筑物连接）的可行性。

6）垂直双管及跨越管与立管同轴的单管系统的散热器立管，长度≤20m时，可在立管中间设固定卡；长度>20m时，应采取补偿措施。

7）采用套筒补偿器或波纹管补偿器时，应设置导向支架；当管径≥50mm时，应进行固定支架的推力计算，验算支架的强度。

8）户内长度>10m的供回水立管与水平干管相连接时，以及供回水支管与立管相连接处，应设置2～3个过渡弯头或弯管，避免采用“T”形直连方式。

二、热补偿方式及补偿器

根据供暖空调设计手册，设计热力管道时，应充分利用管道本身的自然弯曲，来补偿管道的热伸长量。在无条件利用管道本身自然弯曲来补偿管道的热伸长量时，应采用合适的补偿器，以降低管道运行时所产生的作用力，减小管道应力和作用在阀门及支架结构上的作用力，以确保管道的稳定和安全运行。

1. 管道的自然补偿

管道的自然补偿通常采用 L 形和 Z 形两种形式。当转角不大于 150°时，管道的臂长不宜超过 20 ~ 25m。L 形管道和 Z 形管道的热位移示意图如图 4-13 和图 4-14 所示。

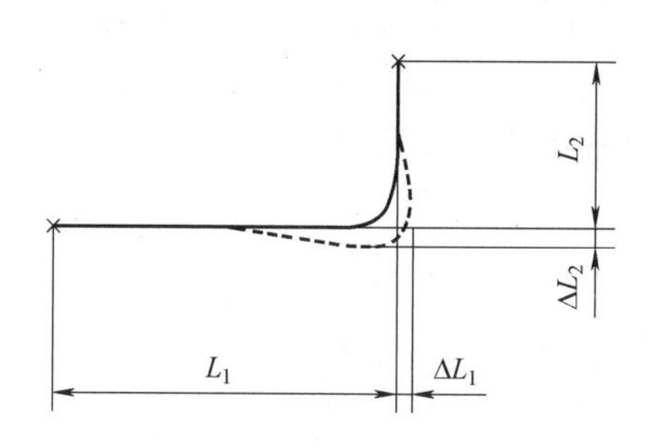

图 4-13　L 形管道的热位移示意图

L_1、L_2—臂长　ΔL_1、ΔL_2—热伸长量

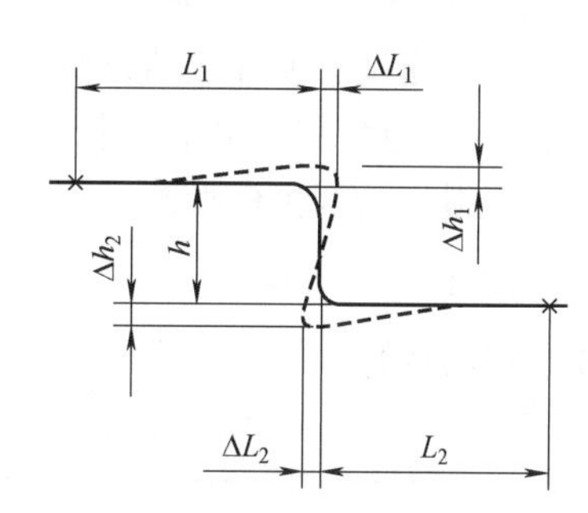

图 4-14　Z 形管道的热位移示意图

L_1、L_2—臂长　ΔL_1、ΔL_2—热伸长量　Δh_1、Δh_2—高度变化量

已知管径、长臂的热伸长量，可按图 4-15 查得 L 形补偿的短臂长度。

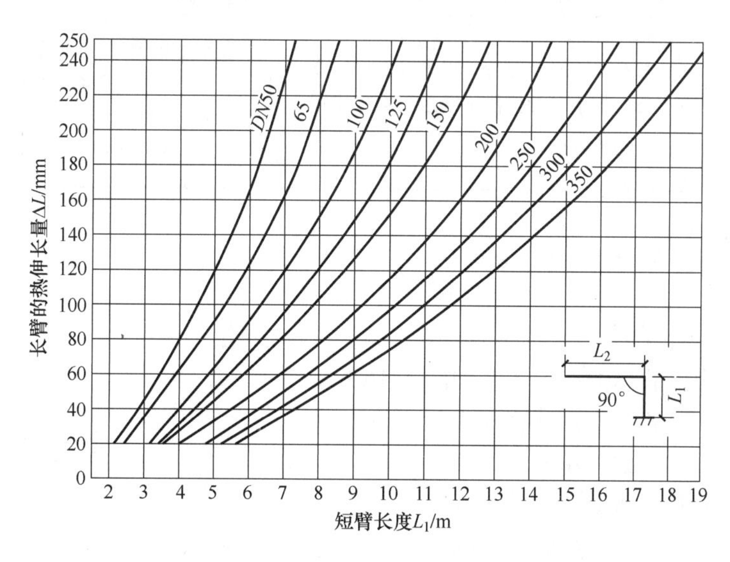

图 4-15　L 形补偿器自然转弯线算图

2. 管道补偿器

管道补偿器通常有方形补偿器和波纹管/套筒补偿器几种。

（1）方形补偿器　这种补偿器一般常用无缝钢管煨制，也可用热压弯头拼制。它具有加工方便、轴向推力小、不需要经常维修等优点，但它的缺点是占地面积大、不易布置。这种补偿器宜装在两相邻固定支架间的中心或接近中心的位置，其两侧直管段应设置导向支架。

方形补偿器的选用原则如下：

1）热力管网补偿器一般采用方形补偿器，当该型补偿器不便使用时，才选用其他形式的补偿器。

2）方形补偿器的自由臂（导向支架至补偿器外伸臂的距离）长度一般为公称直径的40倍。

3）安装方形补偿器时，应进行预拉伸，预拉伸值一般为50%。

（2）波纹管/套筒补偿器　通常情况下，由于空间的限制，管井内的立管不具备自然补偿的条件，所以要通过安装补偿器来解决管道膨胀问题。实际工程中大量波纹管补偿器的运行工况并不理想。大量工程实例表明，在供暖初期试运行及正常运行过程中，都可能会出现补偿器因非疲劳损坏而产生变形甚至损坏的情况，进而导致系统停暖维修。

3. 常见补偿器的优缺点

常见补偿器的优缺点见表4-13。

表4-13　常见补偿器的优缺点

补偿器	优　点	缺　点
自然补偿器（L形、Z形等）	不必特设补偿器，热补偿时尽量利用自然弯曲的补偿能力	管道变形时会产生横向位移，补偿能力有限
方形补偿器	加工方便，不需要经常维修，运行可靠	占地面积大，不易布置，所需安装空间大
波纹管/套筒补偿器	配管简单，安装容易，正确设置固定支架及导向支架是补偿器正常运行的决定因素；结构紧凑，占用空间小	立管上使用的轴向波纹管补偿器对固定支架产生的推力大；管壁较薄，不能承受扭力，安全性较差，对设计要求严格，对施工安装精度要求较高；易发生疲劳渗漏，存在完全断裂的安全隐患

三、供暖立管补偿量的计算

1. 直管段热位移的计算

热力管道直管段的热位移示意图如图4-16所示。

热力管道直管段的热位移计算式为

$$\Delta L = \alpha L(t_2 - t_1) \tag{4-15}$$

式中　ΔL——管道的热伸长量（mm）；

α——管材的线膨胀系数［mm/(m·K)］，取值见表4-14；

L——管道的计算长度（m）；

t_2——热媒的输送温度（℃）；

t_1——管道安装时的温度（℃）。

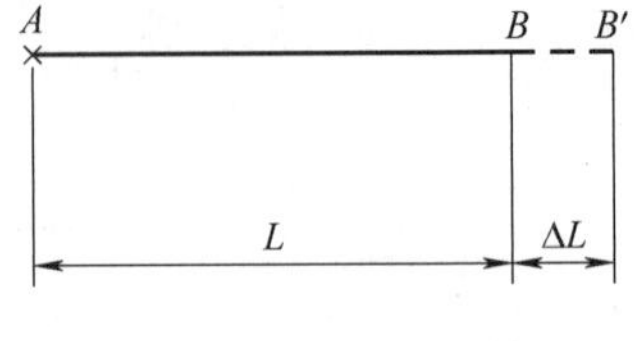

图4-16　热力管道直管段的热位移示意图

表 4-14　管材的线膨胀系数 α　　[单位：mm/(m·K)]

管材	普通钢	不锈钢	铸铁	碳素钢	聚氯乙烯	聚乙烯	聚丙烯
线膨胀系数	0.012	0.0103	0.011	0.012	0.07	0.107	0.16

2. 暖居工程相关参数的取值

暖居工程的供暖立管一般为焊接钢管，其 α = 0.012mm/(m·K)。

根据《中燃集团暖居工程技术方案及设计指引（修订版）》，室内末端采用地暖系统的，供回水温度为45℃/35℃；室内末端采用散热器的，供回水温度为55℃/40℃。冷暖两供室内末端采用风机盘管的，其供暖系统的供回水温度为45℃/35℃，供冷系统的供回水温度为12℃/7℃。因此，单元立管热媒温度 t_2 分别为45℃、55℃、45℃、12℃（取温度值较高的供水温度）。

对于北方地区冬季，t_1 一般取 -5℃，管道在地下室或室内时取0℃，室外架空安装时取供暖室外计算温度。对于南方地区（华中、华东等地区）冬季，t_1 取供暖室外计算温度（见表4-15，为0.0℃左右）；对于南方地区夏季，t_1 取供冷室外计算温度（见表4-15，为35.0℃左右）。

表 4-15　华中、华东等地供暖室外计算温度 t_1　　（单位:℃）

地　　点	武汉	十堰	长沙	南昌	合肥	杭州	南京
供暖室外计算温度	-0.3	-1.5	0.3	0.7	-1.7	0.0	-1.8
供冷室外计算温度	35.8	34.4	35.8	35.5	35.0	35.6	34.8

注：供暖、供冷室外计算温度摘自 GB 50736—2012《民用建筑供暖通风与空气调节设计规范》附录 A。

3. 单元立管最大线性伸缩量的计算

根据直管段的热位移计算公式，可计算出单位长度立管的线性伸缩量，见表4-16。

表 4-16　单位长度立管的线性伸缩量（一）

使用条件	热媒温度 t_2/℃	冬季环境温度 t_1/℃	夏季环境温度 t_1/℃	最大温差/℃	每米立管的最大线性伸缩量/mm
末端为散热器的供暖立管	55	0.0		55	0.660
末端为地暖的供暖立管	45	0.0		45	0.540
供冷系统立管	12		35.0	23	0.276

根据居民不同的楼层情况，也可得出单位长度立管线性伸缩量，见表4-17。

表 4-17　单位长度立管的线性伸缩量（二）

楼　　层	楼层高度/m	每米立管的最大线性伸缩量/mm		
		末端为散热器的供暖立管	末端为地暖的供暖立管	供冷系统立管
1F	3	1.98	1.62	0.83
2F	6	3.96	3.24	1.66
3F	9	5.94	4.86	2.48

（续）

楼　层	楼层高度/m	每米立管的最大线性伸缩量/mm		
		末端为散热器的供暖立管	末端为地暖的供暖立管	供冷系统立管
4F	12	7.92	6.48	3.31
5F	15	9.90	8.10	4.14
6F	18	11.88	9.72	4.97
7F	21	13.86	11.34	5.80
8F	24	15.84	12.96	6.62
9F	27	17.82	14.58	7.45
10F	30	19.80	16.20	8.28
11F	33	21.78	17.82	9.11
12F	36	23.76	19.44	9.94
13F	39	25.74	21.06	10.76
14F	42	27.72	22.68	11.59
15F	45	29.70	24.30	12.42
16F	48	31.68	25.92	13.25
17F	51	33.66	27.54	14.08
18F	54	35.64	29.16	14.90
19F	57	37.62	30.78	15.73
20F	60	39.60	32.40	16.56
21F	63	41.58	34.02	17.39
22F	66	43.56	35.64	18.22
23F	69	45.54	37.26	19.04
24F	72	47.52	38.88	19.87
25F	75	49.50	40.50	20.70
26F	78	51.48	42.12	21.53
27F	81	53.46	43.74	22.36
28F	84	55.44	45.36	23.18
29F	87	57.42	46.98	24.01
30F	90	59.40	48.60	24.84
31F	93	61.38	50.22	25.67
32F	96	63.36	51.84	26.50
33F	99	65.34	53.46	27.32
34F	102	67.32	55.08	28.15
35F	105	69.30	56.70	28.98
36F	108	71.28	58.32	29.81
37F	111	73.26	59.94	30.64

4. 暖居工程单元立管补偿结果的推断

根据《全国民用建筑工程设计技术措施 暖通空调・动力》的第2.4.11条，结合表4-17可知：

1）暖居工程末端为散热器（供回水温度为55℃/40℃）的供暖立管，系统从固定点算起，允许不安装补偿器的立管直管段最大长度为60m左右。

2）暖居工程末端为地暖（供回水温度为45℃/35℃）的供暖立管，系统从固定点算起，允许不安装补偿器的立管直管段最大长度为74m左右。

3）暖居工程的供冷系统立管，系统从固定点算起，允许不安装补偿器的立管直管段最大长度为130m左右。

四、暖居工程单元立管补偿做法

由热补偿方式及常见补偿器的优缺点可知，高层建筑的供暖供回水立管以不设置补偿器为最佳。对于暖居工程来说，民用高层建筑的高度一般均不超过100m，再加上地下两层的高度，其供回水立管总长度一般不超过110m。根据表4-17，判断每米立管的最大线性伸缩量对供回水立管的影响。显而易见，以末端为散热器（供回水温度为55℃/40℃）的供暖立管为例，当固定支点设置在立管下部或上部时，立管另一端的线性伸缩量为最大值（73mm）；当固定支点设置在立管中部时，立管两端的线性伸缩量为最小值（36.5mm左右）。所以，从减少线性伸缩量的角度考虑，固定支点应设置在立管中部。其立管支架移动示意图如图4-17所示。

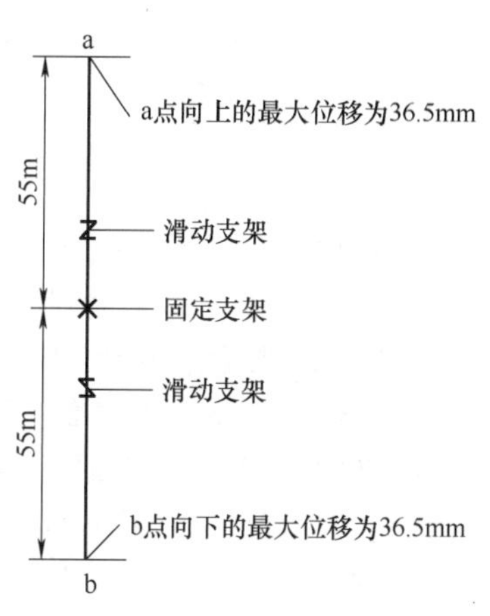

图4-17 供回水温度为55℃/40℃的供暖立管支架移动示意图

五、结论与建议

暖居工程中，供暖立管输送55℃/40℃、45℃/35℃热水或供冷立管输送12℃/7℃冷水时可不设置补偿器。但下述几点必须满足：

1）供暖立管应设置固定支架，且应设于立管中部。固定支架承重梁应能承受立管以及立管内水的重力总和。考虑到结构承重问题，固定支架可适当错开一层分别设置。结合现场条件，固定支架做法可参见国标图集《室内管道支吊架》（05R417-1）。

2）应设置可上下伸缩的滑动支架。根据滑动支架与固定支架之间的距离计算伸缩量，预先调整预压缩量或预留伸缩空间。滑动支架宜每两层设置一个。

3）水平引出管应满足径向补偿要求，可设置过渡弯头或弯管以满足补偿需求，但应避免采用“T”形直连方式。

第五节 暖居工程主要设备对建构筑物荷载的影响

随着暖居工程的不断开展，受工程建设场地及建设成本限制，部分暖居工程设计方案中将空气源热泵等设备放置在建筑屋面上（含地下室顶板、上人屋面和不上人屋面），该方案是否会对原建筑结构的安全产生不利影响成为该方案能否顺利实施的关键。减少主要设备对建构筑物结构安全的影响对暖居工程的开展十分重要。

一、相关规范及标准中关于荷载和改变结构用途的规定

GB 50009—2012《建筑结构荷载规范》中第5.1.1条和5.3.1条规定，民用建筑楼面及房屋建筑屋面均布活荷载的标准值的取值，不应小于表4-18中的规定值。

表4-18 民用建筑楼面及房屋建筑屋面均布活荷载的标准值

类别		标准值/(kN/m^2)
汽车通道及客车停车库	单向板楼盖（板跨不小于2m）和双向板楼盖（板跨不小于3m×3m）	4.0
	双向板楼盖（板跨不小于6m×6m）和无梁楼盖（柱网不小于6m×6m）	2.5
屋面	不上人的屋面	0.5
	上人的屋面	2.0
	屋顶花园	3.0
	屋顶运动场地	3.0

《全国民用建筑工程设计技术措施 结构》规定，室内地下室顶板必须考虑施工时堆放材料或作临时工场的荷载，该荷载宜控制在5.0kN/m^2以内。

在通常的建筑结构设计中，非人防地下室顶板的活荷载一般取4.0~5.0kN/m^2。上人屋面取2.0kN/m^2，不上人屋面取0.5kN/m^2。

GB 50010—2010《混凝土结构设计规范》第3.1.7条规定：设计时应明确结构的用途；在设计使用年限内未经技术鉴定或设计许可，不得改变结构的用途和使用环境。

部分暖居工程的设计方案将空气源热泵等设备放置在建筑屋面上（含地下室顶板、上人屋面和不上人屋面），改变了结构的用途，按照国家规范的规定，应经技术鉴定或原设计单位许可，否则不得重新使用。在暖居项目的开展过程中，有些设计单位不愿意对原建筑结构进行荷载复核，原因有两个：一是没有预留设备使用荷载；二是在施工和使用过程中的设计规范，设计单位难以把控。所以目前这类项目，基本都是通过第三方进行技术鉴定。

怎样布置设备对原建筑结构的安全性影响最小，或者对原建筑结构做最简单的加固就能满足规范要求，是重点研究的对象。

二、暖居设备作用屋面的分析

以某厂生产的空气源热泵为例，其产品参数见表4-19。

表4-19 某空气源热泵的产品参数

长/mm	宽/mm	高/mm	净重/kg	运行重量/kg
2306	1897	2270	1460	1606

按此设备核算，折合活荷载标准值为3.67kN/m^2。考虑设备管线等的布置，按活荷载标准值4.0kN/m^2进行计算。

设备的活荷载标准值基本在地下室顶板活荷载范围内，如果不新增建构筑物，在原结构施工符合规范的前提下，仅布置设备基础基本上是安全的。现对不上人屋面及上人屋面进行分析。

1. 不上人屋面

以某建筑的第3层楼面为例，不上人屋面按活荷载标准值0.50kN/m^2布置，其计算结果如图 4-18 所示。

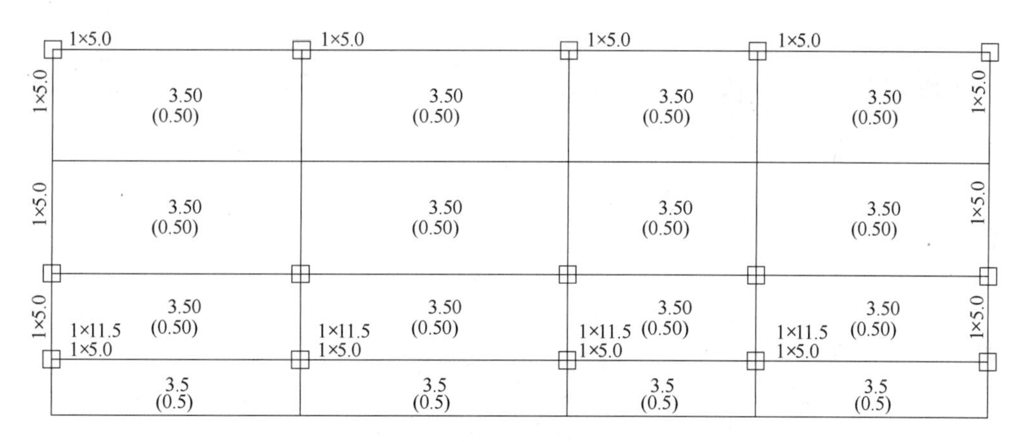

第3层梁柱节点输入及楼面荷载平面图(单位：kN/m²)

(活荷载值)[板自重](人防荷载)[楼梯荷载]

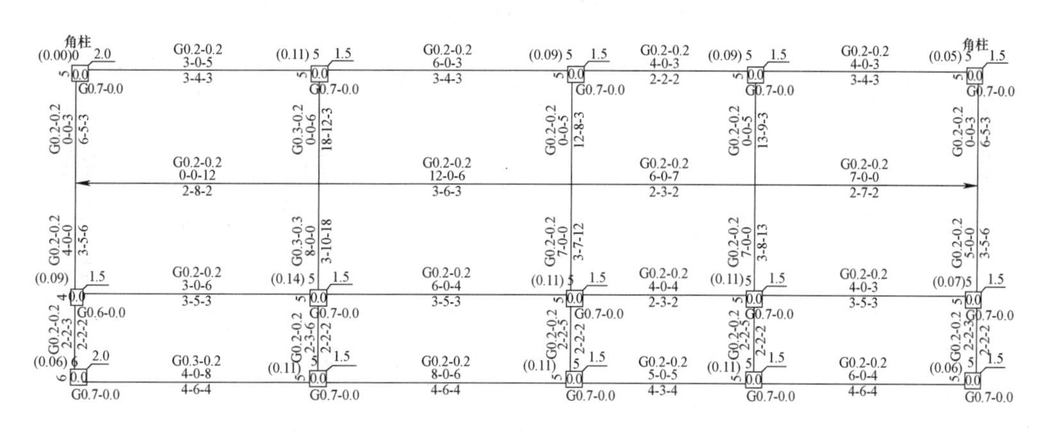

第3层混凝土构件配筋及钢构件应力比、下翼缘稳定验算应力简图(单位：cm²)

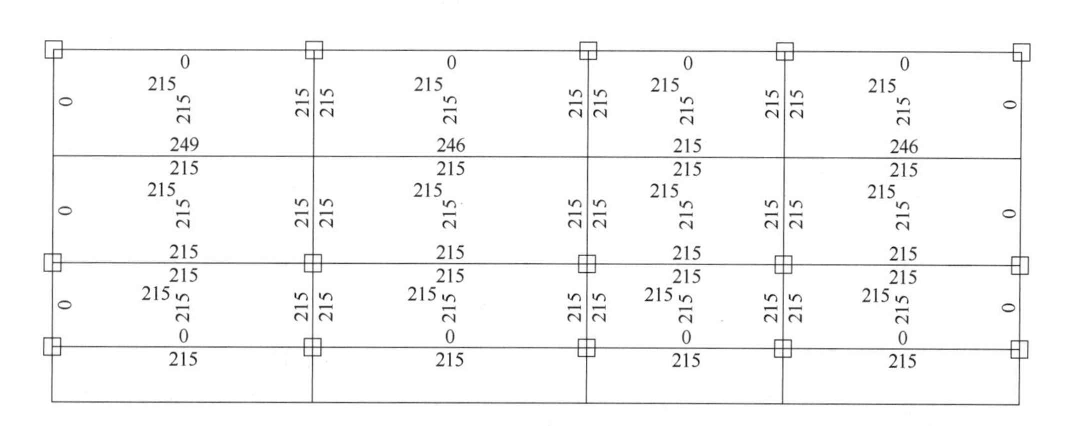

第3层现浇板钢筋面积图(单位：mm²)

图 4-18　活荷载标准值为 0.50kN/m² 时的计算结果

当加入设备活荷载 4.0kN/m² 时，布置在中间位置（大跨度）的计算结果如图 4-19 所示。

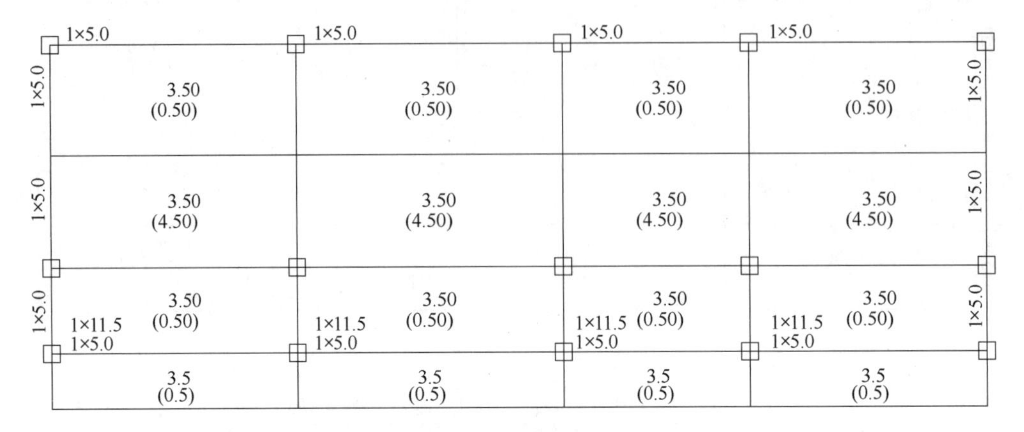

第3层梁柱节点输入及楼面荷载平面图(单位：kN/m²)

(活荷载值)[板自重]<人防荷载>{楼梯荷载}

角柱 角柱
(0.06)5 1.5 G0.2-0.2 3-0-5 3-4-3 (0.11) 5 1.5 G0.2-0.2 5-0-3 3-4-3 (0.09) 5 1.5 G0.2-0.2 4-0-3 2-2-2 (0.09) 5 1.5 G0.2-0.2 4-0-3 3-4-3 (0.06) 5 1.5
5 0.0 G0.7-0.0 5 0.0 G0.7-0.0 5 0.0 G0.7-0.0 5 0.0 G0.7-0.0 5 0.0 G0.7-0.0
G0.2-0.2 0-0-4 8-6-3 G0.4-0.4 4-0-7 22-16-3 G0.2-0.2 0-0-5 16-10-3 G0.3-0.2 2-0-6 18-12-3 G0.2-0.2 0-0-4 8-6-3
G0.4-0.3 0-0-16 2-12-3 G0.3-0.2 16-0-8 3-8-3 G0.2-0.2 8-0-9 2-4-2 G0.3-0.2 10-0-0 3-11-2
G0.2-0.2 5-0-0 3-6-8 G0.5-0.5 11-0-4 3-15-22 G0.4-0.3 8-0-0 3-10-16 G0.4-0.4 9-0-2 3-12-18 G0.2-0.2 5-0-0 3-6-8
(0.10) 1.5 G0.2-0.2 3-0-8 3-6-3 (0.15) 5 1.5 G0.2-0.2 8-0-5 3-6-3 (0.12) 5 1.5 G0.2-0.2 5-0-5 2-3-2 (0.12)5 1.5 G0.2-0.2 6-0-4 3-6-3 (0.08)5 1.5
4 0.0 G0.6-0.0 5 0.0 G0.7-0.0 5 0.0 G0.7-0.0 5 0.0 G0.7-0.0 5 0.0 G0.7-0.0
G0.2-0.2 2-2-4 2-2-2 G0.2-0.2 2-4-8 2-2-2 G0.2-0.2 2-3-6 2-2-2 G0.2-0.2 2-3-6 2-2-2 G0.2-0.2 2-2-4 2-2-2
(0.06) 6 2.0 G0.3-0.2 4-0-8 4-7-4 (0.11) 5 1.5 G0.2-0.2 8-0-6 4-6-4 (0.11) 1.5 G0.2-0.2 5-0-5 4-3-4 (0.11) 5 1.5 G0.2-0.2 6-0-4 4-6-4 (0.06) 5 1.5
6 0.0 G0.7-0.0 5 0.0 G0.7-0.0 5 0.0 G0.7-0.0 5 0.0 G0.7-0.0 5 0.0 G0.7-0.0

第3层混凝土构件配筋及钢构件应力比、下翼缘稳定验算应力简图(单位：cm²)

0 0 0 0
215 215 215 215
0 215 215 215 215 215 215 215 215 215 215 215 215 0
249 246 215 246
262 262 252 262
215 215 215 215
0 215 215 215 215 215 215 215 215 215 215 215 215 0
262 262 252 262
215 215 215 215
0 215 215 215 215 215 215 215 215 215 215 215 215 215 215 215 215 0
0 0 0 0
215 215 215 215

第3层现浇板钢筋面积图(单位：mm²)

图 4-19　加入设备活荷载的计算结果

对比原结构施工图，增加设备活荷载对原结构梁影响较大，图中画框位置为钢筋不满足要求处。板钢筋由于原板格分隔较小，能满足增加设备后的活荷载要求。

将设备活荷载布置在结构小跨度上的计算结果如图 4-20 所示。

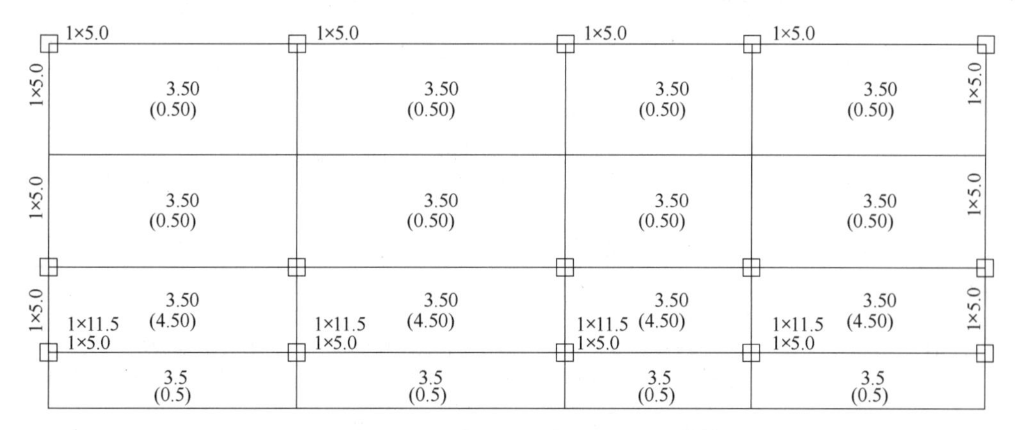

第3层梁柱节点输入及楼面荷载平面图(单位：kN/m^2)

(活荷载值)[板自重]<人防荷载>{楼梯荷载}

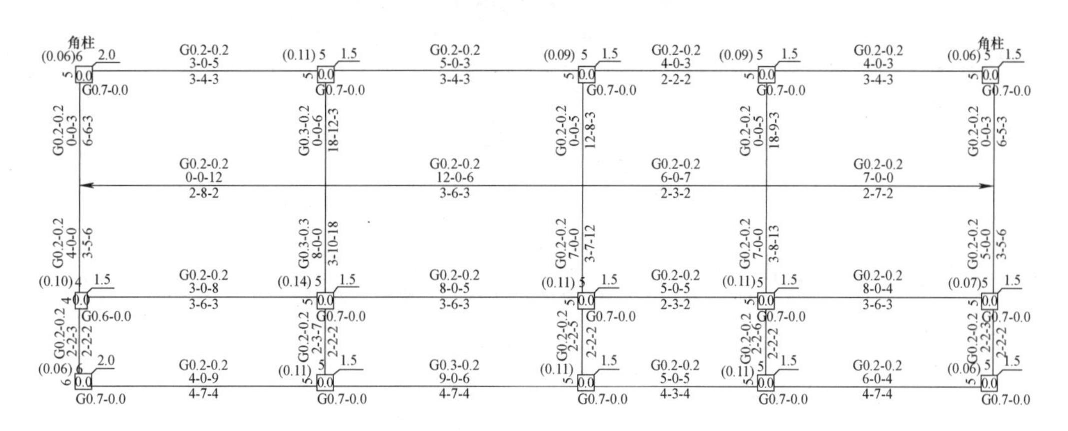

第3层混凝土构件配筋及钢构件应力比、下翼缘稳定验算应力简图(单位：cm^2)

第3层现浇板钢筋面积图(单位：mm^2)

图 4-20　活荷载布置在小跨度上的计算结果

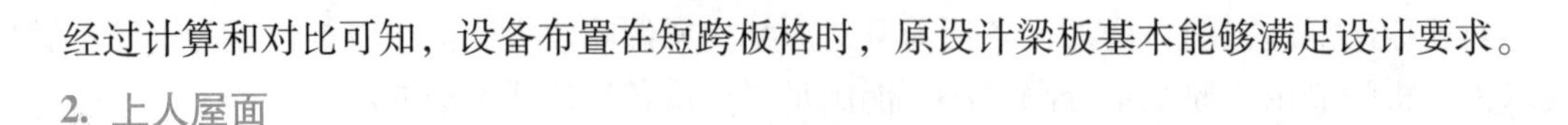

经过计算和对比可知，设备布置在短跨板格时，原设计梁板基本能够满足设计要求。

2. 上人屋面

上人屋面按活荷载标准值 2.0kN/m^2 布置，其计算结果如图 4-21 所示。

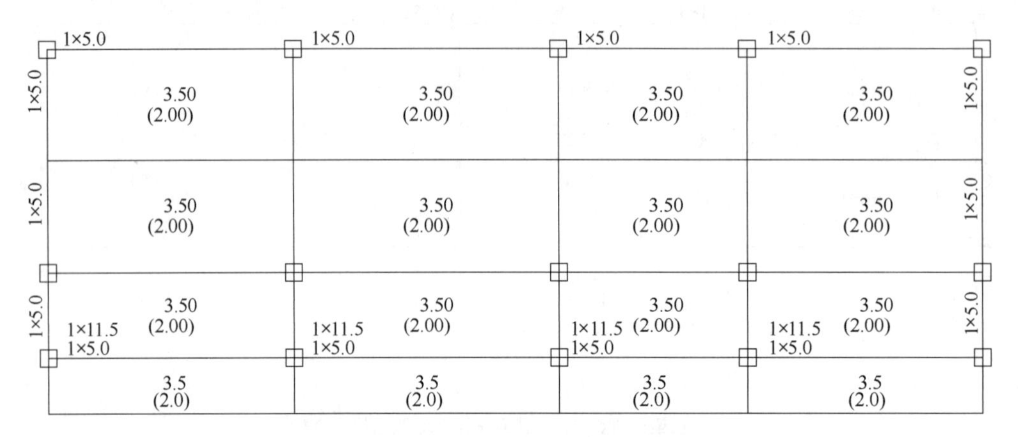

第3层梁柱节点输入及楼面荷载平面图(单位：kN/m^2)

(活荷载值)[板自重]<人防荷载>{楼梯荷载}

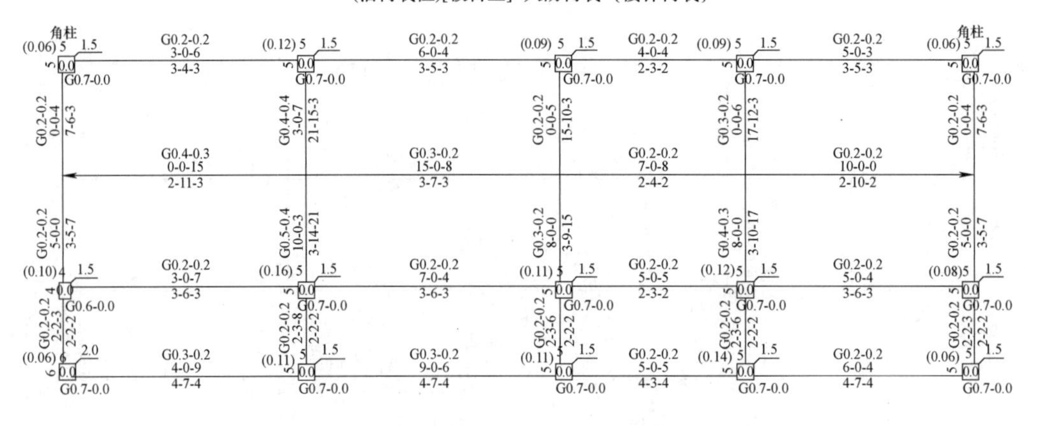

第3层混凝土构件配筋及钢构件应力比、下翼缘稳定验算应力简图(单位：cm^2)

第3层现浇板钢筋面积图(单位：mm^2)

图 4-21　活荷载标准值为 2.0kN/m^2 时的计算结果

当加入设备活荷载 4.0kN/m^2 时，布置在中间位置（大跨度）的计算结果如图 4-22 所示。

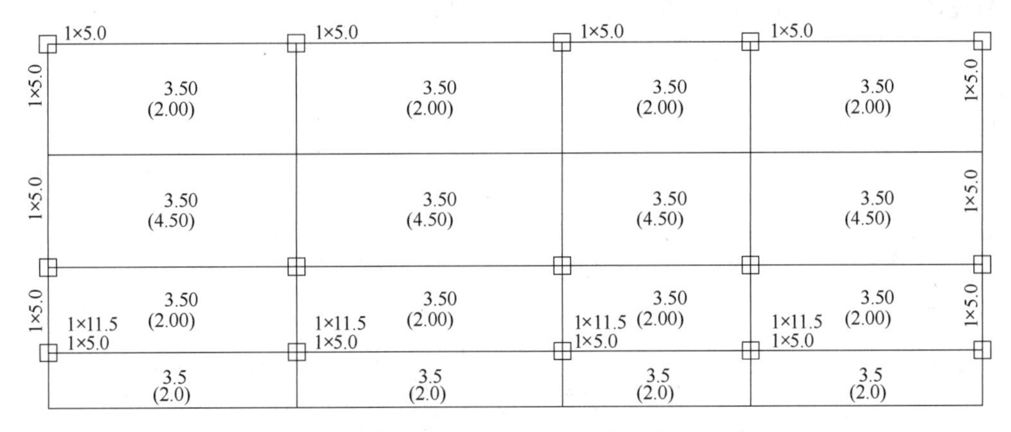

第3层梁柱节点输入及楼面荷载平面图(单位：kN/m²)

(活荷载值)[板自重]<人防荷载>{楼梯荷载}

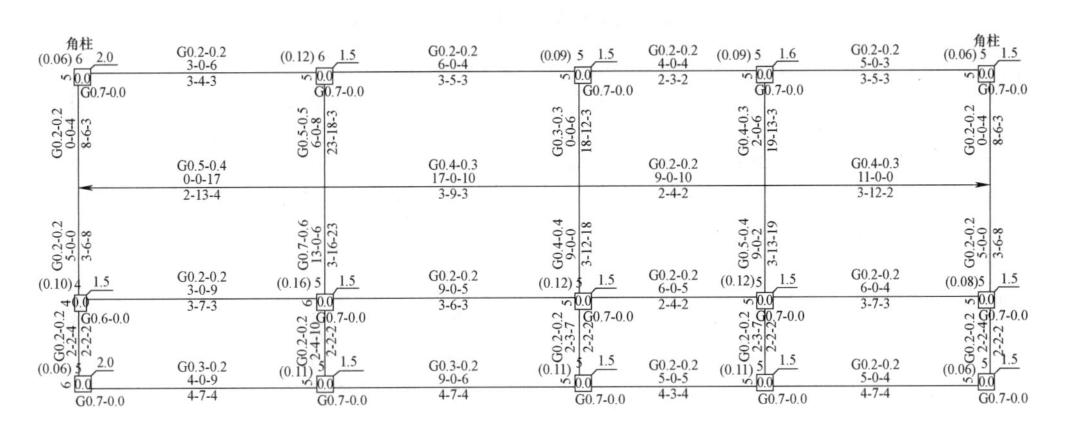

第3层混凝土构件配筋及钢构件应力比、下翼缘稳定验算应力简图(单位：cm²)

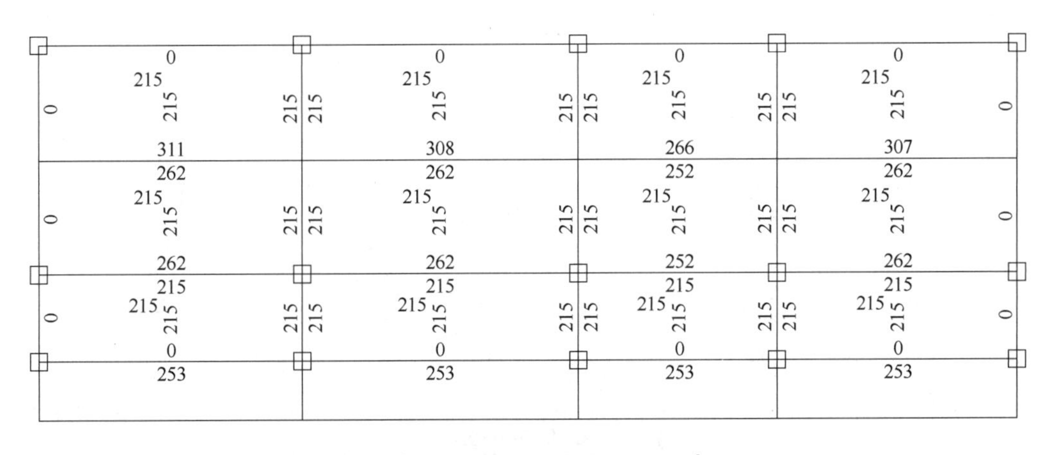

第3层现浇板钢筋面积图(单位：mm²)

图 4-22　加入设备活荷载的计算结果

对比原结构施工图，增加设备活荷载对原结构梁影响较大，图中画框位置为钢筋不满足要求处。板钢筋由于原板格分隔较小，能满足增加设备后的活荷载要求。

将设备活荷载布置在结构小跨度上的计算结果如图 4-23 所示。

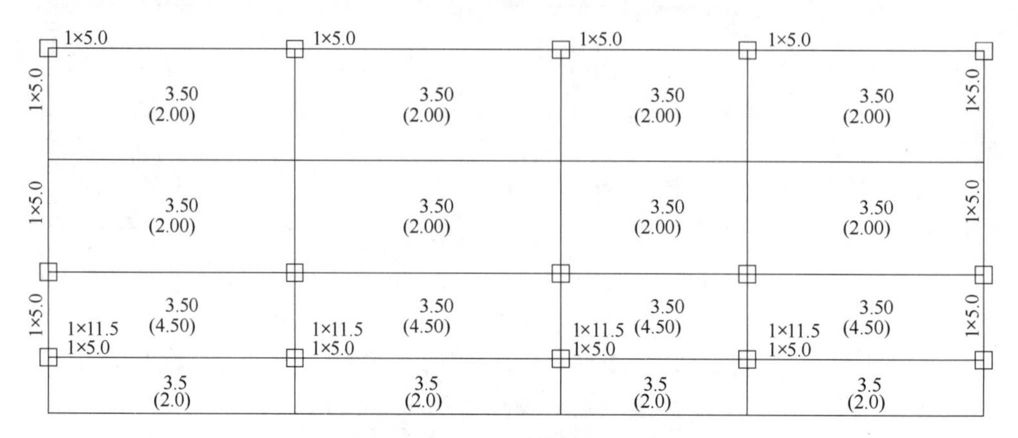

第3层梁柱节点输入及楼面荷载平面图(单位：kN/m²)

(活荷载值)[板自重]<人防荷载>{楼梯荷载}

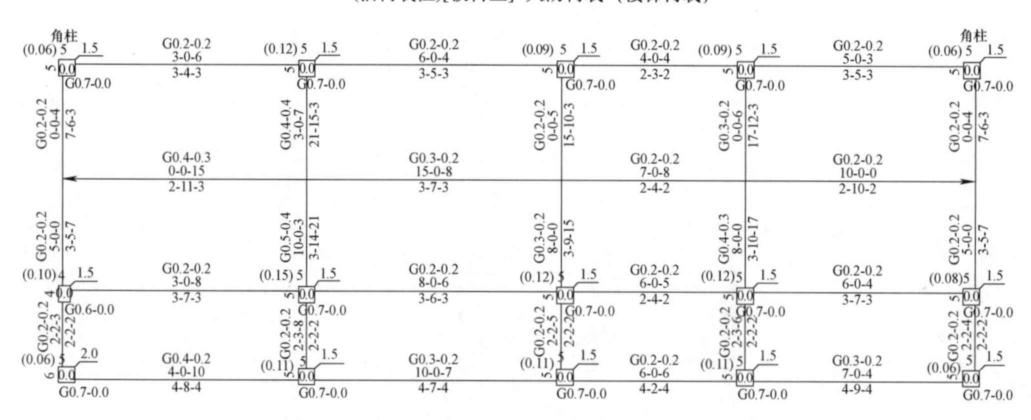

第3层混凝土构件配筋及钢构件应力比、下翼缘稳定验算应力简图(单位：cm²)

第3层现浇板钢筋面积图(单位：mm²)

图 4-23　活荷载布置在小跨度上的计算结果

经过计算和对比可知，设备布置在短跨板格时，原设计梁基本能够满足设计要求，板钢筋也能够满足设计要求。

三、结论与建议

1）暖居设备布置在原建筑结构上对原建筑结构安全性的影响，与原设计单位预留活荷载的大小，施工单位能否按图施工，业主能否按建筑使用要求使用等因素有关。相对来说，这是一个比较复杂的问题。在这种前提下，要在大方向上把握暖居设备布置的原则。

2）经研究分析，将暖居设备布置在屋面上时，首先考虑放在预留活荷载比较大的地下室顶板上，其次考虑放在上人屋面，最后考虑放在不上人屋面（上人屋面即有屋顶楼梯间通向楼面，人可以上去活动的屋面；不上人屋面即没有屋顶楼梯间通向楼面，正常情况下人不能够上去的屋面）。

3）暖居设备布置在屋面上时，应尽量布置在结构的小板格内，即结构柱密集处（一般认为跨度小于3m是小板格）。因为建筑结构中的小构件基本按照构造要求布置，虽然增加了活荷载，但是梁板变化不明显。

4）在建筑结构设计中，小板格一般出现在走廊顶、楼梯间顶及卫生间顶等位置。这些位置将楼板划分成小板格，对原结构安全性的影响较小。比如单面走廊式房屋和双面走廊式房屋，宜将暖居设备布置在走廊上。对于没有严格走廊的房屋，暖居设备宜布置在卫生间顶或者楼梯间顶。

5）如果很难找到小板格，建议将暖居设备尽量布置在结构柱附近（比如热水炉等重量大的设备附近），或将荷载尽量传到梁柱上。这样对原建筑结构安全性产生的影响较小，也可以采用较简单、低成本的加固方式来满足设计要求。

第六节　架空热力管道的保温设计

随着人民生活水平的不断提高，南方居民的供暖需求也在日益增加，中国燃气在南方首次提出暖居工程的概念，旨在为南方居民提供高质量的供暖服务。由于南方的建筑初期未规划集中供暖设施，需要新建热源站及供热管道，热源形式多为燃气锅炉或者燃气热泵，热源成本较高；供热管道多在地下车库采用架空敷设，保温材料的选择与优劣，直接影响到管道的保温质量与使用寿命。使用优质合理的保温材料，既可提高暖居工程的施工质量，又可延长供热管道的使用寿命。目前，我国架空热力管道常用的保温材料有闭孔橡塑泡沫、离心玻璃棉和岩棉及矿渣棉等。这里针对以上三种材料进行对比分析，本着经济合理的原则选取适合暖居工程架空管道的保温材料，以保证管网的保温性能和使用寿命。

一、相关规范及标准中关于保温材料的规定

GB 50264—2013《工业设备及管道绝热工程设计规范》中规定的绝热材料及其性能见表4-20。

表 4-20 绝热材料及其性能

序号	绝热材料名称	最高使用温度/℃	推荐使用温度/℃	使用密度/(kg/m³)	导热系数/[W/(m·℃)]
1	闭孔橡塑泡沫	105	≤60	40~80	$\lambda = 0.0338 + 0.000138T_m$
2	离心玻璃棉制品	350	≤300	≥45	$\lambda = 0.031 + 0.00017T_m$
3	岩棉及矿渣棉管壳	600	≤350	≤200	$\lambda = 0.0314 + 0.00018T_m$

注：1. 表中序号 2、3 的数据取自 GB 50264—2013《工业设备及管道绝热工程设计规范》。

2. T_m 为绝热层的内、外表面温度的算术平均值，外表面温度可近似取环境温度。

3. 表中序号 1 闭孔橡塑泡沫的数据取自 GB 50189—2015《公共建筑节能设计标准》。

二、绝热层厚度的计算与热力管道保温

1. 绝热层厚度的计算

绝热层厚度的计算原则是：室外热力管道架空敷设时应按经济厚度方法进行计算，绝热层厚度的计算公式参照 GB 50264—2013《工业设备及管道绝热工程设计规范》中的规定。

绝热层经济厚度 δ_1 的计算公式为

$$\delta_1 = \frac{D_1 - D_0}{2} \tag{4-16}$$

式中 δ_1——绝热层经济厚度（mm）；

D_1——绝热层外径（m）；

D_0——管道外径（m）。

D_1 可由下式计算得出：

$$D_1 \ln \frac{D_1}{D_0} = 3.795 \times 10^{-3} \sqrt{\frac{P_E \lambda t (T_0 - T_a)}{P_T S}} - \frac{2\lambda}{\alpha_s} \tag{4-17}$$

式中 P_E——能量价格（元/GJ）；

P_T——绝热结构单位造价（元/m³）；

λ——绝热材料在平均温度下的导热系数［W/(m·℃)］；

T_0——管道的外表面温度（℃），当无衬里时，取介质的正常运行温度；

T_a——绝热层的外表面温度（℃），运行期间取环境平均温度；

α_s——绝热层外表面的换热系数，室外取 23.72 W/（m·℃）；

S——绝热工程投资贷款年摊销率，按 10% 利率，六年还贷计算，取 22.96%；

t——年运行时间（h）。

绝热层外表面的散热损失 Q 由下式计算得出：

$$D_1 \ln \frac{D_1}{D_0} = 2\lambda \left[\frac{(T_0 - T_a)}{[Q]} - \frac{1}{\alpha_s} \right] \tag{4-18}$$

式中 Q——单位面积绝热层外表面的最大允许热损失（W/m²）。

2. 能源价格

暖居工程的热源主要有燃气空气源热泵和燃气冷凝锅炉。燃气热值取 35999kJ/m^3，燃气价格取 2.67 元/m^3，燃气空气源热泵的 COP 取 1.6，则该热源的成本为 46.35 元/GJ；燃气冷凝锅炉的热效率为 98%，则该热源的成本为 75.68 元/GJ。

3. 环境温度的选取

1）在计算室外管道架空敷设的绝热层经济厚度和散热损失时，环境温度应取历年运行期日平均温度的平均值。

2）单位面积绝热层外表面最大允许热损失量的选取见表 4-21。

表 4-21　单位面积绝热层外表面最大允许热损失量的选取

管道外表面温度 t_2/℃	单位面积绝热层外表面最大允许热损失量 Q/(W/m^2)
45	104.4
50	116
55	120.7
100	163

注：表中的数值摘自 GB 50264—2013《工业设备及管道绝热工程设计规范》。

三、室外架空热力管道保温材料的比较

暖居工程热源分为燃气空气源热泵和燃气冷凝锅炉，热源形式的不同决定了热源价格的差异。末端供热形式分为散热器和地盘管供热，末端散热设施的不同决定了介质温度的差异。根据热源形式和末端供热温度进行分类，以 DN100、DN150 和 DN200 三种管径管道为例，针对以上三种保温做法进行保温经济厚度及经济效益计算，以武汉地区为例，环境温度为 5.2℃，供暖时间为 90 天，热源分为燃气空气源热泵和燃气冷凝锅炉，计算结果见表 4-22。从保温费用、经济损失和施工难易程度综合来看，暖居工程室外架空热力管道最佳的保温材料为岩棉及矿渣棉管壳，其次是闭孔橡塑泡沫。

四、结论与建议

1）热源价格和介质温度都是影响架空热力管道保温厚度的重要因素。对于介质温度较低的暖居工程热力管道的保温，经济厚度最小的是闭孔橡塑泡沫，其次是离心玻璃棉制品和岩棉及矿渣棉管壳。

2）散热损失最小的是岩棉及矿渣棉管壳，其次是离心玻璃棉制品和闭孔橡塑泡沫。

3）离心玻璃棉制品由于施工现场条件较差，在选用时受到一定的限制；闭孔橡塑泡沫相对来说施工比较容易，施工周期也相对较短。

4）从保温费用和经济效益来看，暖居工程室外架空热力管道最佳的保温材料为岩棉及矿渣棉管壳，其次是闭孔橡塑泡沫。各管径的经济厚度可根据热源形式、供热温度和供热时间等因素分别计算并制定标准。

5）从经济性、施工便利性和材料经济厚度等方面综合比较，最适合暖居工程架空热力管道的保温材料是闭孔橡塑泡沫。

表 4-22 保温厚度经济分析表

热源形式	热水温度	管道管径	DN100			DN150			DN200		
		保温类型	闭孔橡塑泡沫	离心玻璃棉制品	岩棉及矿渣棉管壳	闭孔橡塑泡沫	离心玻璃棉制品	岩棉及矿渣棉管壳	闭孔橡塑泡沫	离心玻璃棉制品	岩棉及矿渣棉管壳
燃气空气源热泵/(46.35 元/GJ)	55℃	保温材料价格/(元/m^3)	1100	800	500	1100	800	500	1100	800	500
		经济厚度/mm	36.50	41.10	50.50	38.50	43.50	53.90	39.80	45.00	56.00
		保温投资/(万元/km)	3.37	3.15	3.00	5.11	4.32	4.05	6.45	5.41	5.02
		单位面积绝热层外表面热损失量/(W/m^2)	39.50	32.85	26.30	39.54	32.87	26.23	39.47	32.88	26.23
		散热损失/[GJ/(年·km)]	180.64	157.61	138.26	236.82	204.90	176.83	287.86	248.15	212.05
		散热经济损失/[万元/(年·km)]	0.71	0.62	0.54	0.93	0.81	0.69	1.13	0.98	0.83
		经济效益/[万元/(年·km)]	1.05	0.93	0.84	1.44	1.24	1.10	1.78	1.52	1.34
	45℃	保温材料价格/(元/m^3)	1100	1000	500	1100	1000	500	1100	1000	500
		经济厚度/mm	32.80	36.90	45.50	34.50	38.90	48.50	35.50	40.30	50.20
		保温投资/(万元/km)	3.08	3.23	2.75	5.74	5.96	4.67	5.40	5.64	4.63
		单位面积绝热层外表面热损失量/(W/m^2)	35.00	29.04	23.20	35.03	29.09	23.10	35.07	28.98	23.14
		散热损失/[GJ/(年·km)]	153.74	133.37	116.30	307.91	174.80	149.64	248.41	212.07	180.52
		散热经济损失/[万元/(年·km)]	0.60	0.52	0.46	1.21	0.69	0.59	0.98	0.83	0.71
		经济效益/[万元/(年·km)]	0.91	0.85	0.73	1.78	1.28	1.05	1.52	1.40	1.17

燃气冷凝锅炉/(75.68 元/GJ)	55℃	保温材料价格/(元/m³)	1100	800	500	1100	800	500	1100	800	500
		经济厚度/mm	45.20	50.70	62.10	48.00	54.00	66.50	49.70	56.10	69.40
		保温投资/(万元/km)	4.10	3.79	3.59	6.22	6.09	4.07	7.83	7.63	5.95
		单位面积绝热层外表面热损失量/(W/m^2)	30.86	25.69	20.54	30.86	25.69	20.54	30.90	25.69	20.52
		散热损失/[GJ/(年·km)]	154.24	135.30	119.61	199.15	173.31	151.11	240.30	207.81	179.32
		散热经济损失/[万元/(年·km)]	0.61	0.53	0.47	0.78	0.68	0.59	0.94	0.82	0.70
		经济效益/[万元/(年·km)]	1.02	0.91	0.83	1.40	1.29	1.00	1.73	1.58	1.30
	45℃	保温材料价格/(元/m³)	1100	1000	500	1100	1000	500	1100	1000	500
		经济厚度/mm	40.70	45.60	56.10	43.10	48.50	59.90	44.60	50.20	62.30
		保温投资/(万元/km)	3.72	3.90	3.28	6.97	7.25	5.56	6.48	6.75	5.45
		单位面积绝热层外表面热损失量/(W/m^2)	27.37	22.73	18.10	27.37	22.69	18.11	27.35	22.73	18.12
		散热损失/[GJ/(年·km)]	130.78	114.05	100.10	252.08	146.98	127.39	205.88	177.32	152.06
		散热经济损失/[万元/(年·km)]	0.51	0.45	0.39	0.99	0.58	0.50	0.81	0.70	0.60
		经济效益/[万元/(年·km)]	0.89	0.84	0.72	1.69	1.30	1.06	1.46	1.37	1.14

第七节　暖居工程入户装置的优化设计

新建建筑中，入户装置一般都安装在每一楼层的水暖井内，供暖供回水管从单元立管中引出，通过支管进入每一用户。在支管上一般安装有关断或是调节用的阀门、过滤器以及热量装置等。供暖系统是一个复杂的系统，受多个因素的影响，并且现在住宅楼层普遍较高，20 层以上的居住建筑居多。如果不同楼层的用户不装设调节装置，就会出现明显的垂直水力失调现象。

目前，入户装置已有比较成熟的做法，但是这种做法都是针对集中供暖系统的，根据现行的《供热计量技术规程》的要求，需要在楼层入户装置处装设热计量装置，但中国燃气新推出的暖居工程，属于分散式供暖，不需要安装热计量装置。因此，需要针对已成熟的入户装置进行优化设计，在保证不同楼层用户水力平衡的条件下实现降本增效。

一、相关规范及标准中关于阀门的规定

GB 50736—2012《民用建筑供暖通风与空气调节设计规范》第 5.9.4 条规定，供暖干管和立管等管道（不含建筑物的供暖系统热力入口）上阀门的设置应符合下列规定：

1）供暖系统的各并联环路，应设置关闭和调节装置。

2）当有冻结危险时，立管或支管上的阀门至干管的距离不应大于 120mm。

3）供水立管的始端和回水管的末端均应设置阀门，回水立管上还应设置排污、泄水装置。

4）共用立管分户独立循环供暖系统中，应在连接共用立管的进户供、回水支管上设置关闭阀。

二、国标图集做法

1）《暖通动力施工安装图集》（10R504）中有关入户装置的做法如图 4-24 所示。

从图 4-24 可以看出，供水管上仅安装了一个球阀（关断用），回水管上分别设置了锁闭调节阀（调节用）、过滤器、热量表、球阀（关断用）。

2）《热水集中采暖分户热计量系统施工安装》（04K502）中有关入户装置的做法如图 4-25 所示。

图 4-25 中，供水管上依次装有球阀（关断用）、过滤器、球阀（检修用）；回水管上依次装有球阀（检修用）、过滤器、热量表、球阀（关断用）。

两图中均在靠近供回水立管处设置了一个关断用的球阀。回水管上设置的阀门附件基本相同，只是图 4-24 中过滤器前用了一个锁闭调节阀，同时起到关断与调节的作用，而图 4-25 中过滤器前仅使用了一个球阀。在供水管上，图 4-24 的设置更加简洁，没有设置过滤器以及检修用的球阀。

三、结论与建议

（1）设计原则　结合相关标准规范和图集中的规定与做法，入户装置阀门附件的设计原则如下：

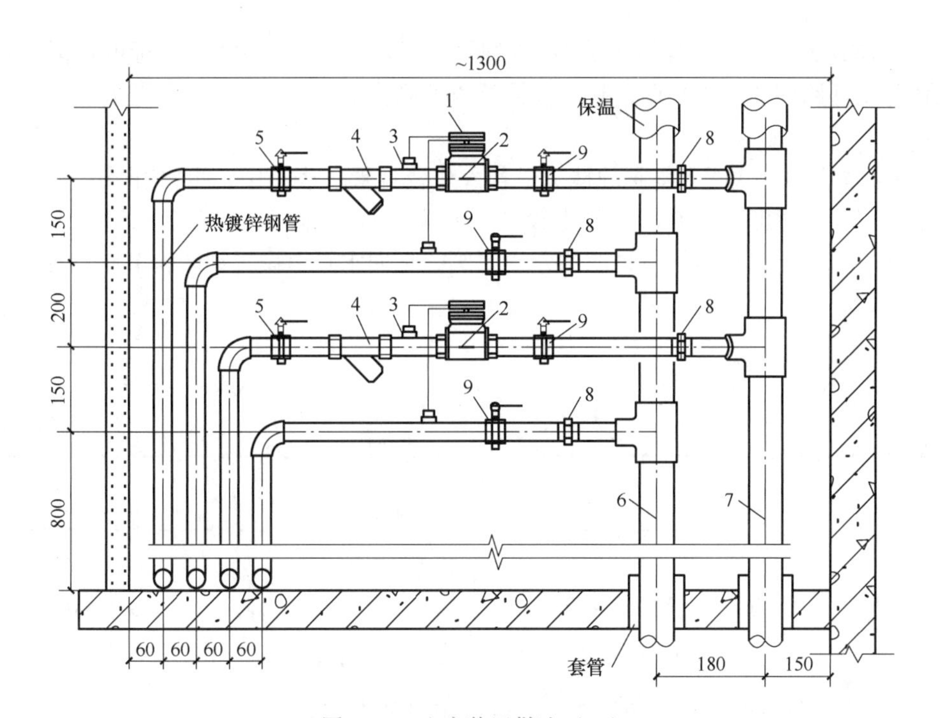

图 4-24　入户装置做法（一）

1—积分仪　2—流量计　3—温度传感器　4—过滤器　5—锁闭调节阀　6—供水立管　7—回水立管　8—活接头　9—球阀

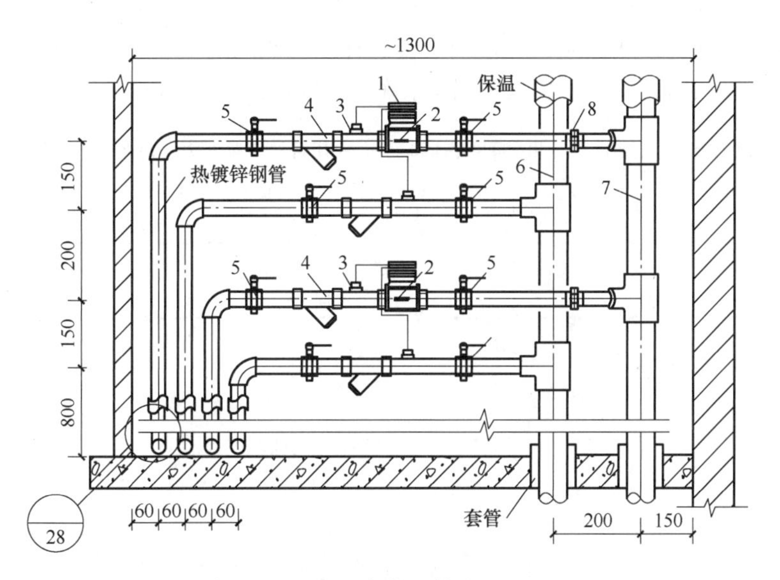

图 4-25　入户装置做法（二）

1—积分仪　2—流量计　3—温度传感器　4—过滤器　5—球阀　6—供水立管　7—回水立管　8—活接头

1）入户阀门组不设置热计量装置。

2）不同楼层的各并联环路为保持水力平衡，应设置关闭和调节用的阀门。

3）入户阀门组处设置过滤装置，避免杂质堵塞管道，造成循环不畅。

（2）基本结论　暖居工程属于分散式供暖，在以降本增效为根本目标的同时，保证供暖系统各并联环路间的水力平衡，建议根据建筑的高度对楼层的热力入口进行优化设计，结论如下：

1）不设置户用物联网平衡阀的情况：若入户装置置于表箱中，可沿介质流动方向在供水管上设置球阀、过滤器，在回水管上设置手动调节阀、球阀。若整套阀组未设置在表箱中，则可在供水管上设置球阀、过滤器、锁闭阀，在回水管上设置锁闭调节阀、球阀。具体做法如图4-26所示。

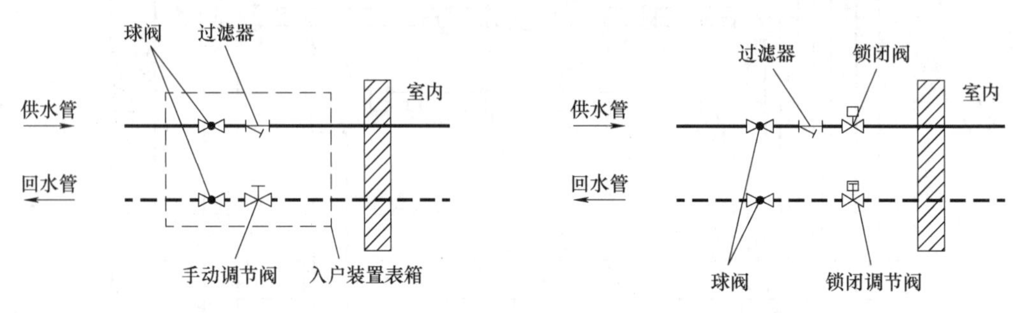

图4-26　入户装置配置（不设置户用物联网平衡阀）

2）设置户用物联网平衡阀的情况：若阀门组设置在表箱中，可沿着介质流动方向在供水管上设置测温球阀、过滤器，在回水管上依次设置球阀、户用物联网平衡阀、球阀。若阀门组未设在表箱中，则在供水管上设置锁闭阀（带测温功能）、过滤器，在回水管上依次设置锁闭阀、户用物联网平衡阀、球阀。具体做法如图4-27所示。户用物联网平衡阀与供水管上的测温球阀之间有接线，应保证接线不被破坏。若阀门组安装在人员够不到的地方，可不采用表箱；若阀门组的安装位置人员可以接触到，建议采用表箱。

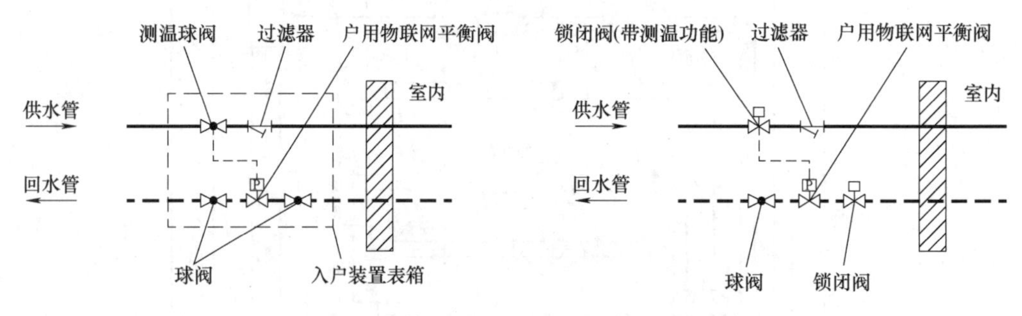

图4-27　入户装置配置（设置户用物联网平衡阀）

第八节　暖居工程滤网装置的优化

一、热力系统的除污

1. 概述

供暖热力系统在运行中经常出现系统堵塞的情况，主要原因是在安装施工过程中残留的焊渣、泥沙、编织袋等杂物进入室内外热力管网、散热器等，并且没有进行有效清除。

除污器是热力系统运行中必不可少的基础设备之一。除污器可以过滤和清除掉热力系统中的杂质、污物，以保证系统水质符合要求。因此，除污器具有的作用如下：一是过滤杂质、污物；二是及时排除杂质、污物，以保证水质清洁，减少水流阻力，从而防止锅炉、换热器、散热器及管路堵塞，维持热力系统的经济、安全运行。

2. 除污器的分类

除污器的分类方式有很多，例如按除污原理、外形尺寸（卧式、立式）等都可以进行分类。这里主要按照除污原理进行分类，可分为滤网型除污器、密度型除污器。

（1）滤网型除污器　滤网型除污器主要利用过滤网的作用将热力系统中一定直径以上的杂质去除。滤网型除污器的过滤原理示意图如图4-28所示。常见的滤网型除污器有Y型过滤器（见图4-29）和立式筒型过滤器（见图4-30）。

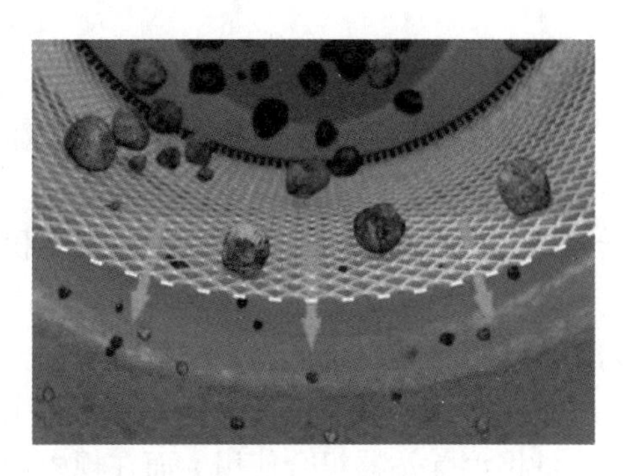

图4-28　滤网型除污器的过滤原理示意图

滤网型除污器的主要优点是：体积小；价格便宜；初次循环即可过滤；清洗方便，无须卸下阀体就可以清理和更换内部滤网。

滤网型除污器的主要缺点是：过滤精度不高，一般可以分离的杂质颗粒直径最小为400～500μm；手动清洗滤网型除污器时，需要打开阀盖拆卸滤网；这种类的除污器需要定期频繁清洗滤网，如果清洗不及时，会逐渐造成堵塞，进而导致压损增加。

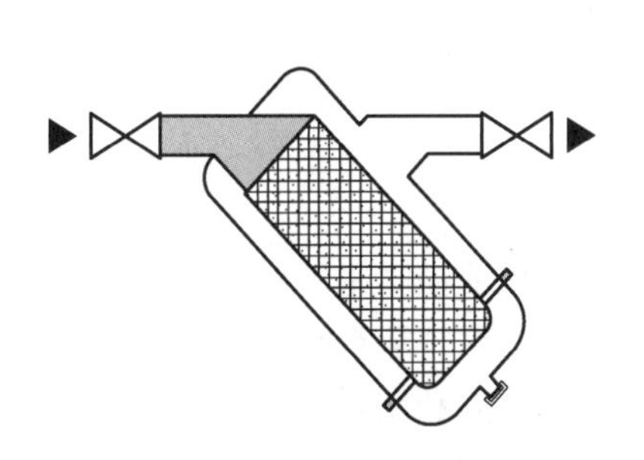

图4-29　Y型过滤器的工作原理

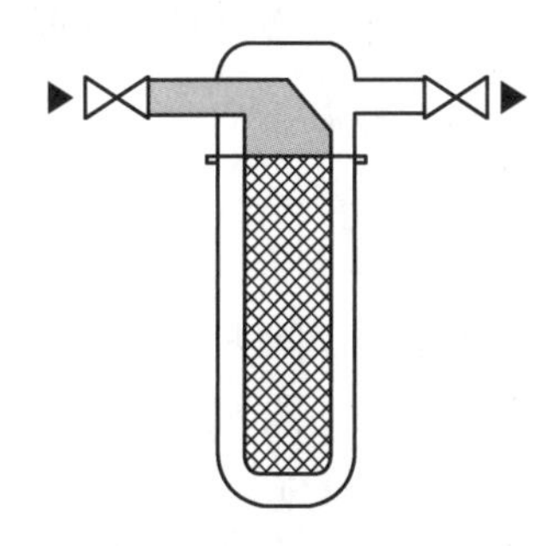

图4-30　立式筒型过滤器的工作原理

（2）密度型除污器　密度型除污器基于杂质的密度大于水的密度，利用自然重力或离心力将热力管网中的杂质去除。密度型除污器又分为重力型和离心型两种，如图4-31和图4-32所示。

1）重力型除污器：由于除污器内部面积比管道截面积大，水流变缓，杂质会因自身重力而下落到收集舱。

2）离心型除污器：水流在除污器内部构造作用下作螺旋运动（旋转）。较重的杂质在离心力的作用下被甩向装置的四壁，然后在重力作用下下降；水在向下流一段距离后转而向上，而残留物则沉积在装置的底部。要让此装置有效发挥作用，必须保证速度具有一定的稳定性。

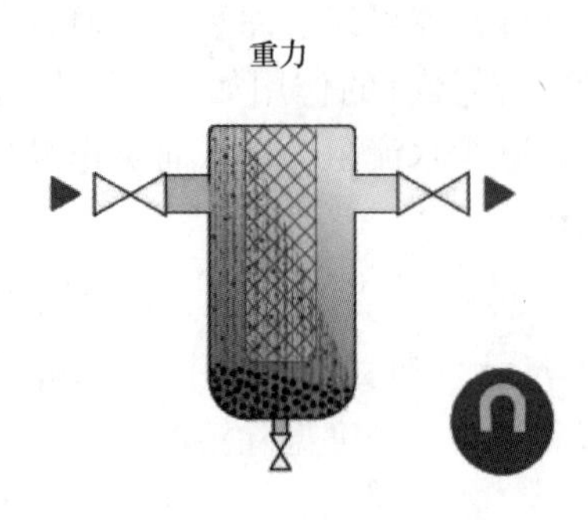

图 4-31 重力型除污器的工作原理

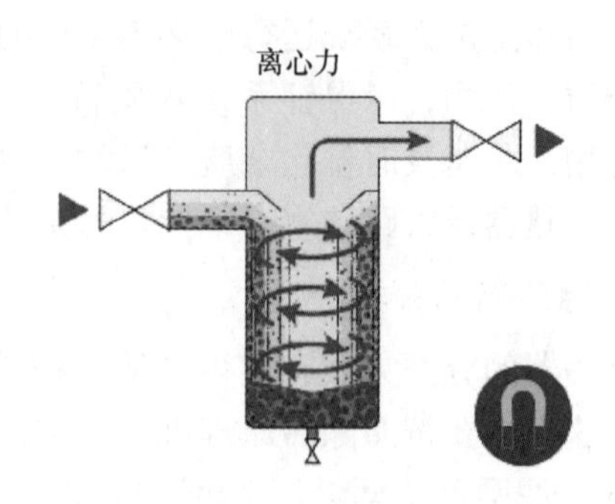

图 4-32 离心型除污器的工作原理

密度型除污器的主要优点是：维护简单，基本不会出现堵塞；极少需要清洗；系统运行中就可以排出杂质；可与磁环配套使用，利用磁体可以分离出粒径 5μm 以上的颗粒（磁性杂质）。其主要缺点是：一般来说，体积较大，对安装占地面积要求高；只有经过多次循环，才能达到最大除污效果；水流的最高流度受限，分离效果随着水流速度的放缓而提高，如果水流推拉速度降低，颗粒更容易被分离出来。

根据工程经验及各类除污设备的特点，一般来说，在规模较大的热力系统中会将重力型、滤网型除污器组合使用。而在规模较小的分散式小区供暖热力系统中，为了节省投资和占地面积，一般常使用滤网型除污器进行系统除污。

中燃暖居工程主要是以居民小区、公共建筑的分散式供暖为主，供暖热力系统的规模较小，根据工程经验，系统除污使用造价低、占用空间小的滤网型除污器即可。这里主要对滤网型除污器的性能进行研究，研究结果可以为暖居工程提供理论及技术支撑；并关注暖居工程供暖系统二次网中除污器的安装位置和过滤精度（滤网孔径）。

二、除污器的安装

1. 除污器的安装位置

除污器的作用是用于除去水系统中的杂质和污物，保证供暖系统的安全、稳定运行。也就是说，供暖系统的除污器既要保障系统安全，又要保证系统运行稳定。

基于这种原则，供暖系统的除污器一般安装在热源站内和用户端入户处。在热源站内安装除污器，主要是为了保障热源站内设备的安全；在用户端入户处安装除污器，主要是为了保证系统管道最小通流面积处（户内管道及散热器）不出现堵塞，从而保证系统运行的稳定。

热源站内的除污器主要是为了保障热源站内设备的安全，这些设备包括水泵、板式换热器等通流面积较小的设备。根据站内管道的管径大小及场地安装空间的情况，选择使用 Y 型除污器或卧式（或立式）过滤除污器，如图 4-33 所示。一般情况下，DN200 以下的管道建议使用 Y 型除污器。除污器一般安装在水泵及板式换热器入口处。

单元立管和入户处供水管道的除污器一般使用 Y 型除污器，安装于单元立管和入户前供水管上，其作用是防止杂质和污物进入用户室内的管道和散热器中。某暖居项目用户端入户前供水管道除污器的安装情况如图 4-34 所示。

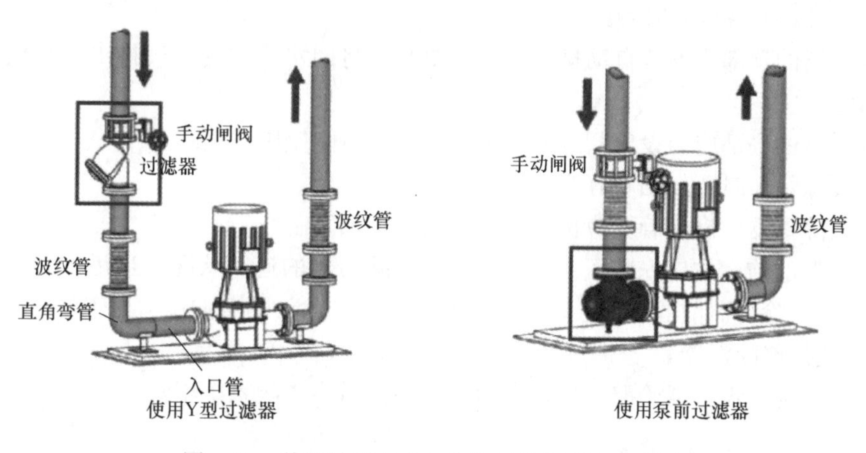

图 4-33　热源站循环水泵前除污器的安装示意图

图 4-34　用户端入户前供水管道除污器的安装情况

2. 除污器安装过程中容易出现的问题及注意事项

（1）易出问题　根据工程经验，除污器安装过程中容易出现以下问题：

1）除污器安装在管沟内，无法及时排出污物，拆修也不方便。

2）除污器上部不安装自动排气阀，空气无法排出，随水进入锅炉及管网。

3）除污器上没有安装排污阀，或者用截止阀代替排污阀，这些情况都会导致不能排出污物。

4）除污器的进、出水口装反，污物不能排出，使除污器失去了应有的作用。

5）立式除污器的出水管眼不按设计要求加工，因数量太少而影响水流量。

6）除污器前后没有安装压力表，无法判断除污器的运行情况是否正常。

7）除污器前没有安装旁通管路，在检修除污器时系统无法正常运行。

（2）注意事项　除污器正确安装时应注意以下几点：

1）除污器应安装在总回水管循环水泵的吸入口前。除污器不应设置在管沟内，最好安装在泵房间，以利于排污和检修。

2）除污器的顶部应安装自动排气阀，以便及时将回水管中的空气排出，避免其进入锅炉和用户系统。

3）除污器的底部应装设球阀或快速排污阀，但不能使用截止阀。

4）安装除污器时要仔细看好进、出水口，不得装反。

5）立式除污器的出水管孔应按设计图样的要求加工制作。

6）除污器的前后均应安装压力表，以便观察除污器的运行状况。当污物太多导致除污器堵塞严重时，除污器前的压力会比正常运行时偏大，除污器后的压力比正常时偏低，这时就需要排污或拆修除污器。

7）除污器前应设旁通管路，以便在检修除污器时不影响系统正常运行。

三、除污器过滤网的使用

1. 衡量过滤精度的参数

过滤精度是指除污器能够拦截及清除水中最小颗粒物粒径的能力指标。关于过滤精度的单位，老式除污器采用英制单位，称为“目”；新式除污器用 mm 作为过滤精度的单位。

在泰勒标准筛中，所谓网目就是 25.4mm（1in）长度中的网孔数目，简称目。目是指在 25.4mm（1in）的长度范围内一共有多少个孔排列，并不是指 $25.4mm^2$ 面积上的网孔数，它是在长度维度上的衡量。比如一个田字形，左边两个孔的总长度是 25.4mm，那么就是 2 目，而不是 4 目。目数越大孔径就越小。网目的计算方法是：过滤网目数 =25.4/(丝径 + 孔径)。其中丝、孔径的单位均为 mm。

常见网筛目数与网孔直径对照见表 4-23。

表 4-23　常见网筛目数与网孔直径对照

网筛目数	150	60	50	40	35	28	20	15	9	6	5	4	3
网孔直径/mm	0.1	0.2	0.3	0.4	0.5	0.6	0.8	1	2	3	4	5	6

2. 滤网孔径的选择

（1）滤网精度的确定原则　除污器精度较高时，循环水的水质较好，不但对供热系统设备管道及其附件磨损较小，也不易造成系统堵塞。同时，在循环水流速相对较低处，也不易形成沉积物，可避免加重腐蚀及结垢。但是，过高的除污器精度则会使水流阻力增大，且供热系统首次运行时易堵塞。反之，如果除污器精度设计过低，则会造成大颗粒杂质进入水泵及换热器内部，对系统的安全、稳定运行及使用寿命会有影响；但在供热系统首次运行及管网冲洗过程中，除污器则不易被堵塞，水流阻力小。

（2）行业相关规定　国家标准 GB 50736—2012《民用建筑供暖通风与空气调节设计规范》的第 8.6.4 款第 2 条明确规定：“水泵或冷水机组的入口管道上应设置过滤器或除污器。”在相关条文解释中的描述如下：“为了避免安装过程的焊渣、焊条、金属碎屑、砂石、有机织物以及运行过程产生的冷却塔填料等异物进入冷凝器和蒸发器，宜在冷水机组冷却水和冷冻水入水口前设置过滤孔径不大于 3mm 的过滤器。对于循环水泵设置在冷凝器和蒸发器入口处的设计方式，该过滤器可以设置在循环水泵进水口。”

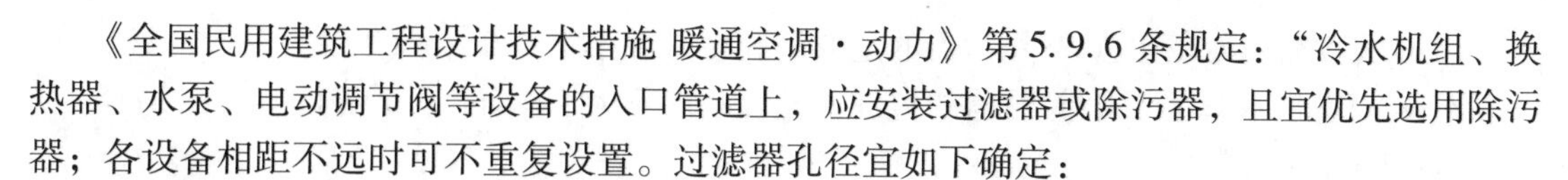

《全国民用建筑工程设计技术措施 暖通空调·动力》第5.9.6条规定：“冷水机组、换热器、水泵、电动调节阀等设备的入口管道上，应安装过滤器或除污器，且宜优先选用除污器；各设备相距不远时可不重复设置。过滤器孔径宜如下确定：

水泵进口：4mm；

空气处理机组和新风机组进口：2.5mm；

风机盘管进口：1.5mm。”

国家标准图集《除污器》（03R402）中过滤器滤芯的滤网精度为18目（0.9mm）。

国家标准图集《变角形过滤器》（92R423）中对过滤器有如下规定：“一般热水采暖系统过滤网为20目（0.8mm），如用户有特殊要求可在10目（1.5mm）~100目（0.15mm）范围内任选。”

山东省建筑设计标准《集中采暖住宅分户热计量系统设计与安装》（L02N907）中有如下规定：

总热力入口的供水管上应设置两级过滤器，一级应为3.0mm孔径的粗过滤器，二级宜为60目的精过滤器，回水管上应设置不小于60目的过滤器。入户装置的过滤器不低于60目。

采用户用热量表方式时，户内系统入户装置应包括供水管上的锁闭调节阀（或手动调节阀）、户用热量表、滤网规格不低于60目的水过滤器及回水管上的锁闭阀（或其他关断阀）等部件；采用热分配表计量方式时，户内系统入户装置应包括供水管上的锁闭调节阀（或手动调节阀）、滤网规格不小于60目的水过滤器及回水管上的锁闭阀（或其他关断阀）等部件。

北京市地方标准DBJ 01—619—2004《供热采暖系统水质及防腐技术规程》规定，循环水旁通进水管上设滤径为3mm的过滤器。

万达集团的《万达酒店空调、采暖水系统通用阀门设计标准》（2011）对于过滤器的相关规定如下：

“过滤器的过滤等级：空调采暖水系统水泵吸入口处过滤器过滤精度20目（孔径0.9mm），制冷/换热设备入口处过滤器过滤精度30目（孔径0.6mm）。

过滤器的类型：冷却水系统采用螺旋除污器，其他系统采用‘Y’型过滤器。”

四、结论与建议

根据众多标准、规范对除污器网孔的相关要求，并充分考虑北方成熟供暖区域的工程实践经验，对于暖居工程供暖系统除污器的安装位置和过滤网孔径给出如下结论与建议：

1）除污器的安装位置：

① 在热源站二网循环水泵入口前安装除污器。

② 在板式换热器二次侧入口前安装除污器。

③ 单元楼栋立管供水管上安装Y型除污器。

④ 入户前供水管上安装Y型除污器。

2）除污器的过滤网孔径：

① 二网循环水泵前除污器的过滤网孔径一般不大于3mm（6目）。

② 板式换热器二次侧前除污器的过滤网孔径一般不大于2mm（9目）。

③ 单元立管供水管上 Y 型除污器的过滤网孔径一般不大于 2mm（9 目）。

④ 入户前供水管上 Y 型除污器的过滤网孔径一般不大于 1mm（15 目）。

3）其他说明：

① 为节省投资，二网循环水泵前的除污器和板式换热器二次侧入口处的除污器可以考虑合并设置，例如仅在水泵前设置一个除污器即可，但过滤网孔径应以小孔径为准，建议不大于 2mm（9 目）。

② 为节省投资，楼栋立管供水管上的除污器和入户前供水管上的除污器可以考虑合并设置，例如仅在入户前供水管上设置除污器即可，过滤网孔径建议不大于 1mm（15 目）。

③ 为减少安装空间，建议公称直径小于 DN200 的管道均使用 Y 型过滤器，公称直径大于 DN200 的管道视具体情况选择 Y 型过滤器或其他形式的过滤器（立式、卧式）。

第九节　单元热力入口装置的设计

室外热网与单元楼栋立管系统连接的节点称为单元热力入口。安装单元热力入口的目的是为了对本楼栋系统进行调节、检测和计量。

一、相关规范及标准中关于热力入口的规定

《民用建筑供暖通风与空气调节设计规范》第 5.9.3 条规定，集中供暖系统的建筑物热力入口，应符合下列规定：

1）供水、回水管道上应分别设置关断阀、温度计、压力表。

2）应设置过滤器及旁通阀。

3）应根据水力平衡要求和建筑物内供暖系统的调节方式，选择水力平衡装置。

4）除多个热力入口设置一块共用热量表的情况外，每个热力入口处均应设置热量表，且热量表宜设在回水管上。

为便于安装和检修，单元热力入口装置应尽量采用明装方式，可安装在楼梯间、库房或者辅助房间内。如明装困难时，可安装在入口地沟内，但地沟盖板应方便活动，地沟内检修宽度不应小于 0.6m。当热力入口装置材料较多时，应设置专用检查井。

单元热力入口处的阀门除特别说明外，通常按以下原则选用：管径不小于 DN100 的管道采用全焊接球阀或蝶阀，管径小于 DN100 的则采用全焊接球阀或闸阀。

二、平衡调节

应在热源站与建筑物单元热力入口处设置物联网平衡阀，并根据室外管网水力平衡计算预设物联网平衡阀的初始开度，应选择与管路同尺寸的平衡阀。

三、单元热力入口装置的设计

根据规范要求及后期运行等因素，单元热力入口装置供水管的做法是焊接球阀 + Y 型过滤器 + 焊接球阀，而回水管的做法是焊接球阀 + 物联网平衡阀 + 焊接球阀，如图 4-35 所示。

热力入口装置的管径要求见表4-24。

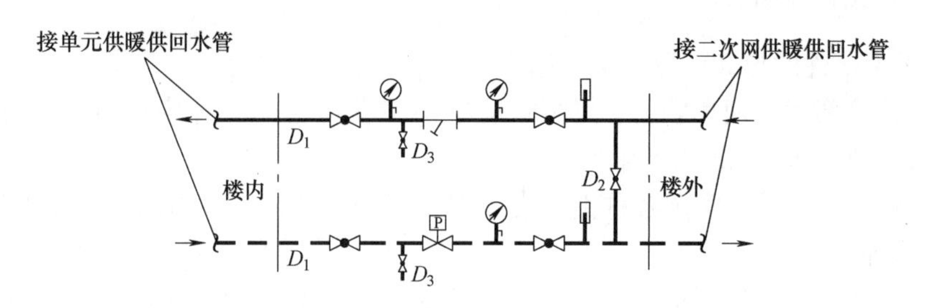

图4-35　单元热力入口装置大样图（含单元物联网平衡阀）

表4-24　热力入口装置的管径要求

供回水管管径 D_1	DN32	DN40	DN50	DN65	DN80	DN100	DN125	DN150
连通管管径 D_2	DN25	DN25	DN25	DN25	DN32	DN40	DN40	DN50
泄水管管径 D_3	DN20	DN20	DN25	DN25	DN32	DN32	DN32	DN40

单元热力入口装置是单元立管与庭院管网之间的分界线，各阀门管道均承担相应功能。例如供、回水管之间的连通管主要在冲洗外网以及热源站最低流量再循环时使用，过滤器可防止正常供暖期间管道内杂质进入单元立管及户内产生堵塞，两侧关断阀门方便过滤器和平衡阀保养维修，还可以通过压力表和温度计知道单元立管内热水的循环情况。所以，施工时必须按照要求进行安装。

庭院管网多采用异程支状管网布置，存在近端压差大、末端压差小的现象，由此导致“近端热、末端冷”供热现象的发生。设置物联网平衡阀后可在初始和运营期间无缝调节管网的水力平衡，将近端多余流量分配至末端单元，因此末端单元可不设置物联网平衡阀，以达到降本增效的目的。

四、结论与建议

单元热力入口装置建议采用以下做法：

1）供水管：焊接球阀＋Y型过滤器＋焊接球阀。

2）回水管：焊接球阀＋物联网平衡阀＋焊接球阀。

3）供回水管加装泄水装置，以便施工检修。

4）供回水管安装压力表和温度计，以便随时监控单元内热水的循环情况。

第十节　暖居工程庭院网地下室架空支吊架的设计

在管道架空敷设过程中，用来支撑管道的结构叫作管道支吊架。在机电工程中，管道支吊架是分布广、数量大、种类繁多的安装工作，同时管道支吊架的设计和安装对管道及其附件施工质量的好坏取决定性作用。如何采用安全适用、经济合理、整齐美观的管道支吊架是机电安装工程的一个重点。

一、管道支吊架的设计

管道支吊架部件的形式可分为下列四类：

1）管道连接部件（简称管部）。管部是与管道或其绝缘层直接相连的部件，如管夹、管箍、管环、管座、管托和支座等。

2）功能件。功能件是实现各种类型支吊架功能的部件，如弹簧组件、弹簧减振器、拉撑杆和阻尼器等。

3）承载结构生根部件（简称“根部”）。根部是与承载结构直接相连的部件。根部应固定在可靠的构筑物上，且不影响设备检修以及其他管道的安装和胀缩。

4）中间连接部件（简称连接件）。连接件是用以连接管部与功能件、管部和根部、功能件与根部以及自身互相连接的部件。

二、管道的布置

对管道进行合理的深化和布置是管道支吊架设计的前提条件。欲设计安全实用、经济合理、整洁美观的管道支吊架，首先需要对管道进行合理的布置，在其布置过程中必须考虑以下几点：

1）管道布置应符合各种工艺管道及系统流程的要求。

2）管道布置应统筹规划，做到安全可靠、经济合理，满足施工、操作、维修等方面的要求，并力求整齐美观。

3）在确定进出装置（单元）的管道的方位与敷设方式时，应做到内外协调。

4）管道宜集中成排布置，成排管道之间的净距（保温管为保温之间的净距）不应小于50mm。

5）输送介质对距离、角度、高差等有特殊要求的管道以及大直径管道的布置，应符合设备布置设计的要求，并力求短而直，切勿交叉。

6）地面上的管道宜敷设在管架或管墩上。在管架或管墩上布置管道时，宜使管架或管墩所受的垂直荷载、水平荷载保持均衡。

7）管道布置应使管道系统具有必要的柔性，在保证管道柔性及管道对设备、机泵管口的作用力和力矩不超出过允许值的情况下，应使管道最短、组成件最少。

8）应在管道规划的同时考虑其支撑点设置，并尽量将管道布置在距可靠支撑点最近处，但管道外表面距建筑物的最小净距不应小于100mm，同时应尽量考虑利用管道的自然形状实现自动补偿。

三、管道支架跨距的计算

管架跨距的大小直接决定着管架的数量。若跨距太小，则会造成管架过密，数量增多，费用增高，故需要在保证管道安全和正常运行的前提下，尽可能增大管道的跨距，降低工程费用。但是管架跨距又受管道材质、截面刚度、管道其他作用荷载和允许挠度等的影响，不可能无限地扩大。所以，设计管道支吊架时应先确定管架的最大跨距。管架的最大允许跨距计算应按强度和刚度两个条件分别计算，取其小值作为推荐的最大允许跨距。

1）按强度条件计算管架最大跨距的计算公式为

$$L_{max}=2.24\sqrt{\frac{1}{q}W\Phi[\delta]^{t}} \tag{4-19}$$

式中　L_{max}——管架的最大允许跨距（m）；

q——管道长度内的计算荷载（N/m），q = 管材重量 + 保温重量 + 附加重量；

W——管道截面抗弯系数（cm^3）；

Φ——管道横向焊缝系数，取 0.7；

$[\delta]^t$——钢管许用应力（N/mm^2）。

2）按刚度条件计算管架最大跨距的计算公式为

$$L_{max}=0.19\sqrt[3]{\frac{100}{q}E_t I i_0} \tag{4-20}$$

式中　L_{max}——管架的最大允许跨距（m）；

q——管道长度内的计算荷载（N/m），q = 管材重量 + 保温重量 + 附加重量；

E_t——弹性模量（N/mm^2）；

I——管道截面惯性矩（cm^4）；

i_0——管道放水坡度，取 0.002。

3）根据 GB 50243—2016《通风与空调工程施工质量验收规范》规定的水平安装管道支吊架的最大间距（见表 4-25）来确定管道的最大允许跨度。

表 4-25　水平安装管道支吊架的最大间距

公称直径/mm		25	32	40	50	70	80	100	125	150	200	250	300
支架的最大间距/m	L_1	2.5	2.5	3.0	3.5	4.0	5.0	5.0	5.5	6.5	7.5	8.5	9.5
	L_2	3.5	4.0	4.5	5.0	6.0	6.5	6.5	7.5	7.5	9.0	9.5	10.5

注：1. 适用于工作压力不大于 2.0MPa，不保温或保温材料密度不大于 $200kg/m^3$ 的管道系统。

2. L_1 用于保温管道，L_2 用于不保温管道。

3. 公称直径大于 300mm 的管道，可参考公称直径为 300mm 的管道执行。

四、管道支吊架的受力分析

1. 管道支吊架介绍

管道支吊架一般由管座、管架柱或管架吊杆（简称柱或吊杆）、管架梁（简称梁）和支撑点组成，如图 4-36 所示。

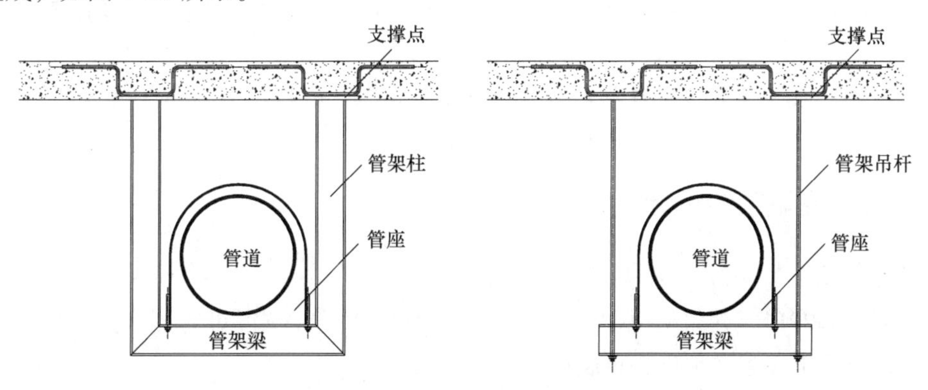

图 4-36　管道支吊架示意图

2. 管道支吊架的荷载分析

（1）垂直荷载　管道支吊架的垂直荷载根据性质可分为基本垂直荷载和可变垂直荷载。其中，基本垂直荷载是指管道支吊架所承受的管道重力、介质重力、保温层等附件的重力等永久性荷载。可变垂直荷载是指管道所承受的活荷载、沉积物重力，以及发生地震时所应该承受的特殊变化的荷载。因为可变垂直荷载是无法精确计算的，为此我们将管道支吊架的基本垂直荷载乘以一个经验系数 α（一般为 1.2～1.4）作为管架垂直方向的计算荷载。

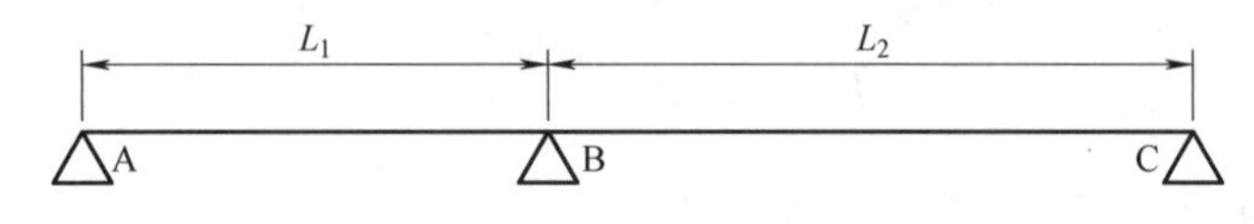

图 4-37　管道支架示意图

管道支吊架基本垂直荷载的计算：可先将复杂的管道支吊架体系近似地看作简支梁，根据受力分析，管架 B（见图 4-37）所承受的基本垂直荷载为 $G_B=(G_{L_1}+G_{L_2})/2$。

因为管道支吊架在一个工程里数量、种类繁多，不可能一一计算，为此我们只需考虑同类型支吊架的最不利受力状况即可，再根据管道支吊架的最大允许跨度来计算最不利支架，此时就只需要计算长度为最大允许跨度 L 的管道、介质、保温层的重力 G_B 即可。

其重力方向的计算荷载为 $G=\alpha G_B$，其中 $\alpha=1.2\sim1.4$。

（2）水平荷载　管道支吊架水平方向的荷载是指作用在管架上的水平推力。根据支架类型，水平推力可分为活动管架上的水平推力和固定管架上的水平推力。

1）活动管架上的水平推力主要来自管道摩擦力，由于吊杆上的水平推力可忽略，所以此时的水平推力即为管道摩擦力。

2）固定管架上的水平推力主要来自补偿器的弹性变形力。

采用补偿器补偿的管道，其作用在固定管架上的水平推力为补偿器被压缩或拉伸所产生的反弹力。

采用自然补偿的管道，可利用管道的自然弯曲形状所具有的柔性来补偿管道的热胀和冷缩位移。

固定支吊架变形管道长度为 L，补偿臂管道长度为 L_b，管道安装温度按 t_1（单位为℃）考虑，管道工作温度为 t_2（单位为℃），故钢管材质的管道会在温度变化下缩短的长度为 $\Delta L=\alpha\Delta TL$（式中，α 为钢管的线膨胀系数，ΔT 为温差，L 为固定支吊架变形管道长度）。

故作用在管道补偿上的推力为 $F=3\Delta LEI/L_b^3$（式中，E 为管道的弹性模量，I 为管道的惯性矩）。

五、抗震支吊架的设计

1. 规范要求

GB 50981—2014《建筑机电工程抗震设计规范》规定，抗震设防烈度为 6 度及 6 度以上地区的建筑机电工程必须进行抗震设计。

2. 抗震支吊架的设置位置

1）需要设防的室内给水、热水，以及消防管道管径大于或等于 DN65 的水平管道，当采用吊架（吊架长度大于或等于 300mm）、支架、托架固定时，应按要求设置抗震支撑。

2）锅炉房、制冷机房、热交换站内的管道应有可靠的侧向和纵向抗震支撑。多根管道共用支吊架或管径大于或等于 300mm 的单根管道支吊架，宜采用门型抗震支吊架。

3）矩形截面的面积大于或等于 0.38m^2 或圆形截面的直径大于或等于 0.70m 的风道可采用抗震支吊架。

4）防排烟风道、事故通风风道及相关设备应采用抗震支吊架。

5）重力大于 1.80kN 的空调机组、风机等设备不宜采用吊装安装。当必须采用吊装安装时，应避免设置在人员活动和疏散通道位置的上方，但应设置抗震支吊架。

6）设置单管抗震支吊架时，当管道中安装的附件自身质量超过 25kg 时，应设置侧向及纵向抗震支吊架。

7）设置门型抗震支吊架时，当管道上的附件质量超过 25kg 且与管道采用刚性连接时，或附件质量为 9～25kg 且与管道采用柔性连接时，应设置侧向及纵向抗震支吊架。

8）对于 DN25 以上的燃气管道，内径大于或等于 60mm 的电气配管及重力大于或等于 150N/m 的电缆梯架、电缆槽盒、母线槽，均应进行抗震设防。

3. 抗震支吊架的布置原则

1）每段水平直管道应在两端设置侧向抗震支吊架。每段水平直管道应至少设置一个纵向抗震支吊架。

2）水平管道应在离转弯处 0.6m 范围内设置侧向抗震支吊架。

3）连接立管的水平管道应在靠近立管的 0.6m 范围内设置第一个抗震支吊架。

4）单管抗震支吊架的布置原则：连接立管的水平管道应在靠近立管的 0.6m 范围内设置第一个抗震支吊架；当立管长度大于 1.8m 时，应在其顶部及底部设置四向抗震支吊架。当立管长度大于 7.6m 时，应在中间加设抗震支吊架。

4. 抗震支吊架的制作与安装

1）组成抗震支吊架的所有构件应采用成品构件，除全螺纹吊杆和 C 型槽钢可现场切端外，不得对其他构件进行现场加工。应严格按照 GB 50981—2014《建筑机电工程抗震设计规范》及 CECS 420：2015《抗震支吊架安装及验收规程》的要求进行采购与安装。

2）抗震支吊架的斜撑与吊架的距离不得超过 0.1m；垂直角度宜为 45°且不得小于 30°。

3）不得将抗震支吊架安装在非结构主体部位，如轻质隔墙等处。

六、结论与建议

GB 50981—2014《建筑机电工程抗震设计规范》中规定的抗震支吊架比传统支吊架更加安全可靠，但也增加了建设成本。目前的做法是，设计时在结构设计说明上注明支吊架要求，具体支吊架采购成品或由专业厂家定制。在比暖居工程更严格的燃气工程中，暂未设置抗震支吊架。因此建议在暖居工程中，如果地方政府有严格要求，那就需要设置抗震支吊架，其他情况可根据实际情况进行设置。

第十一节　稳压系统的合理性设计

一、供暖系统的组成及平稳运行条件

1. 供暖系统的组成

供暖系统由热源、输送管道和散热设备三部分组成。

供暖系统的工作原理是：低温热媒在热源中被加热，吸收热量后变为高温热媒（高温水或蒸汽），经输送管道送往室内，通过散热设备放出热量，使室内的温度升高，同时变成低温热媒（低温水），再通过回收管道返回热源，进行循环使用。

2. 供暖系统的平稳运行条件

对供暖系统运行的基本要求是：不超压、不汽化、不倒空，保证热用户有足够的资用压力，即系统管网和设备内任何一点都应比大气压高出50kPa的压力，以避免系统内积气或倒空。

若系统内压力过高，超出了系统中阀门、管道或设备的承压能力，就会造成损坏或发生事故。若系统内压力过低，系统就会积气、倒空，形成气堵，影响供暖效果，甚至造成设备损坏，并对系统管网造成腐蚀。所以，在供暖系统中设置稳压系统是必不可少的。稳压系统的工作原理是：当系统内水体因各种原因发生膨胀或收缩时，稳压系统将根据预先设定的压力上下限，把系统内部或外部的水体排出或注入，以保证供暖系统内压力稳定在设定的压力范围内。

二、系统稳压的方式

1. 膨胀水箱稳压

在高出供暖系统最高点2～3m处，设置一水箱用于维持恒压点压力稳定的方式称为膨胀水箱稳压。一般情况下，不承压锅炉的一次侧高位水箱和小型热源站系统的稳压水箱都属于膨胀水箱稳压。

（1）优点　压力稳定，波动较小，不怕停电，能够解决因水受热体积膨胀使供暖系统空间不足的问题。

（2）缺点　水箱高度受限，当最高建筑物层数较高而且远离热源或为高温水供热时，膨胀水箱的架设高度难以满足要求。采用膨胀水箱稳压易加重系统腐蚀，且膨胀水箱必须安装在系统最高处，很不方便，在实际运行中往往由于压力表精度、人为的观测误差等因素容易造成系统倒空、进气，空气被循环水带到系统之中在压力大的部位溶解在水中，在压力小的部位析出，增加了积气。同时，热媒中的气体过多会加剧热源、管道、散热器的氧化腐蚀，缩短设备的使用寿命。

2. 补水泵稳压

用供暖系统补水泵连续充水以保持系统内压力固定不变的方式称为补水泵稳压。

（1）优点　设备简单，投资少，占地面积小，便于操作。

（2）缺点　怕停电和浪费电，水泵起动频繁，系统内压力处于一个波动状态。

3. 气体定压罐稳压

气体定压罐稳压是指利用低位定压罐与补水泵联合动作，保持供暖系统恒压。

（1）优点　运行安全可靠，能较好地防止系统出现汽化及水击现象。

（2）缺点　设备复杂，体积较大，投资也大，多用于高温水系统中。

4. 补水泵变频调速稳压

补水泵变频调速稳压是根据供暖系统的压力变化改变电源频率，平滑无级地调整补水泵转速以及时调节补水量，从而实现系统的压力恒定。很多热源站均采用这种方式稳压，如图4-38所示。

（1）优点　节省电能，结构紧凑，工艺先进，自动化程度高，可全自动运行，安全可靠，占地面积小。

（2）缺点　投资偏大，怕停电，补水泵起动频繁，对维修人员技术要求较高。

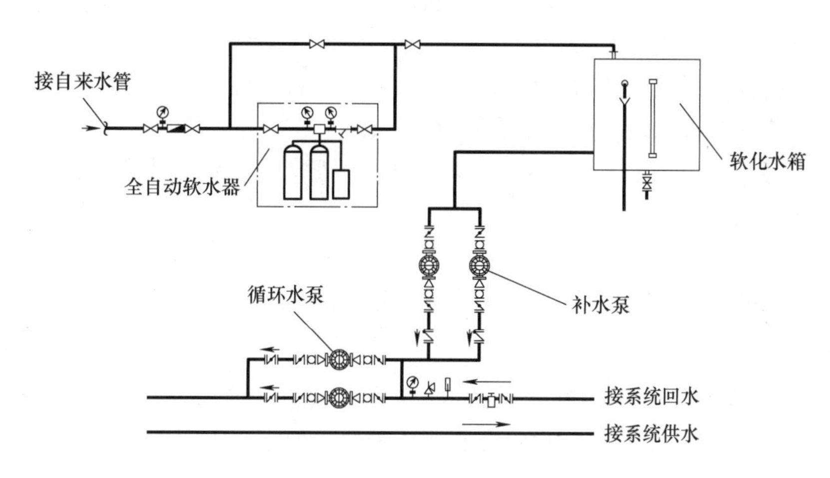

图4-38　补水泵变频调速稳压

5. 自来水稳压

在供热期间自来水压力满足供暖系统定压值且保持压力稳定的方式称为自来水稳压。可把自来水直接接在供暖系统回水管上进行补水稳压。这种方式多用于供暖连续性要求不高、系统较小或临时的供暖系统。

（1）优点　设备简单，投资和运行费最少。

（2）缺点　适用范围窄，且水质不进行处理就直接供暖会使供暖系统结垢。

三、泄压系统的设计

1. 溢水泄压的形式

溢水泄压的形式有泄压阀泄压、高位水箱溢水泄压及倒U形管泄压等。

热水供暖系统通过安全阀的泄压作用来排泄循环水的温升膨胀水量，从而使系统的压力波动不超出设计范围，以保证供暖系统正常运行。

这种泄压方式具有系统简单、运行可靠、占地面积小等优点，目前已广泛应用于较大的热水供暖系统中。这里仅介绍泄压安全阀泄压。

2. 泄压安全阀的选择

（1）安全阀形式的选择　在采用补水泵稳压的低温热水供暖系统中，泄压安全阀应对振动不敏感，阀瓣的开启动作不会造成系统压力有大的波动。为此，在设计中以选用微启式弹簧安全阀为宜。因为这种安全阀是将弹簧的弹力加载于阀瓣上，故阀瓣对振动不敏感。

（2）安全阀阀座通路面积的选择　在热水供暖系统中，微启式弹簧安全阀阀座的通路面积为

$$A = 370G/p \tag{4-21}$$

式中　A——阀座的通路面积（mm^2）；

G——通过阀座通路面积的膨胀水量（kg/h），可根据下式计算：

$$G = B\alpha\Delta t_{max}V_c\rho \tag{4-22}$$

B——安全余量，取值2～3；

α——水的体胀系数，取值0.0006；

Δt_{max}——每小时允许的最大温升，取值20℃/h；

V_c——供暖系统中的水容量（m^3），可从相关手册及产品样本中获得；

ρ——水的密度（kg/m^3）；

p——工作压力（kPa）。

根据安全阀阀座的通路面积A，可以选择安全阀的规格。

3. 安全阀的安装与调试

（1）安全阀的安装　在采用补水泵稳压的低温热水供暖系统中，泄压安全阀应垂直安装在供暖循环泵出水总管上，且应设置在水流压力比较稳定、距离水泵等波动源有一定距离的地方，如图4-39所示。

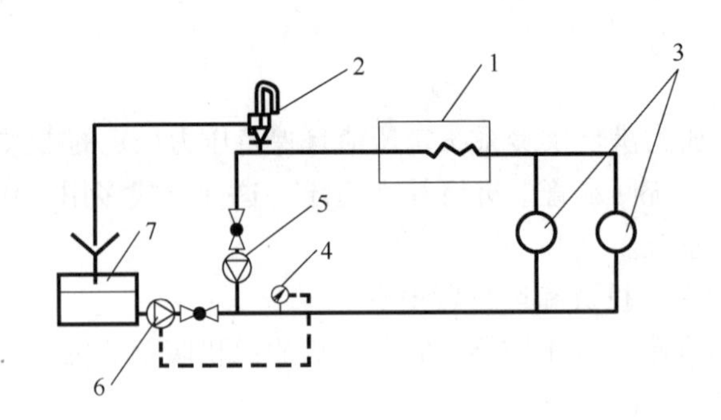

图4-39　安全阀的安装位置

1—热水锅炉　2—安全阀　3—热用户　4—电接点式压力表　5—循环水泵　6—补水泵　7—补水箱

（2）安全阀的调整和校验　当工作压力p不大于1.3MPa时，安全阀的开启压力为p + 50kPa，回座压力为p - 30kPa。要避免因开启压力和回座压力设定范围太小，造成触点启闭

频繁。

(3) 安全阀开启压力的设定　GB 50316—2000《工业金属管道设计规范》规定，安全阀的开启压力应为工作压力的1.05～1.1倍。有时部分设计人员将安全阀的开启压力设定为供暖系统最高点与补水定压点之间的高度差加上25m。

四、结论与建议

1）暖居项目的稳压系统一般宜选用补水泵变频调速稳压。

2）小型热源站的稳压系统可以选用膨胀水箱稳压或膨胀罐稳压。

3）系统泄压阀宜选用微启式弹簧安全阀为宜，为保证泄压可靠，可结合电磁泄压阀使用。

4）安全阀的密封面上存有污物或结垢时，往往会造成泄漏或启闭动作失灵，应严格按照规定执行校验。

第十二节　暖居工程末端用户地暖与散热器共存的设计

一、高温水对地暖供热的影响

地暖是低温热水地面辐射供暖的简称，主要利用热辐射来传递热量，通过地板辐射层中的热媒，均匀加热整个地面，利用地面自身的蓄热和热量向上辐射的规律自下而上进行传导，来达到供暖的目的。无论从节约能源、室内温度场分布，还是从舒适度以及室内美观等方面，地暖都较传统的供暖形式具有较明显的优势。

以散热器为主的集中供暖系统中，需要的热媒参数一般较高，供回水温度为75℃/50℃。地暖的供水温度一般较低，不超过60℃，民用建筑的供回水温度宜采用45℃/35℃。集中供热系统中散热器的供水温度远高于地暖要求的水温，因此不能直接用于地暖。地暖供水温度过高会导致以下几个问题：

1）从地暖使用的安全性来说，温度对地暖盘管使用寿命和老化性能具有非常大的影响。在地暖施工中广泛应用的PE-RT管材的使用寿命在60℃以下可达50年，但工作温度高于60℃时使用寿命将急剧下降。

2）对室内装饰以及地面产生一定的影响。例如：地面附近会产生大量的扬尘，地面铺装材料出现开裂。

3）会造成一定的能量浪费。如地暖以满足散热器系统的室内温度要求进行供热，则地暖的室内温度就会高出设计值5℃以上，基本上都要开窗散热。

基于以上3种因素，集中供热或区域供热的热源不能直接和室内的地暖系统相连，地暖用户有接入散热器供暖系统时需要采取一定的措施。目前常用的降低地暖供水温度的方式主要有以下几种：

① 采用集成混水装置并联供热。散热器供暖系统与地暖系统并联，地暖供水温度取散热器供暖系统的供水温度，在地暖系统的分集水器前安装混水装置（两通或三通混水阀），通过混水泵将地暖系统部分回水混入供水管内，如图4-40所示。

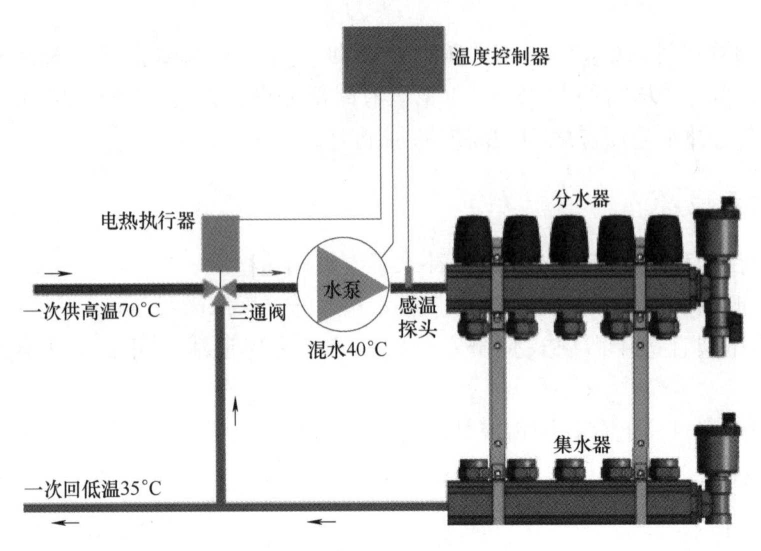

图 4-40　混水装置并联供热系统

② 采用旁通管串联供热。散热器供暖系统与地暖系统串联，热源供水首先进入散热器供暖系统，散热器供暖系统回水供地暖系统。在地暖系统入口供、回水管之间安装旁通管及调节阀，如图 4-41 所示。

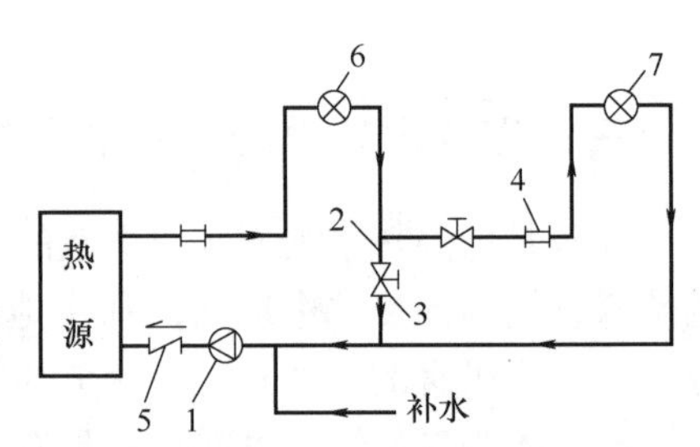

图 4-41　旁通管串联供热系统

1—循环水泵　2—旁通管　3—调节阀
4—流量计　5—单向阀
6—散热器供暖用户　7—地暖用户

二、相关规范及标准中关于用户地暖的规定

1.《民用建筑供暖通风与空气调节设计规范》

1）第 5.3.1 条规定：散热器供暖系统应采用热水作为热媒；散热器集中供暖系统宜按 75℃/50℃ 连续供暖进行设计，且供水温度不宜大于 85℃，供回水温差不宜小于 20℃。

2）第 5.4.1 条规定：热水地面辐射供暖系统供水温度宜采用 35 ~ 45℃，不应大于 60℃；供回水温差不宜大于 10℃，且不宜小于 5℃。

2.《辐射供暖供冷技术规程》

第 3.1.1 条规定：热水地面辐射供暖系统的供、回水温度应由计算确定，供水温度不应大于 60℃，供回水温差不宜大于 10℃ 且不宜小于 5℃。民用建筑供水温度宜采用 35 ~ 45℃。

3.《全国民用建筑工程设计技术措施 暖通空调 · 动力》

1）第 2.6.2 条规定：地面辐射采暖系统用户内的供水温度，不应高于 60℃；供回水温度差不宜大于 10℃。

2）第 2.6.4 条规定：当外网提供的热媒温度高于 60℃ 时，宜在各户的分集水器前设置混水泵，抽取室内回水混入供水，以降低供水温度，保持其温度不高于设定值并加大户内循环水量；混水装置也可以设置在楼栋的采暖热力入口处。

综上所述，集中供暖采用散热器时的供回水温度较高，一般为 75℃/50℃。地暖的供水

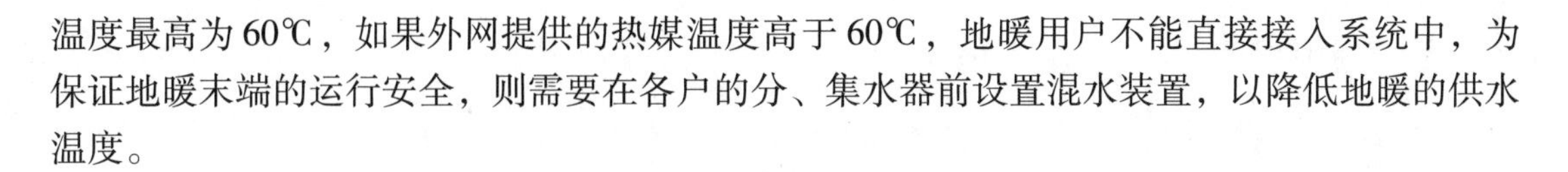

温度最高为60℃，如果外网提供的热媒温度高于60℃，地暖用户不能直接接入系统中，为保证地暖末端的运行安全，则需要在各户的分、集水器前设置混水装置，以降低地暖的供水温度。

三、国标图集中集成混水装置并联供热的做法

国标图集中仅有集成混水装置并联供热这一种做法。

《地面辐射供暖系统施工安装》（12K404）中有关入户混水装置的做法主要有两种，一种为两通温控阀混水系统（见图4-42），另一种为三通温控阀混水系统（见图4-43），两者的不同在于核心部件采用两通还是三通温控阀。

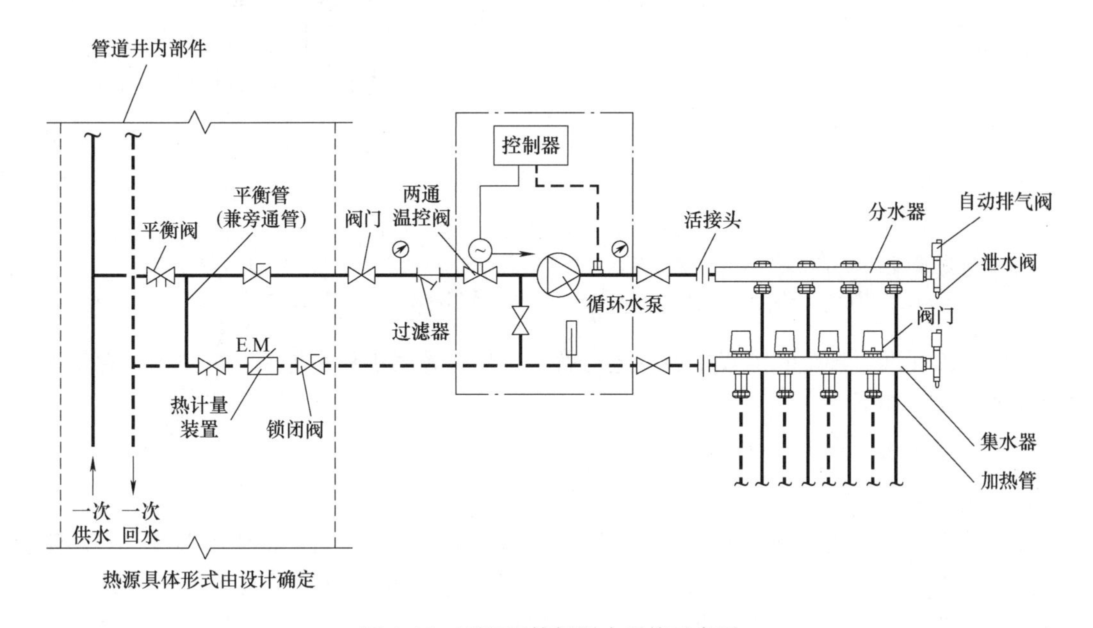

图4-42 两通温控阀混水系统示意图

注：当外网为定流量时，平衡管兼作旁通管使用，平衡管上不应设置阀门；当外网为变流量时，旁通管应设置阀门。旁通管的管径不应小于连接分水器和集水器的进出口总管管径。

图4-42中点画线框内的设备即为两通阀混水装置，装置的核心部件为电动两通温控阀，装置内部供、回水管之间设置了一个连通管，散热后温度降低，回水由于循环水泵的抽吸，通过连通管与供水混合降低了供水的温度。两通阀混水装置在与集中供暖系统连接时，供水管上依次装设阀门、温度表、过滤器等部件，供、回水管通过阀门与地暖的分、集水器相连接。

图4-43中点画线框内的设备即为三通阀混水装置，其工作原理和连接方式均与图4-42相同，但是此装置的核心部件换成了电动三通温控阀。

四、用户地暖与散热器共存情况下的处理方法

暖居工程的供回水温度是根据供暖末端的形式确定的，末端为散热器时供回水温度为55℃/40℃或50℃/42℃。由于项目的多样性，某些用户末端为地暖，为了让这些用户也能接入到散热器供暖系统中，需要采用合适的措施，既保证地暖用户末端的安全，也能满足室内的舒适性，避免能源的浪费。

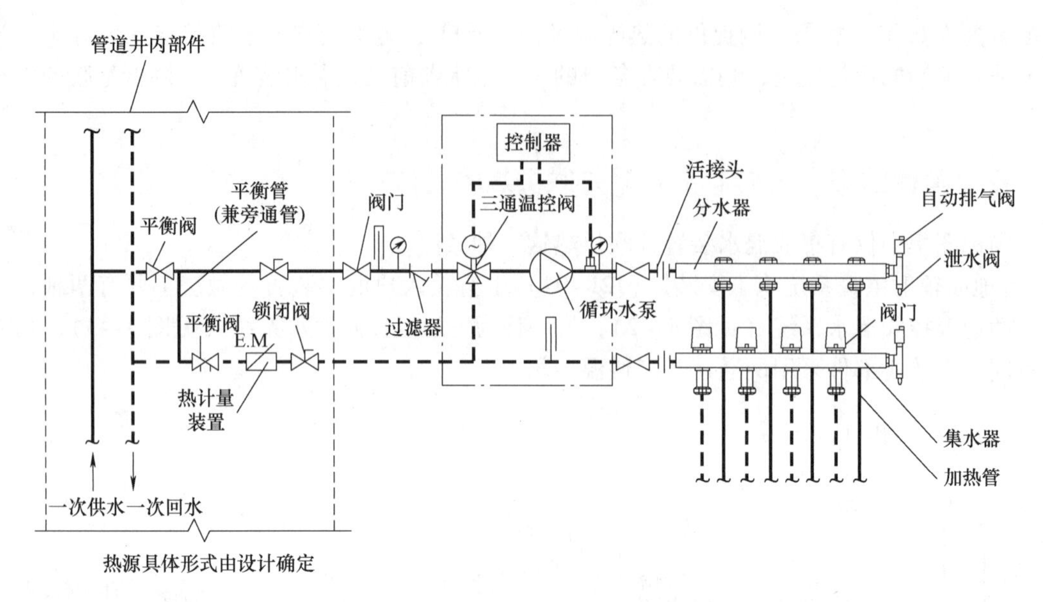

图 4-43　三通温控阀混水系统示意图

注：当外网为定流量时，平衡管兼作旁通管使用，平衡管上不应设置阀门；当外网为变流量时，旁通管应设置阀门，旁通管的管径不应小于连接分水器和集水器的进出口总管管径。

结合相关标准、规范和图集中的规定与做法，现将暖居工程中地暖与散热器共存情况下的处理方法介绍如下。

1. 供水温度超标（≥60℃）

若二级网的供水温度≥60℃，可采用两种方式降低地暖的供水温度。

第一种方法：采用旁通管串联供热系统。热源供水首先进入散热器供暖系统，利用降温后的散热器供暖系统回水供地暖系统。此种方法适用于地暖用户数量较多且较为集中（同时位于一栋楼时）的情况。串联供暖系统较复杂，散热器供暖系统串联地暖系统之后会造成阻力增大，循环泵选型时扬程应适当增加。鉴于目前暖居工程采用散热器供热的小区内地暖用户较少，因此这种方法不推荐使用。

第二种方法：采用成套混水装置，即在供暖立管与地暖的分集水器之间加装混水降温装置，降低供水温度，保护地暖末端用户。此种方法适用于散热器供暖系统中仅有少量地暖用户的情况。目前市场上有成熟的产品，技术成熟，它的缺点就是采用混水装置，工程投资增加1000～2000元，由于有屏蔽泵以及温控装置，还需要消耗部分电能（耗电量约为100W）。

2. 供水温度不超标（<60℃）

目前，暖居工程的最高供水温度都没有超过60℃，且供回水温差也都符合规范要求，因此从安全性来说，地暖用户可以直接接入散热器供暖系统。若不采取措施直接接入散热器系统，地暖用户的室温就会过高，需要开窗散热，造成能源浪费。

二级网的供水温度若是小于60℃，可采用两种方式解决地暖用户接入散热器供暖系统中造成的能源浪费现象。

第一种方法：在地暖分集水器前加装一个电动温控装置，此装置包含室温检测、供水调节的功能。实质就是对地暖用户进行流量调节。它的工作原理是：通过检测室温，控制分集水器上温控阀的启闭来保持室内的舒适度，避免能源浪费。这种方法可精确控制室温，虽调节方便但需要额外加装设备。这种电动温控装置的耗电量可忽略不计（约3W），投资费用也较低（500~600元）。

第二种方法：原理与电动温控装置控制地暖的水流量相同，即使用入户阀门组上的户用物联网平衡阀或锁闭调节阀，人为增大地暖用户支管上的阻力，从而降低水流量，防止用户室内温度过高，达到节能的目的。由于不需要增加额外的设备，且无须用电，调节精度虽低但也能满足使用要求，因此暖居工程推荐采用此方法。

五、结论与建议

1）暖居工程的最高供水温度不大于60℃时，地暖用户可直接接入散热器供暖系统。

2）供暖水温大于45℃时，若不采取措施而直接接入散热器供暖系统，地暖用户的室温势必过高，必须开窗散热，造成能源浪费。

3）地暖分集水器前加装一个电动温控装置即可精确控制室温，但需要额外加装设备。

4）暖居工程推荐利用入户阀门组中的户用物联网平衡阀或锁闭调节阀，减少热水流量来控制用户室内温度，从而达到节能的目的。

第十三节　壁挂炉供暖系统接入暖居工程

一、壁挂炉供暖系统概述

一般来说，单户的供暖系统（见图4-44）由热源、分集水器（见图4-45）、地暖盘管（见图4-46）或散热器等组成。热源设备以壁挂炉（见图4-47）为主，也有的用户使用锅炉。以壁挂炉为热源的一般是普通住宅，热源采用锅炉的一般是别墅。以下介绍以壁挂炉系统为主，以锅炉为热源的单户可以以之作为参考。供暖系统的流程为：壁挂炉—阀门—分集水器—散热器或地暖盘管。

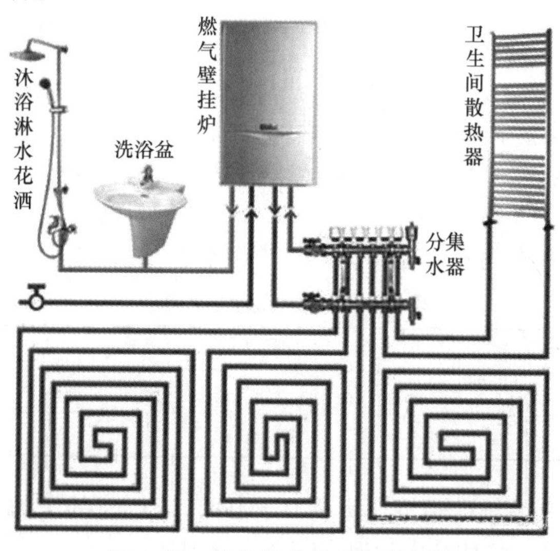

图4-44　壁挂炉供暖系统示意图

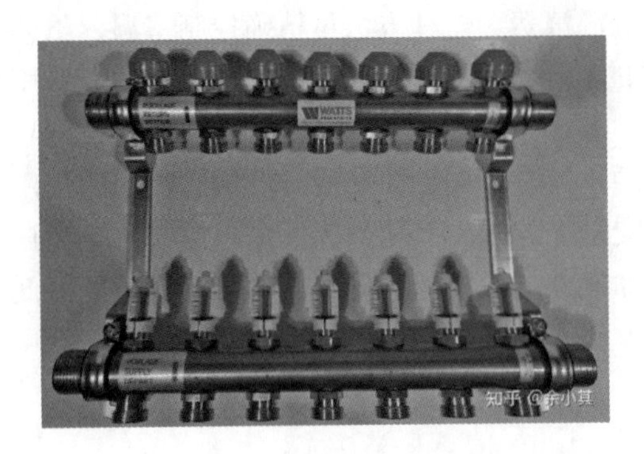

图4-45 分集水器

图4-46 地暖盘管

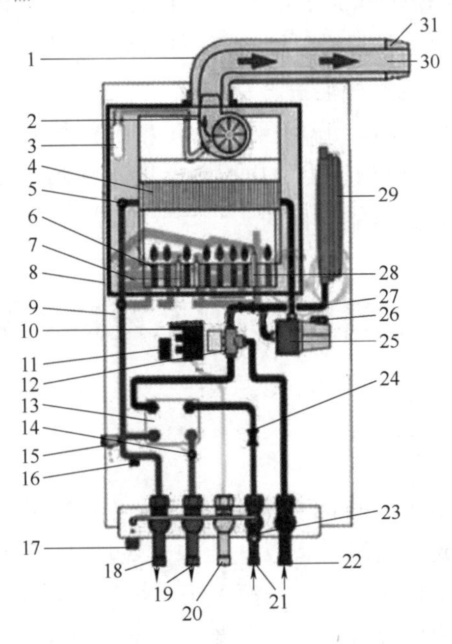

图4-47 壁挂炉的内部结构

1—平衡式烟道 2—风机 3—风压开关 4—主换热器 5—过热保护 6—燃气燃烧器 7—点火电极 8—供暖温度传感器 9—燃气调节阀 10—燃气安全电磁阀 11—高压点火器 12—三通阀 13—生活热水换热器 14—生活热水温度传感器 15—压力安全阀 16—缺水保护 17—泄水阀 18—供暖供水接口 19—生活热水接口 20—燃气接口 21—冷水接口 22—供暖回水接口 23—补水阀 24—生活热水水流开关 25—循环水泵 26—自动排气阀 27—供暖水水流开关 28—火焰检测电极 29—闭式膨胀水箱 30—烟气出口 31—空气进口

壁挂炉的出水温度见表4-26，运行时进出水温差在8~10℃。

表4-26 壁挂炉的出水温度

出水温度	散热器	地暖盘管
最高温度/℃	80	55
运行温度/℃	50~60	30~40

一般地，壁挂炉供暖系统的最大压力为0.3MPa，运行时的压力为0.12~0.15MPa。当系统压力超过0.3MPa时，壁挂炉内的泄压阀会直接泄压。

二、壁挂炉供暖系统改造为暖居工程的分析

壁挂炉供暖系统是否能够改造为暖居工程，需要考虑供热量和压力等参数。

1. 供热量的考虑

通过末端供暖设施给室内供热时，壁挂炉和暖居工程的供热工质均是水，所以供热量可以采用以下公式计算：

$$Q = c\dot{m}\Delta t \tag{4-23}$$

式中　Q——供热量（kJ）；

c——比热容，水的比热容是 4.18kJ/(kg・℃)；

$\dot{m}$——流量（kg/h）；

Δt——供回水温度差（℃）；

可以看出，影响热量的参数主要是供回水温差和流量。

（1）温度　壁挂炉供暖系统与暖居工程设计供水温度的对比见表 4-27。末端供暖设施为散热器时，壁挂炉和暖居的供水温度差不多；末端供暖设施为地暖盘管时，暖居工程设计供水温度略高于壁挂炉运行供水温度。

表 4-27　壁挂炉供暖系统与暖居工程设计供水温度的对比

项　　目	散热器/℃	地暖盘管/℃
壁挂炉运行供水温度	50 ~ 60	30 ~ 40
暖居工程设计供水温度	55	45

壁挂炉运行时的供回水温差一般为 8 ~ 10℃，而暖居工程设计供回水温差为 8 ~ 15℃（末端供暖设施为散热器）/10℃（末端供暖设施为地暖盘管），见表 4-28。可以看出，壁挂炉供暖系统和暖居工程的供回水温差相差不大。

表 4-28　暖居工程中不同热源的设计供回水温差

热源类型	暖居工程设计供回水温差/℃	
	散热器	地暖盘管
常压冷凝式燃气热水锅炉/燃气热泵	15	10
空气源热泵/燃气热泵	8	10

（2）流量　流量的大小也会影响供热量。影响流量的主要因素是泵的扬程和系统阻力。普通住宅的壁挂炉内置泵的扬程一般为 5 ~ 6mH_2O，而暖居工程中，循环水泵的扬程一般大于 15mH_2O，补水泵的扬程根据建筑物而定，一般大于 20mH_2O，暖居工程室内的压损取 5mH_2O，即暖居工程的室内供水压力大于壁挂炉供暖系统。由于拆换原有单户室内末端供暖设施的可能性不大，那么壁挂炉供暖系统和暖居工程采用的末端供暖设施是相同的，即沿程阻力和局部阻力也相同。暖居工程的室内流量大于壁挂炉供暖系统。

壁挂炉供暖系统和暖居工程的供回水温差相差不大，而暖居工程的室内流量大于壁挂炉供暖系统，可知暖居工程室内供热量大于壁挂炉供暖系统。即使原有壁挂炉供暖系统供热量不足，在改造为暖居工程时也可以通过增加散热器来满足供暖需求。

2. 压力的考虑

壁挂炉供暖系统的压力一般只有0.12～0.15MPa，最大不超过0.3MPa（一般壁挂炉内部的泄压阀整定压力为0.3MPa）。而对于暖居工程，特别是在分区的系统中，一楼的静压力可能达到0.5MPa，超过了壁挂炉供暖系统的运行压力，壁挂炉供暖系统改造为暖居工程时可能存在超压的风险。

（1）末端供暖设施为散热器　一般散热器的设计压力大于或等于0.8MPa，散热器承压能力能够满足壁挂炉供暖系统改造为暖居工程的需要。因为供暖系统中各组件都是明装的，即使配套的管道和阀门等不能满足暖居工程的压力要求，也可以通过更换来满足要求。即末端供暖设施为散热器时，可以通过相应措施使壁挂炉供暖系统满足暖居工程的压力要求。

（2）末端供暖设施为地暖盘管　壁挂炉供暖系统的地暖盘管通常采用PE-RT管、PEXA管、PEXB管等，管道的等级一般都为S3.2，正规厂商生产的管道的承压能够满足暖居工程的需要。在壁挂炉供暖系统改造为暖居工程时，容易出现泄漏的部位是流量计、地暖盘管与分集水器的连接处、地暖盘管等处。

3. 壁挂炉供暖系统改造为暖居工程的注意事项

通过以上分析，壁挂炉供暖系统能否改造为暖居工程的关键是压力是否能够满足要求。在壁挂炉供暖系统改造为暖居工程时，需要注意以下事项：

1）在壁挂炉供暖系统改造为暖居工程前，用户应尽可能提供原系统的资料，项目人员应现场核查壁挂炉供暖系统上各组件的铭牌，设计单位再根据资料预判压力是否合适，是否需要增加散热器等。

2）在改造前，对于地暖盘管，可建议用户采用图4-48或图4-49所示的方案。图4-48所示的方案比图4-49增加了钎焊板式换热器、屏蔽泵和球阀，但可以在原壁挂炉采暖系统的运行压力下供暖，避免了壁挂炉供暖系统接入暖居工程后由于压力升高而发生泄漏。

3）如果在壁挂炉供暖系统中有流量计，特别是塑料流量计，在改造施工时应拆除。

4）在改造施工时，建议清洗供暖设施。

5）对于图4-48所示的方案，在改造前仍需要对原供暖系统进行压力试验，试验压力应从0.2MPa开始每增加0.1MPa稳压10min，直至增加到0.6MPa，在试验压力为0.6MPa下稳压60min。此项试验的合格标准是：压降≤0.05MPa且不渗不漏。

6）对于图4-49所示的方案，在改造前也要对原供暖系统进行压力试验，试验压力应从0.2MPa开始每增加0.1MPa稳压10min，直至设计文件规定的试验压力（如果没有设计文件，则试验压力暂定为0.8MPa，最终以设计文件为准）。在升压过程中检查是否有渗漏，要求不渗不漏。然后在设计文件规定的试验压力下稳压60min。合格标准是：压降≤0.05MPa且不渗不漏。

7）对于图4-50所示的方案，在改造前同样需要对原供暖系统进行压力试验，试验压力应从0.2MPa开始每增加0.1MPa稳压10min，直至设计文件规定的试验压力（如果没有设计文件，则试验压力暂定为0.7MPa，最终以设计文件为准）。稳压过程中检

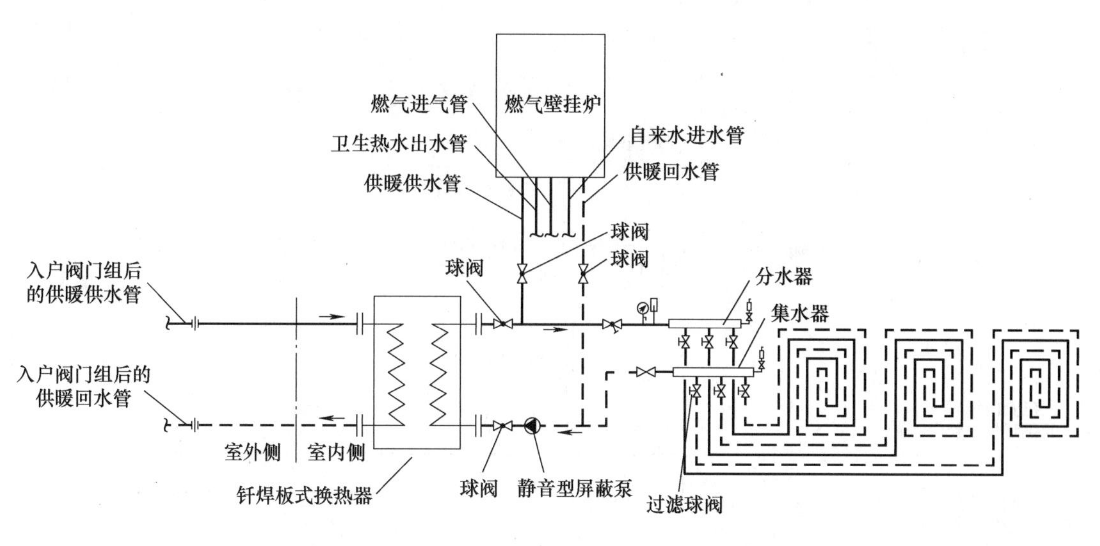

图 4-48　壁挂炉与集中供暖户内连接系统（地暖盘管）（一）

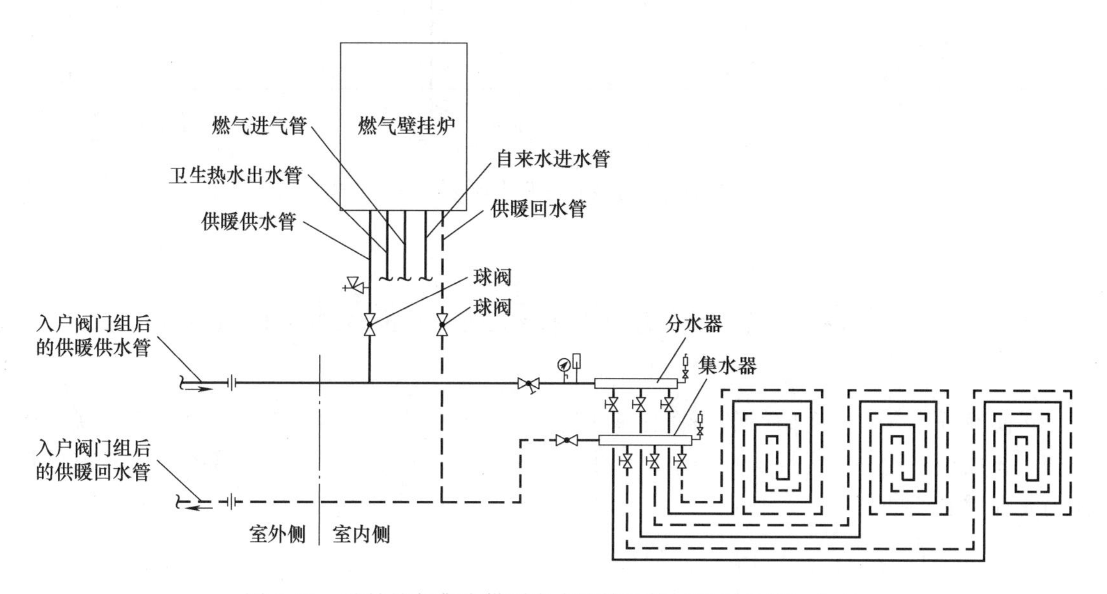

图 4-49　壁挂炉与集中供暖户内连接系统（地暖盘管）（二）

查是否有渗漏，要求不渗不漏。然后在设计文件规定的试验压力下稳压 2min。合格标准是：不渗不漏。

8）在设计时可考虑在供回水管上加设过流阀，以便在发生大量泄漏时能够自动关断。

三、结论与建议

1）壁挂炉供暖系统能否改造为暖居工程的关键是压力是否能够满足要求。

2）如果供热量不足以满足用户需要，可增加散热器。

3）如果需要改造，在改造施工时，要稳妥地进行系统压力试验，逐步升至设计文件规定的试验压力，并根据设计文件要求进行试压。

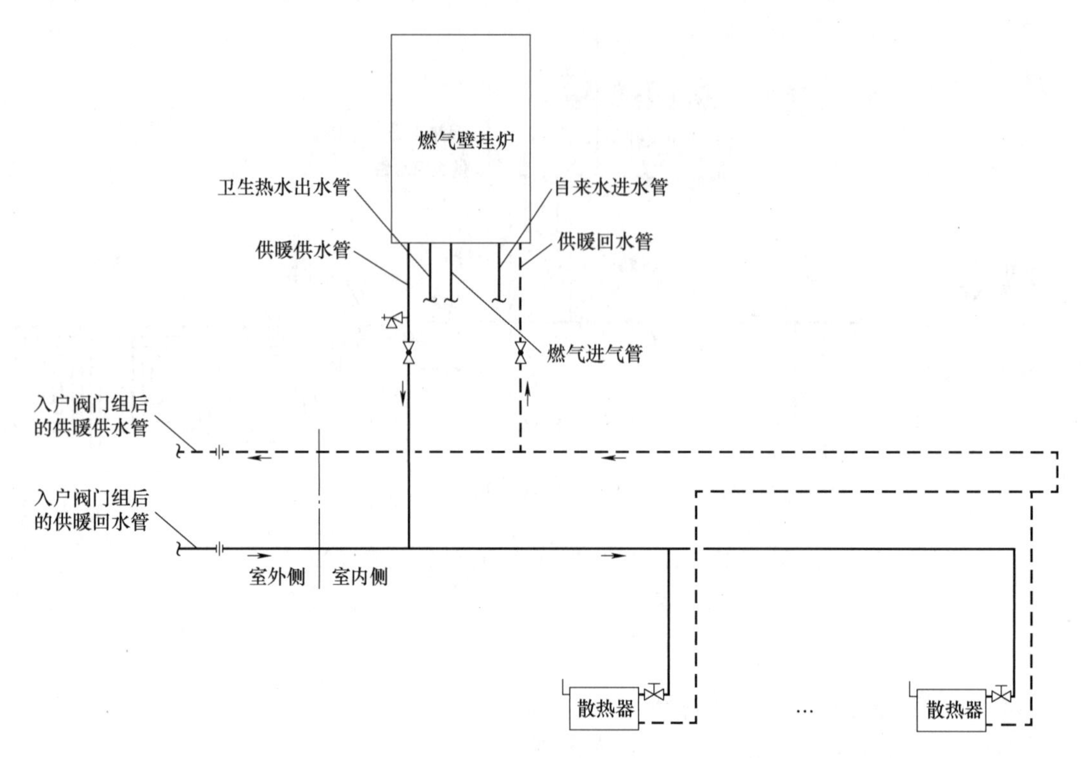

图 4-50　壁挂炉与集中供暖户内连接系统（散热器）

第十四节　供暖系统中水系统各部位的压力分析

供暖系统中各设备和附件的压损和承压能力的确定对系统控制和安全至关重要，关系到整个系统的经济性、稳定性、噪声水平和水力平衡等。因此，分析系统各部位的压损和承压能力是非常必要的。

一、各部位的压力分析

对热水网路压力状况的基本要求是在热水供热系统运行或停止运行时，系统内的水压力必须满足下列基本技术要求。

1）保证系统不超压。在与热水网路直接连接的用户系统内，压力不应超过系统内用热设备、管道及其他构件的承压能力。

2）保证系统不倒空。与热水网路直接连接的用户系统应充满水，即无论在运行或停止时，用户系统回水管出口处的压力都必须高于用户系统的充水高度，防止系统倒空吸入空气，进而破坏正常运行和腐蚀管道。热水网路回水管内任何一点的压力，都应比大气压力至少高出 50kPa，以免吸入空气。

3）保证热水不汽化。热水管道内任何一点的压力不应低于该处的汽化压力，并应留有 30～50kPa 的富余压力。

4）保证热用户有足够的可资利用的压头（简称资用压头）。在最不利的情况下，资用

压头也应满足用户系统最不利点所需作用压头的要求。

下面将对供暖系统中各部位的压力进行分析。

1. 热源

目前，暖居工程的热源一般是燃气锅炉、燃气空气源热泵或空气源热泵（简称热泵）。暖居工程采用的是常压锅炉。常压锅炉不承压，对于一次系统，循环动力只需要克服设备和管路的阻力，此动力由循环泵提供。同时，由膨胀水箱保证一次系统在一定的压力下稳定运行，防止系统出现汽化、超压等现象。一般地，膨胀水箱连接到循环水泵入口，即循环水泵的入口作为定压点。在暖居工程中，一次系统的设备一般紧凑布置，管路比较短，管路的压损较小，主要的设备有锅炉、循环泵、换热器等。其中，锅炉的压降一般小于 $4mH_2O$。对于一次系统，系统的压损应在 $12mH_2O$ 之内。

根据 TSG 11—2020《锅炉安全技术规程》，同时考虑到暖居工程的锅炉特点，则锅炉本体水压试验的要求见表 4-29。

表 4-29　锅炉本体水压试验的要求

设备名称	锅筒（壳）工作压力 p/MPa	试验压力/MPa	试验时间/min
锅炉本体	<0.8	1.5p，但不得小于 0.2p	20

水压试验的合格标准如下：

1）在受压元件的金属壁和焊缝上没有水珠和水雾。

2）当试验压力下降到工作压力后，胀口处不滴水珠。

3）铸铝锅炉锅片的密封处在试验压力下降到额定工作压力后不滴水珠。

4）水压试验结束后，没有发现明显的残余变形。

热泵作为热源的采用直供系统，类似于锅炉作为热源的二次系统，在设计和选型时，必须参考热泵的最高承压能力。如果最高承压为 1MPa，那么当供暖的建筑超过 33 层时就不能将热泵布置在地面上，因为系统静压会超过 1MPa。根据厂家给出的数据，热泵的压损一般为 40 ~ 70kPa。

根据 GB/T 25127.1—2020《低环境温度空气源热泵（冷水）机组 第 1 部分：工业或商业用及类似用途的热泵（冷水）机组》，空气源热泵耐压试验的要求见表 4-30。

表 4-30　空气源热泵耐压试验的要求

设备名称	试验压力	试验时间/min	合格标准
空气源热泵	1.25 倍设计压力（液压）或 1.15 倍设计压力（气压）	20	无渗漏，无可见的变形和异响

2. 换热器

换热器是用于分隔或混合不同种类或不同压力、温度的流体并实现流体间热交换的设备。对于暖居工程，当热源为燃气锅炉时，通常会采用一/二次系统进行供热，这时一次和二次系统的传热在换热器中进行。暖居工程中，换热器一般选用板式换热器，主要原因如下：

1）传热系数高。板式换热器的流道小，流道截面变化复杂，能在很小的流速下达到紊流，具有较高的传热系数。特别适用于液—液换热。

2）适应性强。可通过增减板片数量的方式满足系统所需要的传热面积。

3）结构紧凑，体积小，占地面积小。

4）易于拆洗、修理。

板式换热器的基本传热原理是热流体与冷流体在板间流动，热量通过波纹薄板进行传递与交换。波纹薄板上各个波纹的作用：一方面是在夹紧密封时可以使薄板间承压触点合理分布，提高板式换热器的承压能力与稳定性；另一方面是可形成截面复杂且科学高效的板间流道，让流体经过这些流道时能快速达到紊流状态，以提高换热效率，降低用材面积，这也是板式换热器换热效率可以优于其他类型换热器的根本原因。同时，这些流道与触点的存在，也增加了板式换热器的流动阻力。

当流体流过板式换热器时，压降是由角孔压降和流道压降组成的，其压降可用公式表示为

$$\Delta p = f_0 \frac{L}{D_e} \times \frac{\rho \omega^2}{2} n \tag{4-24}$$

式中 Δp——压降（Pa）；

f_0——摩擦系数；

L——流道长度（m）；

D_e——流道平均当量直径（m）；

n——流程数；

ω——平均流速（m/s）；

ρ——热水密度（kg/m^3）。

由于板式换热器压降的计算较为复杂和难以取得部分参数，所以一般地，不直接计算板式换热器的压损，而是取小于5mH$_2$O的值。

根据NB/T 47004.1—2017《板式热交换器 第1部分：可拆卸板式热交换器》，板式换热器耐压试验的要求见表4-31。

表4-31 板式换热器耐压试验的要求

设备名称	试验压力	试验时间/min	合格标准
板式换热器	1.3倍设计压力	30	无渗漏，无可见的变形和异响

3. 管道及其附件

供暖系统进行水力计算时，热水供暖系统一般根据入口处的资用压头和最不利循环环路的平均比摩阻R_{pj}来选用该环路各管段的管径。在实际工程设计中，常按$R_{pj}=60\sim120$Pa/m选取管径。暖居工程的庭院管网和立管都不会很长，压损一般不会超过10mH$_2$O。

在暖居工程的供暖系统中，水循环动力来自于泵。在泵选型时扬程和流量必须满足管路的特性要求。一般情况下，泵提供压头用于补偿流动阻力、建筑物高差等。为了节能，一般循环泵会配用变频器。变频器可以改变电压的频率，也就是改变电动机的转速，同时泵的转速也发生改变。根据相似定律，泵的转速与流量成正比，泵转速的二次方与扬程成正比。泵的转速降低，泵的流量和扬程都下降。有时可以通过改变泵出口阀的开度来调节泵的性能，

当出口阀的开度变小，泵的流量减小，压力增加，这时增加的压力就克服了出口阀开度小的阻力。与变频相比，显然调节离心泵出口阀耗能更高。

根据 GB 50242—2002《建筑给水排水及采暖工程施工质量验收规范》，室外供暖系统水压试验的要求见表4-32。

表4-32　室外供暖系统水压试验的要求

试验压力	试验时间/min	合格标准
1.5倍工作压力且≥0.6MPa	10	压降不大于0.05MPa，然后降至工作压力，不渗不漏

4. 室内供暖设施

室内暖通水系统设计中，管路的水力设计是关键。针对室内热水暖通系统，在设计管路水力时，应充分考虑系统循环作用压力、各管段流量等因素，合理设计各管段的管径，再确定管道内水流速度、系统所需循环作用压力。对于管道内的水流速度，管道管径为15mm时，水流速度不可超过0.8m/s；管道管径为20mm时，水流速度不可超过1.0m/s；管道管径为25mm时，水流速度不可超过1.2m/s。对于系统所需循环作用压力，需要控制在10~40kPa范围之内。暖居工程中，室内供暖设施的水流阻力主要来自散热器或地暖盘管。

常见的散热器有钢制三柱散热器、钢制二柱散热器、钢制板式散热器、铜铝散热器、钢铝散热器和压铸铝散热器等。不同材料和形式的散热器的承压能力是不同的，例如：钢制三柱散热器和压铸铝散热器的工作压力一般不超过1.2MPa，钢制板式散热器和铜铝散热器的工作压力不超过1.0MPa。考虑到设备的承压和水力平衡以及施工质量等因素，建筑物的供暖系统高度超过50m时，宜竖向分区设置。

地暖盘管的工作压力一般小于0.8MPa。在暖居工程施工中，尤其需要注意由壁挂炉改造为暖居工程时应复核地暖盘管及连接件等的承压能力，壁挂炉作为热源的地暖工作压力一般应小于0.3MPa。

供暖系统中立管的最高点排气阀处是静压最低点，此处的压头应不小于从排气阀回到热源站的压损 $+5mH_2O$。

综上所述，建议二次网供暖系统压损的最大值不超过 $5mH_2O$（热泵或换热器）+ $10mH_2O$（管损）+ $4mH_2O$（室内）+ $5mH_2O$（富余量）= $24mH_2O$。

散热器压力试验的要求见表4-33。

表4-33　散热器压力试验的要求

设备名称	试验压力	试验时间/min	合格标准
钢制板式散热器	1.5倍设计压力（有特殊要求时1.3倍设计压力）	2	无渗漏
钢制柱式、卫浴、钢铝、压铸铝、铜铝散热器	1.5倍设计压力	2	无渗漏

根据 JGJ 142—2012《辐射供暖供冷技术规程》，地暖盘管压力试验的要求见表4-34。

表 4-34　地暖盘管压力试验的要求

设备名称	试验压力	试验时间/min	合格标准
地暖盘管	1.5 倍工作压力且≥0.6MPa	60	压降≤0.05MPa 且不渗不漏

根据 GB 50242—2002《建筑给水排水及采暖工程施工质量验收规范》，室内供暖系统水压试验的要求是：使用塑料管及复合管的热水供暖系统，应以系统顶点工作压力加 0.2MPa 作水压试验，同时在系统顶点的试验压力不小于 0.4MPa。

具体检验方法如下：

1）使用钢管及复合管的供暖系统，应在试验压力下 10min 内压降不大于 0.02MPa，降至工作压力后检查，不渗不漏为合格。

2）使用塑料管的供暖系统，应在试验压力下 1h 内压降不大于 0.05MPa，然后降压至工作压力的 1.15 倍，稳压 2h，压降不大于 0.03MPa，同时各连接处不渗不漏。

二、应用实例

孝感某暖居项目，建筑面积为 84467.44m^2，有 7 栋居民楼，其中 1/2#楼为 12 层（高 36m），3/4#楼为 18 层（高 54m），5 ~ 7#楼为 20 层（高 60m），未分区，设计负荷约为 3.45MW，采用 4 台撬装式锅炉供热。目前建设一期工程，采用一台锅炉给 3 ~ 6#居民楼供热。各楼与热源站的距离见表 4-35。

表 4-35　各楼与热源站的距离　（单位：m）

1#	2#	3#	4#	5#	6#	7#
234	200	143	109	174	145	190

（1）设计参数　二次循环泵的扬程为 37.5mH$_2$O，二次系统定压点选在循环泵入口处，具体设计参数见表 4-36。

表 4-36　具体设计参数

设计参数	定压值	设计压力	供回水温度
二次网	0.65MPa	1MPa	65℃/40℃

（2）运行数据　该项目 2021 年 1—3 月的运行数据：二次网供水压力（测点位置为换热器出口）为 0.67 ~ 0.79MPa，二次网回水压力（测点位置为循环泵入口前）为 0.6 ~ 0.71MPa。其中，定压值 = 热源站与用户地势高差 h_1 + 建筑物的高度 h_2 + 由用户供热温度确定的汽化压力 h_3 + 富余压力 h_4。

对于本项目，$h_1 = 0$；最高的建筑物高 60m，所以 $h_2 = 60$m；由于热水温度 < 100℃，$h_3 = 0$；富余压力 h_4 取 5m。值得注意的是，规范要求建筑物的供暖系统高度超过 50m 时，宜竖向分区设置，h_2 取 60m 稍微偏大。

管道的平均比摩阻 R_{pj} 取 80Pa/m，则热源站到最不利点 7#楼的压损约为 1.5mH$_2$O。取室内设施的压损为 4mH$_2$O，换热器的压损为 5mH$_2$O，则热源站到最不利点 7#楼的循环总压

损为（1.5 + 4 + 1.5 + 5）mH_2O = 12mH_2O。根据运行数据，二次网的循环压损为 5 ~ 16mH_2O。而设计的压损为（1 - 0.65）mH_2O = 0.35MPa，即 35mH_2O，压损的取值偏大，可能是因为目前报装率较低，水流量小，水流速度较低，整个二次系统的压损较小。

三、结论与建议

1）结合供暖系统主要设备和附件的压损和承压情况，做好各设备和系统的水压试验。

2）建议一次网压损最大值不超过 12mH_2O，二次网压损最大值不超过 24mH_2O，一、二次循环水泵的扬程可参考上述数值，同时这些数值应根据暖居工程后续运行情况进行验证和调整。

3）通过对项目的分析，项目循环压损取值偏大，尤其是用户较少时。

第十五节　供暖率对热负荷影响的分析

暖居工程主要分布在黄河以南非供暖区域，住户冬季普遍没有供暖习惯，人们供暖习惯的改变是一个漫长的过程，不会一蹴而就。同时，建筑的入住率低也会造成供暖率不高。供暖率低会造成一系列问题：

1）整个供暖系统出现“大马拉小车”的现象，造成投资浪费、资金闲置。

2）不能很好地调试供暖设备，可能会影响供热系统的安全运行。

3）热量通过楼板和墙板向非供暖用户传递，增加了户间传热，热量散失严重。与供暖率高的建筑相比，如果达到相同的室内温度，必然增加了能源消耗。

4）供回水温差较小，为了保证供暖用户（特别是孤岛住户和边角住户）室内温度，需要提高供水温度，造成能耗的提高。

供暖率不同使得热负荷设计指标也有所不同，供暖率高则热负荷设计指标低，供暖率低则热负荷设计指标高。为了更好地在设计中给出热负荷指标，就需要分析供暖率对热负荷的影响。

一、建立模型

以安徽省某小区 1#楼为例，建立模型并根据建筑参数详细计算其热负荷指标，并计算该建筑在不同供暖率下热负荷指标的变化情况。

小区 1#楼共 27 层，层高 2.9m。每层两梯四户，两个边户各 140m^2，两个中户各 105m^2，每层总计 490m^2，整栋楼的地上建筑面积为 13230m^2。地下两层车库为非供暖区域，户型朝南。

该建筑于 2020—2021 年建设，满足 GB/T 50378—2019《绿色建筑评价标准》规定的绿色建筑一星级要求。

根据 GB 50736—2012《民用建筑供暖通风与空气调节设计规范》，该地区冬季供暖室外设计温度为 -3.5℃，室内供暖设计温度取 18℃。

设定该建筑的设计热负荷指标为 40W/m^2，负荷系数定义为实际热负荷指标与设计热负荷指标的比。

二、典型工况分析

当供暖率较低时，集中供暖系统的负荷分布为无序状态，同时相对于楼板传热，户间内墙面积较小，热损较低。因此，可通过对楼层传热的分析，研究热负指标随供暖率变化的情况。

典型楼层的热负荷计算如下：

（1）顶层热负荷 W_1（下层未供暖） 建筑面积为 490m²；供暖热负荷为 37513W；供暖热负荷指标为 76.56W/m²。

（2）顶层热负荷 W_2（下层有供暖） 建筑面积为 490m²；供暖热负荷为 26673W；供暖热负荷指标为 54.43W/m²。

（3）底层热负荷 W_3（上层未供暖） 建筑面积为 490m²；供暖热负荷为 42291W；供暖热负荷指标为 86.31W/m²。

（4）底层热负荷 W_4（上层有供暖） 建筑面积为 490m²；供暖热负荷为 31451W；供暖热负荷指标为 64.18W/m²。

（5）中层热负荷 W_5（上下层有供暖） 建筑面积为 490m²；供暖热负荷为 19836W；供暖热负荷指标为 40.48W/m²。

（6）中层热负荷 W_6（上下有单层供暖） 建筑面积为 490m²；供暖热负荷为 30676W；供暖热负荷指标为 62.60W/m²。

（7）中层热负荷 W_7（上下均未供暖） 建筑面积为 490m²；供暖热负荷为 41517W；供暖热负荷指标为 84.73W/m²。

由以上计算结果可以看出，$W_3 > W_7 > W_1 > W_4 > W_6 > W_2 > W_5$。

三、热负荷指标分析

以楼层为单位进行最大负荷分析时，每个楼层仅存在上述 7 个工况，按照逐层递增的方式计算的供暖热负荷指标结果见表 4-37 ~ 表 4-39，表格中的数字是指符合该负荷的供暖楼层的数量。例如表 4-37 中供暖层数为 13，可计算出其供暖率为 48%，为了满足最大的热负荷指标，则这 13 个楼层的热负荷分布为：底层热负荷 W_3 的数量为 1，中层热负荷 W_7 的数量为 12。

根据表 4-37 ~ 表 4-39，绘制出图 4-51。

上述结果显示，在供暖率较低时，同样的供暖率下，最大热负荷指标与最小热负荷指标差异巨大，说明供暖率过低会严重影响项目的经济性，但是负荷的集中程度可以显著抵消这种影响，特别是供暖率超过 50% 后，供暖率的提升能够有效降低热负荷指标。

通过对河北省某县城 28 个计量小区（节能建筑）和 14 个非计量小区（非节能建筑）的入住率以及建筑供暖能耗进行调研分析（见图 4-52），可以看出，实际中不同供暖率对单位热耗的影响与图 4-51 所示相近。注意：因为河北省是传统供暖区，除个别情况外，入住率即为供暖率。

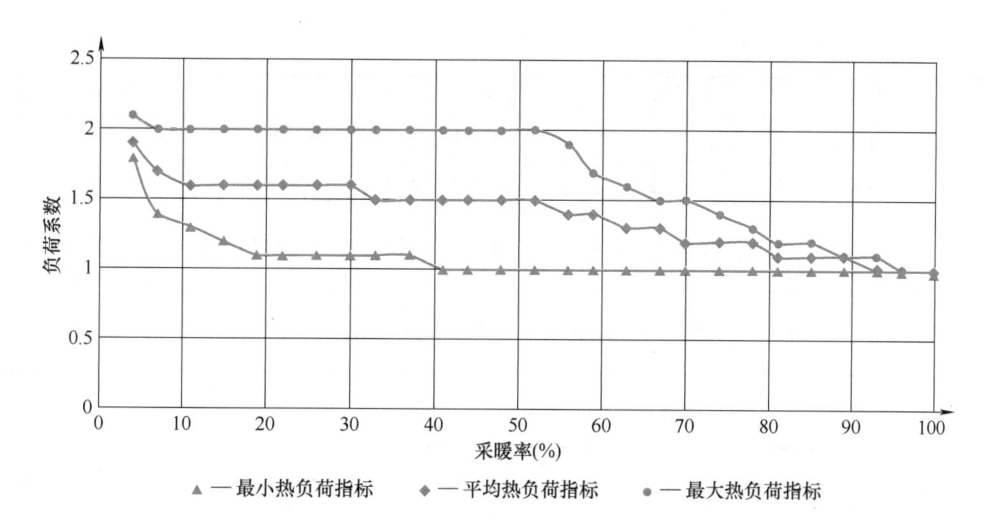

图 4-51　不同供暖率下的负荷系数

表 4-37　最大热负荷指标

供暖层数	1	2	3	4	5	6	7	8	9	10	11	12	13	14	15	16	17	18	19	20	21	22	23	24	25	26	27
供暖率（%）	4	7	11	15	19	22	26	30	33	37	41	44	48	52	56	59	63	67	70	74	78	81	85	89	93	96	100
W_1	0	0	0	0	0	0	0	0	0	0	0	0	0	1	1	1	1	1	1	1	1	1	1	1	1	1	0
W_2	0	0	0	0	0	0	0	0	0	0	0	0	0	0	0	0	0	0	0	0	0	0	0	0	0	0	1
W_3	1	1	1	1	1	1	1	1	1	1	1	1	1	1	1	1	1	1	1	1	1	1	1	1	1	0	0
W_4	0	0	0	0	0	0	0	0	0	0	0	0	0	0	0	0	0	0	0	0	0	0	0	0	0	1	1
W_5	0	0	0	0	0	0	0	0	0	0	0	0	0	0	1	3	5	7	9	11	13	15	17	19	21	23	25
W_6	0	0	0	0	0	0	0	0	0	0	0	0	0	0	2	2	2	2	2	2	2	2	2	2	2	1	0
W_7	0	1	2	3	4	5	6	7	8	9	10	11	12	12	10	9	8	7	6	5	4	3	2	1	0	0	0
热负荷指标/（W/m^2）	86	86	85	85	85	85	85	85	85	85	85	85	85	84	78	73	69	65	61	58	55	52	50	48	46	44	42
负荷系数（最大值）	2.1	2.0	2.0	2.0	2.0	2.0	2.0	2.0	2.0	2.0	2.0	2.0	2.0	2.0	1.9	1.7	1.6	1.5	1.5	1.4	1.3	1.2	1.2	1.1	1.1	1.0	1.0

表 4-38　最小热负荷指标

供暖层数	1	2	3	4	5	6	7	8	9	10	11	12	13	14	15	16	17	18	19	20	21	22	23	24	25	26	27
供暖率（%）	4	7	11	15	19	22	26	30	33	37	41	44	48	52	56	59	63	67	70	74	78	81	85	89	93	96	100
W_1	1	0	0	0	0	0	0	0	0	0	0	0	0	0	0	0	0	0	0	0	0	0	0	0	0	0	0
W_2	0	1	1	1	1	1	1	1	1	1	1	1	1	1	1	1	1	1	1	1	1	1	1	1	1	1	1
W_3	0	0	0	0	0	0	0	0	0	0	0	0	0	0	0	0	0	0	0	0	0	0	0	0	0	0	0
W_4	0	0	0	0	0	0	0	0	0	0	0	0	0	0	0	0	0	0	0	0	0	0	0	0	0	0	1
W_5	0	0	1	2	3	4	5	6	7	8	9	10	11	12	13	14	15	16	17	18	19	20	21	22	23	24	25

（续）

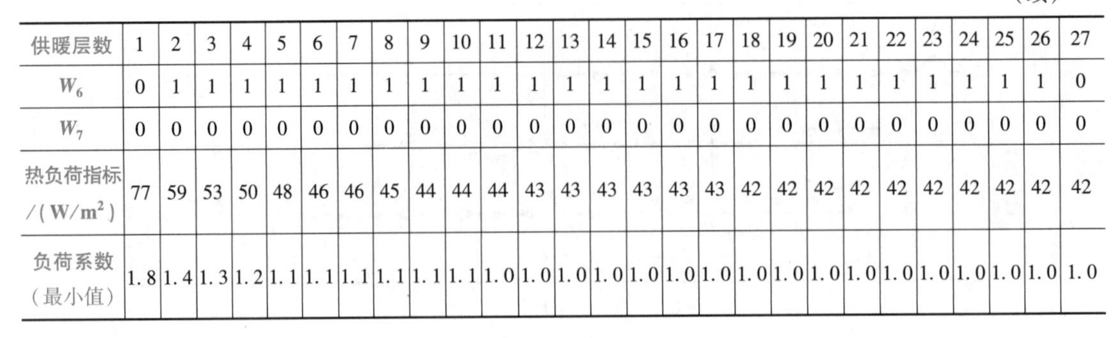

供暖层数	1	2	3	4	5	6	7	8	9	10	11	12	13	14	15	16	17	18	19	20	21	22	23	24	25	26	27
W_6	0	1	1	1	1	1	1	1	1	1	1	1	1	1	1	1	1	1	1	1	1	1	1	1	1	1	0
W_7	0	0	0	0	0	0	0	0	0	0	0	0	0	0	0	0	0	0	0	0	0	0	0	0	0	0	0
热负荷指标/(W/m^2)	77	59	53	50	48	46	46	45	44	44	44	43	43	43	43	43	43	42	42	42	42	42	42	42	42	42	42
负荷系数（最小值）	1.8	1.4	1.3	1.2	1.1	1.1	1.1	1.1	1.1	1.1	1.0	1.0	1.0	1.0	1.0	1.0	1.0	1.0	1.0	1.0	1.0	1.0	1.0	1.0	1.0	1.0	1.0

表 4-39　平均热负荷指标

供暖率(%)	4	7	11	15	19	22	26	30	33	37	41	44	48	52	56	59	63	67	70	74	78	81	85	89	93	96	100
负荷系数（平均值）	1.9	1.7	1.6	1.6	1.6	1.6	1.6	1.6	1.5	1.5	1.5	1.5	1.5	1.5	1.4	1.4	1.3	1.3	1.2	1.2	1.2	1.1	1.1	1.1	1.0	1.0	1.0

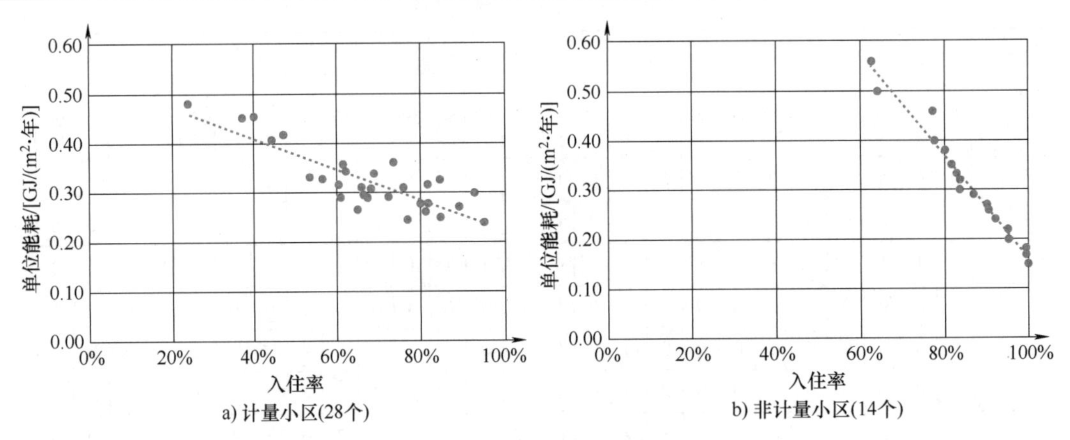

图 4-52　河北某县城不同入住率对单位热耗的影响

四、结论与建议

1）无论是节能建筑或是非节能建筑，供暖率较低的建筑供暖单位能耗较高，供暖率对单位能耗影响较大。

2）集中供暖项目的供暖率应力争提高至50%以上；其次，项目调研结果应能够体现出负荷的集中程度，以便于合理设计供暖系统以及合理评价项目的经济性。

3）在项目资料不完整时，项目前期可参照表4-40修正不同供暖率下的热负荷指标，在施工图设计阶段，仍应按照规范详细进行负荷计算。

表 4-40　供暖率与热负荷指标对照　（单位：W/m^2）

供暖率(%)	10	20	30	40	50	60	70	80	90	100
节能建筑的热负荷指标	54	51	50	50	49	44	40	37	34	32
非节能建筑的热负荷指标	67	64	63	62	61	55	50	46	43	40

第五章

南方供暖施工管理典型案例分析

第一节　湖北省某暖居工程施工案例

湖北省某暖居工程项目涉及户数约 9163 户，供暖面积约 60 万 m^2。其中，一期工程涉及户数约 5873 户，二期工程涉及户数约 3290 户。

热源站技术路线采用燃气热泵 + 燃气锅炉的串联方式。

一、工程组成

该暖居工程按照工艺系统进行划分，主要包括热源站、庭院管网、立管、户内工程 4 个部分，如图 5-1 所示。

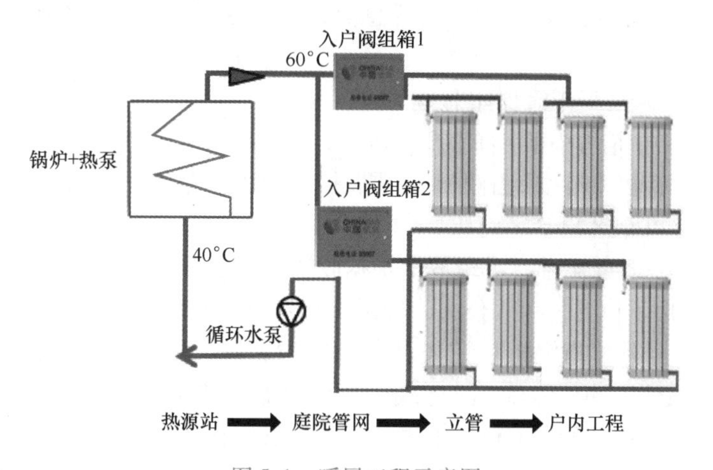

图 5-1　暖居工程示意图

（1）热源站工程　主要是指锅炉设备、循环水泵、板式换热器、自控和辅机的建设。

（2）庭院管网工程　主要是指热源站出口至各住宅单元立管之间的庭院管道工程。

（3）立管工程　主要是指居民住宅各单元供回水的分支管道工程。立管多设置在单元步道内，以小口径的管道施工为主，施工难度相对较小。

热源站、庭院管网、立管等的设备安装及土建，统称户外工程。

（4）户内工程　主要是指各单元楼户内散热器、管道、阀门等相关辅助设施的安装工程。

一般以入户阀组箱的出口为界，区分户内工程和户外工程。

二、工程组织与管理

1. 户外工程概述

户外工程采用“设计 + 采购 + 施工”（EPC）总承包方式，同时聘请监理单位和造价咨询机构，严格把控工程的进度、质量、变更和资金等管理。

2. 户内工程的开发、组织与实施

（1）户内工程整体概述　一期工程涉及 3 个片区共计 5873 户的散热器改造任务，全部采用市场化的手段推进。

（2）户内工程的市场开发工作流程

户内工程的市场开发策略如下：

第一阶段：做好地推宣传。借助企业单位、离退休办、党委工会或物业等多方渠道，对供暖工程的相关政策进行广泛宣传，同时选取典型用户，实施样板工程，利用示范工程解除用户的疑虑。

第二阶段：工程促销售。借助户外工程和户内样板工程的实施，促进户内安装的销售，以达到户内报装签约的高峰。

第三阶段：扫楼抓摇摆。待户内报装由高峰期转入平稳期后，组织人员进行扫楼扫户，按楼栋制订户内安装计划，限时报装，促进观望用户的报装。

第四阶段：补漏保进度。可通过限时优惠等方式，促进用户尽快报装，以提高小区用户最终的报装率。

户内工程的市场开发工作流程如下：

1）地推宣传：4 个销售小组分布在 3 个区域，主要调查用户意向，了解潜在报装意向率。

2）现场销售：销售人员按照销售价格开展报价销售，上门查勘现场确定产品规格，填写“销售报价单”，并请客户签字确认。

3）销售回款：每日收工前，小组成员根据收据核对当日销售金额，所有的回款全部通过慧零售 App 一次性下单支付存入公司，确保所有款项都能存入公司账户。

4）销售台账：各片区指定 1 名记账员负责登记台账，每日根据“销售报价单”和收据，将销售信息登记到“销售安装验收台账”中，同时派专人核对。

5）安装派单：各片区负责人根据销售情况进行安装任务的派发，片区负责人对安装负责，严禁未收款先派单安装，指定专人负责派单，谨防安装与销售对不上账；“安装派工单”上安装人员和客户必须签名，严禁安装人员代替客户签字确认以及伪造签名等。“安装派工单”是结算安装费的依据。

6）安装材料领取：各施工队指定 1 个专人负责到公司仓库领取材料，材料提前做好规划，批量领取。建议每日上午可领取材料，下午材料保管员需做账不发货，但特殊情况可特殊对待。

7）安装台账：各片区负责人要求施工负责人每日完工后立即将“安装派工单”的财务

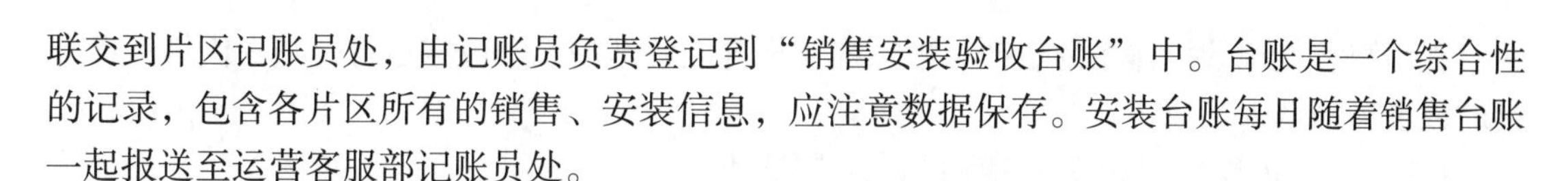

联交到片区记账员处，由记账员负责登记到“销售安装验收台账”中。台账是一个综合性的记录，包含各片区所有的销售、安装信息，应注意数据保存。安装台账每日随着销售台账一起报送至运营客服部记账员处。

8）验收台账：处理方式同安装台账一样，收取验收组成员的“验收工单”并登记汇总。

9）接入证明：验收组凭验收单给客户开具“接入证明”。

10）安装费结算：每月25日扎账日部门记账员与各片区核对好当月安装量，做好结算表格，三方签字确认并开具发票后，次月10日前完成安装费结算。

11）材料核销：每月25日各施工方当日盘点材料剩余量报各片区记账员，记账员根据当月材料出库汇总表和安装台账核算辅材使用量报财务部记账。

三、工程设计与管理

（一）户外热源站工程的设计与管理

1. 结合用户分布及片区规模，合理整合热源站

本项目涉及7个专业厂，居民户数约9163户。通过合理整合热源站，可减少热源站建设数量，在业主不能提供足够多用地时，可提高项目的可实施性，并降低建设成本。

2. 调整设备选型，降低热源站造价

设计初期，为了提高热源保障能力，燃气锅炉和燃气热泵均按照承担70%热负荷进行设备选择，得出共需求85kW燃气热泵389台、800kW燃气锅炉31台。因85kW燃气热泵每千瓦设备投资较高，后期选择经济性较高的140kW热泵机组。设备需求调整为140kW燃气热泵118台、700kW燃气锅炉51台，见表5-1。

表5-1　各热源站配置

热源站序号	供热面积	设计负荷/kW	锅炉/kW	140热泵/kW
1	4.7万m^2	3710	700×3	115×14
2	近期17.9万m^2	16010	700×14	115×54
	远期22.5万m^2	16010		
3	近期17.1万m^2	15550	700×14	115×50
	远期27.98万m^2	19750	700×20	

3. 合理选择供电和通信形式、用户物联网调节阀的型号

传统物联网平衡阀主要通过交流电供应，电源要求较高且投资较大，在本项目的适用性较差，因此选择电池为物联网平衡阀供电。

在通信方面，选择技术成熟的NB-IoT通信技术，这样既满足了通信要求，又降低了配套通信设备的投资。

4. 设置集中调度中心，实现热源和用户的智慧管控

通过智能管控系统的建设，建成供热管控分析平台，进行供热负荷的精确预估，提升整体供热质量，降低运行能耗指标，实现供热企业供热成本的下降。

利用智慧能源管控体系的生产管理系统，推进能源站的无人值守运行，减少供热运行人员的数量，降低人工成本。

（二）户外庭院管网和立管工程的设计与管理

1. 庭院管网主要采用架空方式敷设

本项目基地地形复杂且地形高差较大，房屋因地建设而没有进行规划设计，进而造成房屋布局混乱。在设计过程中要仔细踏勘现场，制定最佳线路，减少拆迁量。

本项目原有的供暖热水外网均采用架空敷设方式，目前仍保存有大量结构完整的管道混凝土支架，本次设计原则上给予最大程度的利用，尽可能利用原管道支架，减少支架投资。

采用架空方式敷设，比埋地方式节省投资、安装速度快，便于后续维护。

2. 简化入口装置

单元及用户入口装置离居民近且分布广，必须减少入口装置的泄漏风险。通过减少两个入口装置上非必需的装置和仪表，如热量表、过滤器、压力表和温度计等，既减少了设备的投资，又降低了管网泄漏的风险。

3. 管道外保温结构的优化设计

设计图样给出了管—防锈漆岩棉—油毛毡—铝箔反射层—不锈钢板外护的结构，由于市场上的油毛毡质量不达标，现将油毛毡改成 SBS 防水材料。同时，将保温结构修改为保温层—反射膜—2.5mmSBS 防水材料—钢化铝板。

4. 入户阀组的优化设计

根据原户前分户阀组的设计方案，供水管路阀门的方案为机械锁闭阀—Y 型过滤器—手动球阀—入户，回水管路阀门的方案为手动球阀—物联网平衡阀—手动球阀—入户。

对原入户阀组的方案进行调整，调整后方案的内容是：物联网平衡阀自带 2 路温度探头；供水管路的手动球阀变更为带测温接口的球阀。

经过优化后，不仅能够发挥平衡调节水量的作用，而且具有监测用户是否盗热的作用。变更后的入户阀组如图 5-2 所示。

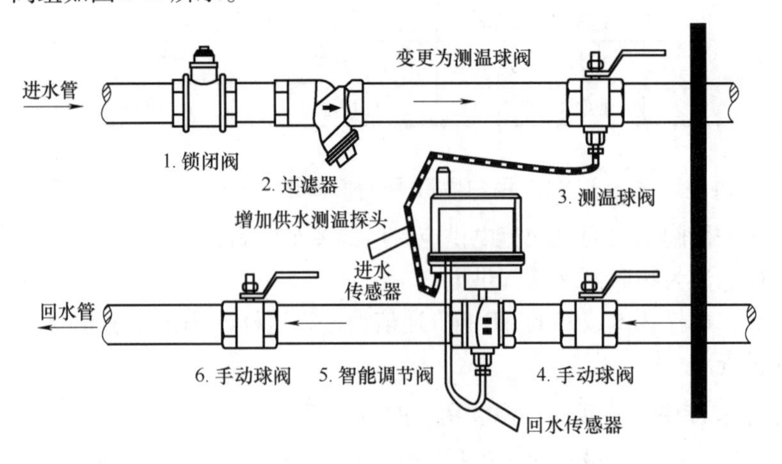

图 5-2　变更后的入户阀组

四、工程施工与管理

1. 户外三项工程同时（平行）实施

根据各部分施工工艺的要求和现场条件，为确保户外工程的工期，热源站、庭院管网和立管工程三项工作同时（平行）实施。

（1）热源站工程　热源站工程主要是指锅炉设备、循环泵、板式换热器、自控和辅机的建设。考虑到锅炉设备的采购周期长，待设计方案确定后，尽早启动订货工作。

（2）庭院管网　庭院管网需在小区内敷设，管道施工协调难度大，为确保改造进度，在施工初期要求由施工单位制订切实可行的施工计划，并严格按照计划实施。

（3）立管工程　立管工程多设置在单元步道内，以小口径的管道施工为主，施工难度相对较小，应优先推进立管施工。

2. 制订工程进度

在开工前制订详细的工程建设计划横道图，每天跟进，每周总结督导。

户外管网安装工程中每个班组每天可完成工作量见表5-2，合理组织施工力量。

表5-2　班组可完成的工作量

序　号	工作内容	班组人员、机械	1个班组每天可完成的工作量
1	立管安装（设置在楼梯间），21m高，不含采购、除锈、钻孔	2人/班组，1台焊机	4个单元
2	立管安装（设置在外墙面），21m高，不含采购、除锈	8人/班组，1台焊机	6个单元
3	庭院管网（架空）：DN200～DN300，上支架，点焊固定	6人/班组，1台起重机	90m
4	庭院管网（架空）：DN100～DN150，上支架，点焊固定	6人/班组，1台起重机	120m
5	庭院管网（埋地）：DN100～DN200，测量，破路面，清理沟槽	5人/班组，1台破碎机	40m
6	立管与阀门箱之间的支管连接；不含镀锌管的测量、攻螺纹、连接	2人/班组，1台焊机	14户
7	阀门箱内连接件的组装	5人/班组，组装阀门连接件（2个大工，3个小工）	80套
8	阀门箱内连接件的上墙安装	2人/班组	12户
9	阀门箱与入户管的连接	2人/班组，一台热熔机	6户

3. 楼栋立管不同安装方式的价格对比

立管布置在楼梯间时，只需少量人工及附属支架即可完成安装；立管附着在建筑物外立面时，需要增加高空作业车（升降车）等机械措施才能完成安装。

按照当地的机械台班费用，经计算，采用升降车架设立管（一梯2户）的价格约是人工架设立管价格的1.2倍。

4. 及时做好现场变更

楼栋管主要分为水平管和立管。一般情况下，水平管直接在现有的构筑物上架设支架即可安装，但本项目涉及较多老旧小区的改造，现有房屋结构不具备架设水平管的条件，与原水平管设计方案存在较大的偏差，只能变更管网的架立方式。变更后的水平管及立架，会造成施工费用的增加。

5. 做好安全措施，预防事故发生

参建单位要严格落实安全教育措施，组织开展每天的班前安全教育，以切实有效地避免安全事故的发生。定期开展安全培训，坚决杜绝习惯性违章。在本项目施工过程中，发现乙炔瓶和氧气瓶放置在一起、脚手架不稳定或坍塌、施工时不戴安全帽、安全绳没有绑扎等情况，存在较大安全隐患，监理人员及时督导现场施工队伍整改，使其严格按照规范的要求施工。

6. 施工前要熟悉周边环境，避免造成住户损失和安全隐患

小区高层住宅户内立管施工时，碰到住户私接乱拉的地埋水管、电线管，不仅造成住户损失，影响进度，还容易造成安全隐患。

施工前要和住户做好沟通及确认工作，避免破坏现有水、电管线，同时可以减少安全隐患。

7. 对施工单位要加强管理，及时整改不按图施工现象

按照图样要求，DN125的直埋供热管道回填沙子厚度至少为265mm，根据现场查勘，部分直埋供热管道回填沙子厚度不足，监理人员已要求施工单位整改。

8. 制定户内散热器安装质量验收标准

末端散热器安装后，安装单位必须开具验收合格单，用户、安装人员、验收人员三方签字确定。

用户应提供所装散热器及管材的产品检验合格证。

用户应提供打压记录，打压压力应为0.8~1MPa，持续时间不低于30min，压降不大于0.02MPa。

散热器距地高度为110~150mm，且应安装水平、无损坏、安装牢固。非承重墙安装散热器需加地支腿。

9. 户内供回水管的出户位置要有验收标准和要求

由于户型的不同，供回水管出户端可能在门上方或者楼道里，并不在入户阀门箱的位置，使户内工作与户外工作之间的衔接出现偏差，导致后期入户阀门箱和入户端的管道连接工作量显著增加。

立管施工完成后，要明确入户阀门组的安装位置，为户内供回水出户端的安装位置提供依据，尽量减少管道连接的工作量。由于本项目的建筑均是老旧楼栋，在入户阀门箱安装位置较难协调的地方，可将一些阀门箱安装在楼梯间天花板上或楼梯梯段的斜顶面上，有效地解决了安装空间不足的问题。

第二节　湖北省某暖居工程改造案例

一、户内工程简介

1）散热器安装时间共计 74 天。

2）总计安装散热器 9020 组。

3）共计供暖改造 5059 户。

4）中燃暖居工程实现销售市场占比 61.5%。

5）供暖后的运行情况：

① 轻微渗漏现象：32 件。具体原因有：管子接头热熔焊接质量控制不到位；散热器的堵头、排气阀的垫片试压后未上紧或安装时破损等。

② 严重漏水事故：0 件。

二、工程改造难点分析

1）用户量大，用户意见多变、不统一。

2）本项目并非统一采购，需要与同市场其他竞争者进行竞争。

3）每户情况各异，测量安装等户内工程工作开展期间，用户都持续居住在室内。

4）集中在非常短的时间内进行安装。

5）所有新装户同时供暖，如果批量出现漏水事故将很难处理。

6）非传统供暖城市，测量安装等专业工作人员短缺。

三、重点工作梳理

如果按照常规工作流程安排，将无法满足本项目“时间紧、任务重、目标高”的要求，所以本项目工作组进行了一些工作上的特殊安排。

1. 本工程采购基本情况

户内材料的采购按照市场订单进行订货，根据消费习惯，尽量减少散气器的规格种类，减少管理难度。散热器及管材管件采购为线下比价后自行采购。

2. 项目前期工作

1）暖居工作人员入户查勘、测量户型，选定了一室一厅一卫、两室两厅一卫、三室两厅一卫 3 个代表户型。

2）暖居工作人员与设计单位进行充分沟通，针对项目户型情况，确定散热器的大致型号和管材管件的材质、型号、管径等。

3）要求供应商在用户真正订货前，设立 1200m^2 的“中燃暖居产品供应链服务仓”（办公室 + 产品展示 + 仓库）。根据上述两条的实际情况，为项目前期准备了价值约计 800 万元的散热器及管材管件库存。

要求供应商免费提供 3 个不同户型的散热器及管材管件样板间，安装后向所有用户进行实景展示，并在项目区域内设立 8 个室外销售展示点，对 3 个主力户型做出精准报价，极大地打消了用户的各种疑虑，快速达成大量销售订单。

3. 户内管材的选择

本项目全部采用铝塑 PP-R 管，虽然铝塑 PP-R 管的单价比 PPR 管贵 30% 左右，但与 PPR 管相比具有以下显著优点：

1）都采用热熔连接，强度更高，不易变形，使用寿命更长。

2）耐高温度性能更好，可达 85℃以上。

3）隔光阻氧的性能好，不易产生绿藻影响水质。

4. 户内工程施工队伍的挑选

1）项目前期，即对当地已有的供暖安装市场进行详细摸底，提前布局，逐一洽谈合作事宜，同时主动联系外地的安装单位，作为施工力量储备，确保施工力量充足。先安排施工单位做样板工程，验收合格后再予以分配具体施工任务。

2）分别与各施工单位签订合同，并采用市场化竞争的方式，根据各施工单位的工程质量和进度，分配安装任务；同时建立监督机制，随时淘汰不合格的施工单位，确保施工质量。

3）所有施工队伍的选择，都要经过资质审核，还要通过中国燃气的审批流程。高峰期有 16 支施工安装队伍，一个队伍 20～100 人。2 人一组，一天可以完成 1 户或 2 户室内安装任务。

4）在施工队伍招标时，要求施工队必须派专业安装工人安装，派专人对安装现场进行现场监督，一旦发现打孔、管道安装等质量问题，立即下发通知书停工整改。安装合格验收后，开具验收合格单，用户、安装人员、验收人员三方签字确认。

5. 材料供应保障

1）设立项目专库可以极大地保证项目供货的及时性，为按时完成项目安装调试任务起到了保障作用。

2）用户实际订货后，很多用户并不听从专业建议，非常任性地按照自己的意愿订购。对于不能达到供暖要求的，尽量进行说服。同时也产生了大量用户订单与现货库存不匹配的情况。针对上述情况，调整了生产基地的生产计划，增设特单生产，并从其他项目调集产品，优先保障项目需求，实现了前所未有的 3 日供货周期。

3）要求供应商对每一个交付的产品进行打压测试，管材管件压力为 15kg，散热器压力为 10kg，保压 1h，确保每一个产品都是合格产品。

四、散热器性能的比较

1. 钢制板式散热器

钢制板式散热器（见图 5-3）分为双板双对流、三板三对流两种。钢制板式散热器为标准型，进水和回水在散热器侧面，为侧进侧出型，而按其结构可以分为 22 型、33 型等。常规钢制板式散热器的高度有 300mm、600mm、900mm，长度为 600～2000mm。其特点有：对流热大，使人体感觉更舒适；焊缝最少，渗漏隐患也最少；相对成本较低，市场竞争力较强。

图 5-3　钢制板式散热器

2. 低碳钢制柱式散热器

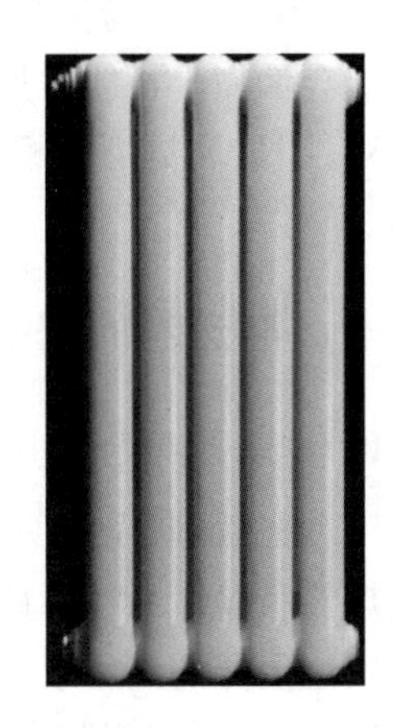

图 5-4　钢制柱式散热器

钢制柱式散热器（见图 5-4）是指冷轧低碳钢制柱式水暖散热器。钢制柱式散热器的构造和铸铁柱式散热器相似，每片也是由几个中空立柱相互连通，高度一般为 640mm。但它是采用 1.5 ~ 1.8mm 厚的钢板经过冲压延伸形成片状半柱型，将两片片状半柱型经压力滚焊复合成单片，单片之间经气体弧焊连接成散热器段，每段单片组合可根据设计需要的片数而定。钢制柱式散热器的传热系数远高于钢串片，但制造工艺比较复杂。钢制柱式散热器主要由走水部分和对流片组成。它的散热效果主要与散热器内部的热媒温度和外部空气温度以及与空气接触的面积、空气流速等因素有关。所以，热媒来源的温度高低也直接和从根本上决定和影响着散热器的实际使用效果。

3. 铜铝复合散热器

铜铝复合散热器是一种由铜管与铝型材做成的散热器，其中走水部分为纯铜管，散热部分为合金铝。一般地，铜管材质牌号为 T2 纯铜管，铝型材牌号为 6063A。铜铝复合散热器具有经济、美观、力学性能好、耐腐蚀等优点。

五、相关标准、规程及规范的应用

相关标准、规程及规范有：《燃气采暖热水炉应用技术规程》（CECS 215：2006）、《燃气采暖热水炉》（GB 25034—2020）、《夏热冬冷地区居住建筑节能设计标准》（JGJ 134—2010）、《辐射供暖供冷技术规程》（JGJ 142—2012）、《家用燃气燃烧器具安装及验收规程》（CJJ 12—2013）、《公共建筑节能设计标准》（GB 50189—2015）、《城镇燃气设计规程》（GB 50028—2006）、《城镇燃气室内施工与质量验收规范》（CJJ 94—2009）和《建筑给水排水及采暖工程施工质量验收规范》（GB 50242—2002）。

六、供暖系统的设计

1. 标准散热量（Q）的测定方法

按照国家标准 GB/T 13754—2017《供暖散热器热量测定方法》的规定，散热器的标准散热量是指在闭式小区按规定条件所测得的散热量。规定条件是：热媒为热水，进水温度是95℃，出水温度是70℃，平均水温是（95+70）℃/2=82.5℃，室温是18℃，计算温差ΔT=82.5℃-18℃=64.5℃。这是散热器的主要技术指标，各种散热器的散热量在标准中都有明确规定，在出厂和售货时都应标出。不同的散热器都在同一条件（工况）下测出的散热量就可以互相对比了。

2. 内散热器配置的设计方法

1）根据厂家提供的各种规格散热器在95℃/70℃标准工况下的散热量，参照《散热器选用及安装说明》中散热器散热量的计算方法，折算出厂家散热器在进出水温度60℃/40℃下的散热量，室内热负荷按照65W/m^2考虑，计算出每一组或柱散热器可供应的面积。

2）为了增加增值服务销售额，部分户内增加了散热器数量或提升了规格，后期室内温度可能会偏高，耗能增加。

3）报价人员可以根据每户室内面积，快速地计算出每户的散热器报装数量、规格及总价。

七、散热器的安装

1. 供暖明装系统的施工要求

1）独立供暖系统明装是指利用已完成的装修、装饰空间，以非暗埋施工方式进行合理的散热器布置，系统管路的布局以及相关阀门、控制器、配件等的设置，最终达到美观舒适、安全便捷的使用效果。

2）家庭供暖明装在设计和施工上有着鲜明的特点，在湖北省经过10余年的应用和发展，供暖明装越来越受到消费市场的关注，在供暖季形成了新的消费热点和趋势，成为冬季独立供暖的主流形式，市场潜力巨大，值得高度重视。

3）由于家庭成员已经入住，装修装饰已经完善，家居功能已经布置齐备，所以供暖明装相对于供暖暗装具有施工强度大、美观度要求高、设计复杂等特点，尤其对装修装饰的破损修复、家居环境的保护、摆放位置的设计、系统布置的美观、工期进度的管理等具有极高要求。

2. 散热器的位置选择及安装要求

1）卫生间等常年潮湿的区域不宜采用常规散热器，宜采用卫浴型散热器，如卫浴毛巾架等。

2）散热器的高度应根据现场的装修布局和散热量进行综合考虑；散热器必须安装在牢固的墙体上，玻璃、木板、石膏板隔断等承重力不够的安装位置应采用地支架固定。

3）连接形式可选用底进底出、侧进侧出。侧进侧出又分为同侧连接、异侧连接。当散热器的宽度不小于1m时，必须采用异侧连接的方式。

4）散热器宜安装在靠近外窗且室内热对流循环较好的位置。

5）散热器安装后，底部距离地面不得小于100mm。

6）散热器两侧必须留有足够的操作空间；散热器阀门应水平连接；散热器必须安装排气阀，且安装在散热器的上方（与供水方向相反）。

3. 管路的安装要求

1）管路的管卡、管槽宜采用与墙体颜色相近的颜色。

2）护管槽安装时宜使用水平仪测量水平度、垂直度，做到横平竖直。

3）考虑到明装供暖系统的一些局限性，明装供暖系统的主管管径不宜过大，一般以不超过 ϕ25mm 为宜。当供暖区域过大时，可设置多路主管。

4）管路布局的方式应根据房型选择双管同程式或者双管异程式，管路布局应考虑水力平衡，不得使用单管跨越式系统。

5）开孔之前必须用墙体探测仪探测墙体内是否有水电管线、钢筋主筋等；在与外墙、卫生间连接的墙面上开孔时，应保持一定的倾斜度，以防止雨水倒灌；墙体开孔时应选择在隐蔽位置。

6）室内墙体开孔后，宜用聚氨酯发泡剂填充孔洞，并用封孔盖封盖。外墙孔洞宜采用防水材料填充。

7）吊顶内的管路应进行固定，并与吊顶内的灯具、电线、排气管等设施保持足够的安全距离。

4. 安装质量验收标准

末端散热器安装后，安装单位必须开具验收合格单，用户、安装人员、验收人员三方签字确认。

应向用户提供所装散热器及管材的产品检验合格证。

应向用户提供打压记录，打压压力为 0.8 ~ 1MPa，持续时间不低于 30min，压降不大于 0.02MPa。

第六章

南方供暖系统的运营与维护

第一节　暖居工程燃气锅炉的防腐与保养

一、概述

随着国民经济的快速发展，对环境的要求也越来越高，燃煤锅炉房的建设在一些大中城市受到了一定的限制，如北京、上海等。燃气锅炉因其节能、环保等特性满足了相关的发展需求，且供暖业务是燃气锅炉的使用大户，促进了燃气锅炉的快速发展。

供暖行业的燃气锅炉，近年来朝着高效、低氮方向发展，而单台容量不大于2.4MW的非承压锅炉因其灵活布置特性很受用户欢迎。但在实际使用过程中发现，由于这类锅炉不在特种设备监督检查的范围内，大多数布置在地下室，房屋防潮性有限，加上管理人员对其运营检修及保养不够重视，设备腐蚀情况随处可见。

中国燃气在长江流域开展暖居工程，大力推广清洁能源供暖，非承压燃气热水锅炉当仁不让成为主力设备，对其进行防腐保养方面的探讨有助于提升设备使用寿命、保证设备运行效率，对提高安全运营、确保项目收益至关重要。

二、天然气锅炉腐蚀原理

（一）烟气侧的腐蚀

为追求更高的经济效益及热利用率，燃气锅炉均朝着冷凝式锅炉方向发展。冷凝式燃气锅炉有极高的热效率和节能效果，主要原因有以下两个方面：一是显热回收。冷凝式燃气锅炉可以降低锅炉排烟温度，减少燃料燃烧损失，回收了烟气中的显热。二是潜热回收。烟气露点温度是指烟气中水蒸气分压力之下的饱和温度，如果锅炉排烟温度在烟气露点温度之下，则烟气中的水蒸气会开始凝结，进而释放汽化潜热，这样就能有效提升锅炉热效率。

冷凝式燃气锅炉由于获取了烟气中水蒸气的凝结潜热获得了极高的热效率，但凝结水的酸性特征也是冷凝式燃气锅炉低温段防腐的关键。

致使燃气锅炉烟气侧产生腐蚀的主要因素有如下几点。

1. 天然气成分

以某天然气为例，其成分见表6-1。

表6-1　天然气成分（体积分数）

成分名称	符号	含量（%）	成分名称	符号	含量（%）
氢气	H_2	—	丁烷	C_4H_{10}	0.3
一氧化碳	CO	—	氮气	N_2	0.1
甲烷	CH_4	98.0	氧气	O_2	—
环丙烷	C_3H_6	0.4	二氧化碳	CO_2	—
丙烷	C_3H_8	0.3	硫化氢	H_2S	—

上述天然气的主要成分是 CH_4，另有少量的 C_3H_6、C_3H_8、C_4H_{10}，此外一般还含有 H_2S、CO_2、N_2 和水气，以及微量的惰性气体。根据 GB 17820—2018《天然气》的规定，二类天然气中 H_2S 的含量不超过 $20mg/m^3$，总硫不超过 $100mg/m^3$。

经简单的热力计算可知：

理论空气量：$V^0 = 9.33m^3/m^3$。

理论 CO_2 量：$V_{CO_2}^0 = 0.98m^3/m^3$。

理论 H_2O 量：$V_{H_2O}^0 = 1.96m^3/m^3$。

理论 N_2 量：$V_{N_2}^0 = 7.38m^3/m^3$。

理论烟气量：$V_y^0 = 10.32m^3/m^3$。

所以：$V_{CO_2}^0/V_y^0 = 9.5\%$；$V_{H_2O}^0/V_y^0 = 19\%$；$V_{N_2}^0/V_y^0 = 71.5\%$。

从热力计算可知，在锅炉中天然气燃烧后主要产生的成分是 CO_2 和 H_2O（水蒸气），以及含量较少、理论计算常忽略而实际存在的少量硫的氧化物及 N_xO_y。其中，H_2O 所占比例最大，其他是以 CO_2 及 SO_x 为主的酸性气体，能够溶解在 H_2O 中，并与 H_2O 发生反应，变成具有较强腐蚀性的酸液，形成酸性环境。

以上述天然气成分为例，产生的烟气成分相对稳定，烟气中水的露点为烟气中水蒸气分压力对应的饱和温度，用 t_s 表示。查水蒸气性质表可知，t_s 为58℃左右。当天然气中硫分增加时，露点温度随着硫分的增加而上升。锅炉尾部受热面长时间接触烟气会有一定的腐蚀。

2. 烟气侧凝结水的影响

通过对天然气成分的分析可知，天然气的主要成分是 CH_4 以及少量的硫化氢等物质，经过燃烧（化学反应式为 $CH_4 + 2O_2 = CO_2 + 2H_2O$，$2H_2S + 3O_2 = 2SO_2 + 2H_2O$）产生的 CO_2 和 SO_2 会与水蒸气发生反应，生成 H_2SO_3 和 H_2CO_3 蒸气，当尾部排放的烟气温度低于露点温度时，就会变成含有酸的冷凝水，对尾部的受热面造成一定的腐蚀。其次，如果产生的凝结水不及时排放，则会导致燃烧所产生的烟灰等与凝结水混合而堆到排烟道的底部，从而延长低温腐蚀的时间。最后，如果凝结水的排出管线太细，不能及时将凝结水排放，则会造成阀门堵塞现象，同样延长低温腐蚀的时间。所以，适当增加尾部烟气排烟温度，降低凝结水量，也可减慢腐蚀速度。

冷凝水的形成，特别是冷凝水的数量，主要取决于燃气气流截面上的温度分布。如图6-1所示，该截面上构成了一条很好的温度轮廓线。

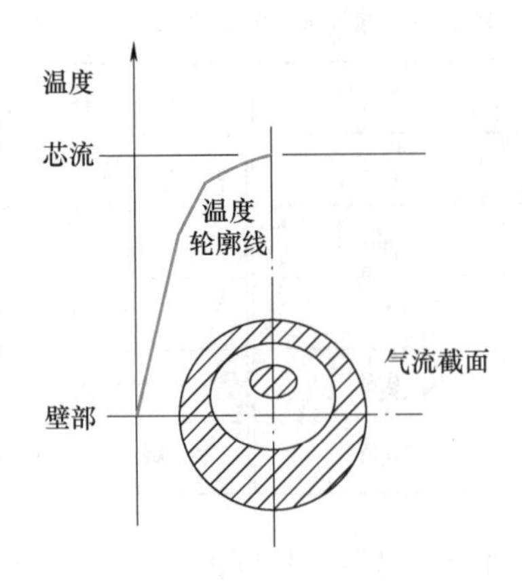

图 6-1　温度轮廓线

一般地，烟气的芯流温度和壁部的表面温度对温度轮廓线起决定性作用。其中，壁部的表面温度主要取决于外部的锅炉水温。锅炉水温是冷凝水能否形成的先决条件。

根据温度轮廓线相对于水蒸气露点线的不同位置，可分为无冷凝、部分冷凝和完全冷凝三类典型的运行状态，如图 6-2所示。

1）无冷凝：水温高于露点。

2）部分冷凝：水温低于露点，但芯流温度却高于露点。冷凝水的数量取决于温度轮廓线与露点线的交点。该交点决定着冷凝区的层宽。

3）完全冷凝：芯流温度低于露点。整个气流截面上均出现冷凝。

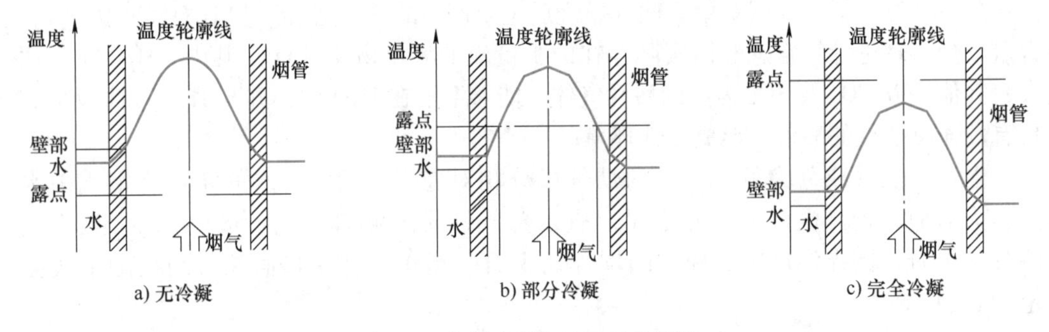

图 6-2　冷凝过程中的温度轮廓线

3. 过量空气系数的影响

通过烟气成分的分析可知，烟气中含有一定量的 SO_2 和 SO_3，当燃料中的含硫量越高，过量空气越多，会导致烟气中 SO_3 的含量越多，露点温度较高。对于化学反应 $2SO_2 + O_2 = 2SO_3$ 来说，如果没有过量的空气，SO_3 就不能生成，腐蚀性酸性液体就会大幅度减少。因此，需要尽可能地减少过量空气，让燃气在近于理论的空气量下进行燃烧，即可以最大限度地减少 SO_3 的生成，以减小燃气锅炉尾部受热面的腐蚀速度。

（二）水侧的腐蚀

根据 GB/T 1576—2018《工业锅炉水质》的规定，不大于4.2MW 的热水锅炉补给水 pH 值要求为7～11，炉水 pH 值要求为9～12，溶解氧不超过0.5mg/L。然而实际运行中无论是

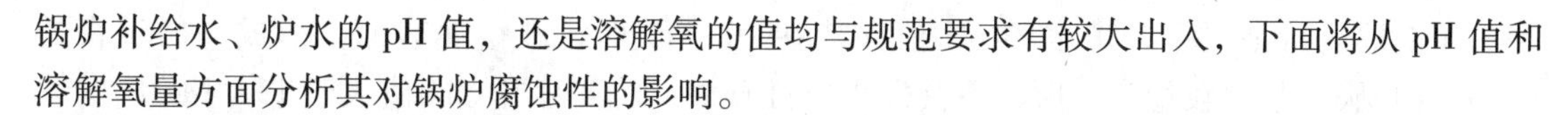

锅炉补给水、炉水的 pH 值，还是溶解氧的值均与规范要求有较大出入，下面将从 pH 值和溶解氧量方面分析其对锅炉腐蚀性的影响。

1. pH 值对锅炉腐蚀性的影响

一般锅炉水源使用的是城市管网的供水系统，我国 CJ/T 206—2005《城市供水水质标准》规定：城市供水的 pH 值为 6.5～8.5。城市供水水质在处理和传送过程受 pH 值的影响较大，同时地表水的 pH 值随着季节的变化和外界污染的影响也在变化。二氧化碳是一种易溶于水的气体，天然水特别是地下水中，通常含有一定量的二氧化碳。水在软化及降碱过程中，常常会产生游离的二氧化碳，含量一般大于 20mg/L。为防止给水系统腐蚀，应维持给水的 pH 值在 8.0 以上，最好在 9.0～9.2。由于净水工艺的连续性和相关性，以及考虑投资成本，不可能满足各种用水设备的要求。锅炉补给水在进行软化处理时，水的 pH 值不会有变化，进入锅炉内的补给水偏酸性。

另外，离子交换树脂的碎片等有机物进入锅炉后，在炉内高温高压下分解形成无机强酸和低分子有机酸，它们在炉内分解、降解或水解也会产生酸性物质，使炉水的 pH 值下降。

当炉水 pH 值小于 7，水中有游离二氧化碳存在时，就会同相接触的金属发生以二氧化碳为去极剂的电化学腐蚀。锅炉补给水不除氧除气，回水管路系统中就会产生这种酸腐蚀。其反应如下：

$$CO_2 + H_2O \rightleftharpoons H_2CO_3 \rightleftharpoons H^+ + HCO^-$$

$$Fe - 2e = Fe^{2+}\text{（微电池阳极）}$$

$$2H^+ + 2e = H_2\uparrow\text{（微电池阴极）}$$

总的反应为

$$Fe + 2H_2O + 2CO_2 = Fe(HCO_3)_2 + H_2\uparrow$$

反应生成物重碳酸亚铁 $Fe(HCO_3)_2$ 易溶于水，不易在金属表面形成保护膜，所以二氧化碳引起的酸腐蚀是均匀腐蚀，使金属表面形成结构壁面而均匀减薄。

原水中的碱度通常以暂硬 $Ca(HCO_3)_2$、$Mg(HCO_3)_2$ 及钠碱 $NaHCO_3$ 的形式存在。在进行钠离子交换软化时，暂硬碱度也转化为钠碱碱度，钠离子交换后，以 me/L（1 公升含有之毫克当量）计的软化水碱度与原水相同，由于钙的当量（20）和镁的当量（12）均小于钠的当量（23），所以若以 mg/L 计算，钠离子交换转化后水的碱度会适当增加。

原水及软化水中的碱度如不太高，进入锅炉后对锅炉运行一般是有利的。但是，当原水及软化水中的碱度较高时，在炉内一定温度和压力的作用下，$NaHCO_3$ 转化为碳酸钠（Na_2CO_3），炉水中的碳酸钠在炉内总是有一部分要发生水解反应变成氢氧化钠（NaOH），其反应式如下：

$$NaHCO_3 = Na_2CO_3 + H_2O$$

$$Na_2CO_3 + H_2O = 2NaOH + CO_2\uparrow$$

由于蒸发浓缩，使得炉水碱度及相对碱度过高，会造成汽水共腾、苛性脆化等严重后果，不仅降低供汽质量，也危及设备安全。其水解程度与炉水温度有关，而炉水温度的高低取决于锅炉的压力。因此，碳酸钠的水解率与锅炉压力有直接关系。锅炉压力越高，碳酸钠水解率越大，即意味着炉水的碱性越强，游离氢氧化钠越多，炉水也就越容易起泡沫，同时也增加了产生碱性腐蚀的概率。

在正常运行情况下，炉水的 pH 值保持在 10～12 时，在金属表面上形成一层致密的 Fe_3O_4 保护膜，且比较稳定，所以不会发生腐蚀现象。当炉水中 pH 值大于 13，NaOH 的含量浓缩到 5% 时，保护膜也将会遭到破坏被溶解而生成铁盐。其反应如下：

$$Fe_3O_4 + 4NaOH = 2NaFeO_2 + Na_2FeO_2 + 2H_2O$$

另一方面，保护膜被溶解后，金属表面暴露在高温炉水中，与 NaOH 直接反应，即

$$Fe + 2NaOH = Na_2FeO_2 + H_2\uparrow$$

其 $NaFeO_2$ 产物在 pH 值高的水中是可溶性的，所以随 pH 值增高，碱性腐蚀速度迅速增大。同时，当锅炉内产生磷酸盐的暂时消失现象时，炉管管壁上会产生磷酸氢盐的沉积物，其化学组成与炉水中的磷酸盐组分有关。在进行普通的 Na_3PO_4 处理时，从溶液中析出的沉积物为 $Na_{2.85}H_{0.15}PO_4$，并产生了游离的 NaOH，也会造成碱性腐蚀。其化学式为

$$Na_3PO_4 + 0.15H_2O = Na_{2.85}H_{0.15}PO_4\downarrow + 0.15NaOH$$

这就是普通磷酸盐处理的主要缺点。

为了防止炉水碱度过高，通常是用调整锅炉排污的方法来实现的。如果在进行 Na_3PO_4 处理的同时，再加入一定量的 Na_2HPO_4，它可与游离的 NaOH 发生反应，即

$$Na_2HPO_4 + NaOH = Na_3PO_4 + H_2O$$

$$0.15NaOH + 0.15Na_2HPO_4 = 0.15Na_3PO_4 + 0.15H_2O$$

由以上两式可得

$$0.85Na_3PO_4 + 0.15Na_2HPO_4 = Na_{2.85}H_{0.15}PO_4\downarrow$$

该反应式说明，只要控制炉水中含有一定量的 Na_2HPO_4，就可防止产生游离的 NaOH，避免碱性腐蚀。为了适当地控制 Na_2HPO_4 和 Na_3PO_4 的加药量，可控制 Na/PO_4 的比值，该比值叫作磷酸盐中钠离子和磷酸盐中磷酸根离子的摩尔比，以 *R* 表示。实践证明，*R* 在 2.2～2.85 之间，就能保证不会发生炉水 pH 值低所引起的金属腐蚀，还使炉水中无游离 NaOH，因而不会发生炉管的碱性腐蚀。

2. 水中溶解氧对锅炉的腐蚀

氧腐蚀是小型常压燃气锅炉最常见的腐蚀之一，它先在金属表面形成点蚀，然后迅速向内发展形成蚀孔，甚至穿透，使锅炉的使用寿命缩短。

（1）溶解氧　由于常压锅炉直通大气，大气中含有大量的氧气，所以水中就有溶解氧 O_2 存在，它是引起电化学腐蚀的重要因素。在铁和氧组成的腐蚀电池中，铁的电位比氧的电位低，所以在这对腐蚀电池中，铁是阳极，进行氧化反应，遭受腐蚀；氧为阴极，进行还原反应。电极反应如下：

阳极反应：$Fe - 2e = Fe^{2+}$。

阳极反应：$O_2 + 2H_2O + 4e = 4OH^-$。

在这里，氧又是阴极区起强烈去极化作用的极化剂，所以水中含氧量越多，金属的腐蚀就越严重。同时由于溶解氧的存在，还会将腐蚀产物氢氧化亚铁 $Fe(OH)_2$ 氧化成溶解度很低的氢氧化铁 $Fe(OH)_3$，减少溶液中的 Fe^{2+} 离子，从而加速了阳极氧化过程。

（2）温度　在金属腐蚀过程中，充当去极化剂的是水中的溶解气体，而且金属的腐蚀过程是在敞口系统中发生的，那么温度升高到一定数值时氧腐蚀速度会降低，这是由于水中

溶解的气体随温度的升高而降低，如图 6-3 所示。当锅炉中的水达到沸点时，气体在水中的溶解度为零，就不再有溶解气体的腐蚀。

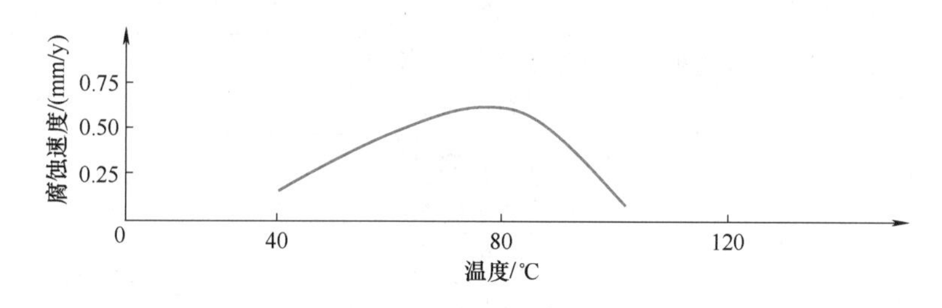

图 6-3 随温度变化的腐蚀速度

由于锅炉回水进入回水箱不断与大气接触，使锅炉循环水中的溶解氧增加，由图 6-3 可知：80℃时氧腐蚀最严重，而小型常压燃气锅炉的设计温度通常为 95℃/70℃，所以锅炉和循环管道内容易形成氧腐蚀。

（3）溶解氧的腐蚀特征 钢材受氧腐蚀时，腐蚀的产物就会堆积在金属表面并形成许多小鼓包，直径为 1～30mm 不等，鼓包的颜色从黄褐色到砖红色（由各种不同形态的氧化铁组成），次层是黑色粉状物质（由磁性氧化铁 Fe_3O_4 组成），有时靠近金属表面处还会有一层黑色层（由氧化亚铁 FeO 组成）。这些腐蚀产物有被磁铁吸引的性能，如将腐蚀产物清除，便会出现凹坑。

（4）腐蚀部位 锅炉内外壳、回水箱、循环水管、补水管线均为典型的腐蚀部位。

三、天然气锅炉的日常保养

前文分析了燃气锅炉腐蚀的机理及要素，所以只有恰当做好天然气锅炉的日常维护与保养工作，才能为锅炉的正常、安全运行奠定基础。那么，如何做好天然气锅炉的日常维护与保养工作，是运营相关人员需要思考的问题。

1. 日常科学维护工作

（1）有计划性地检修锅炉 有计划性地检修锅炉，是天然气锅炉日常维护中的重要内容与方式，在实际操作中应做好以下几点：

1）清理人员应穿上具有较高安全性能的工装，配备符合标准且具有良好绝缘性能的机器设备与照明电路。

2）对烟道与锅炉进行充分的换气与通风。在使用化学清洗剂时，应确保形成的氢气可快速扩散，并禁止使用与携带烟火。

3）将和其他锅炉相连接的给水管、蒸汽管全部切断。

4）在进行登高作业时，应确保登高位置具有较高的牢固性。检修人员在进入锅炉后，必须有专人在出入口进行监护。维护人员在清扫锅炉内部时，应结合实际情况，通过化学清洗法或机械清扫法完成清扫任务。如果锅炉中形成的水垢非常坚硬、非常厚，应先借助化学清洗剂清洗，再使用机械清除法。需要注意的是，在使用化学清洗剂时，务必依照操作规程操作，尽可能不损伤锅炉。

5）按照燃气锅炉说明书执行定期检查和维护。表 6-2 给出了燃气锅炉常规维护保养项目。

表 6-2　燃气锅炉常规维护保养项目

项　目	维护保养内容	
每月进行两次定期维护的项目	燃料供应管路检查	过滤器清洗
		燃气管道气密性检查
		管道通畅与否检查
	各仪表检查	水位表冲洗
		压力表弯管冲洗
		安全阀试验
	燃烧器检查	火焰检测器（电眼）清扫受光面
		检查燃烧器火焰是否正常
		燃烧器声音是否正常
		转杯盘清洗
		燃烧器耗气量是否正常
	进水系统检查	过滤器清洗
		水泵是否可达到额定扬程和流量
		单向阀工作是否正常
每三个月进行一次维护的项目	电气部分	线路是否老化、松动、失灵
		检查电气元件是否可靠、过载
		电气保护装置是否正常
	软水箱	停用时打开底阀排放泥渣
	锅炉再点联锁装置检测	低水位置
		超压
		熄火
		排烟温度超高
	烟气检测	包括烟气成分分析及烟气温度检测，检测燃烧是否正常
	清洗	清洗锅炉本体及燃烧器外表面
每年进行一次大保的项目	本体主机部分	全面清洗烟管、水管、前后烟箱、炉膛部分、燃尽室及烟管积灰
		全面开盖检查手孔、人孔等检查孔的密封性完好程度，并及时更换有缺陷的密封垫
		全面检测整定仪表、阀门，包括压力表、压力控制器及电接点水位控制器和安全阀
	燃烧器部分	全面清理燃烧器转杯盘、点火装置、过滤器、电动机及叶轮系统，对风门连接机构加润滑剂，对燃烧情况重新给予检测
	控制部分	检修及检测电气元件、控制电路，清理控制箱积灰，每个控制点进行检测
	给水系统	检修水处理装置，检查树脂是否达标，全面清理软水箱，检查给水泵自动进水及扬程，清洗单向阀阀芯等

（2）全面做好锅炉清扫工作　清扫锅炉外围也是天然气锅炉日常维护中的重要内容，

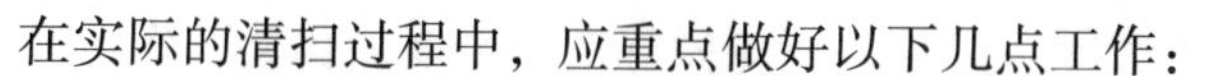

在实际的清扫过程中，应重点做好以下几点工作：

1）外部清扫。一般有两种形式：机械清扫与人工清扫。其中，在使用人工方法完成天然气锅炉外部清扫工作时，针对清扫人员手够不到的位置，比如狭窄缝或火管群等位置，可以通过吹灰方法解决问题。另一方面，针对各种结构的天然气锅炉，也可以有针对性地选择个性化的清扫方法，但是应确保不将耐火材料及砖墙弄湿。通常情况下，可采用以下 4 种方法解决：

① 蒸汽浸透法：借助蒸汽将灰尘浸湿后，再把灰尘清除掉。

② 水浸湿法：用水的喷雾把灰尘浸湿，然后把灰尘清除干净。

③ 水洗法：借助很多 pH 值在 8 ~ 9 的水清洗天然气锅炉外部的灰尘，一般无须接触耐火墙砖，比较适合应用在水洗结构的清洗任务中。

④ 喷钢珠、喷砂粒等个性化的清扫方法。

2）除灰作业。将天然气锅炉外部的灰尘清扫干净后，还应将积灰清除掉。通常情况下，在清除积灰之前，务必对锅炉充分通风，严格按照从高温区过渡到低温区的作业流程，并确保刚刚清理出来的积灰与可燃物质有足够远的距离。

3）在彻底清扫完天然气锅炉外部的灰尘与积灰之后，还应对烟道与炉膛内做认真、详细的检查。

2. 运行期间加强管理

（1）检测炉水的 pH 值　常压热水锅炉运行时，由于管理人员不重视，一般很少检测炉水的 pH 值，导致炉水的 pH 值常不在最优范围内。故需要加强炉水 pH 值的检测，使炉水的 pH 值保持在 10 ~ 12，以降低锅炉的腐蚀。

（2）控制溶解氧　常压热水锅炉供热系统由于造价等原因，配置除氧设备的不多，水中的溶解氧随着补给水进入了锅炉系统。锅炉系统中氧的最大来源就是补水的溶解氧，故控制锅炉的补水量可以很好地控制锅炉系统氧的进入，从而降低锅炉的氧腐蚀。

（3）加强冷凝水排放管理　燃气锅炉尾部烟气冷凝水的 pH 值一般为 3 ~ 5，具有较强的腐蚀性，运行期间应注意冷凝水排水管的畅通，及时排掉冷凝水，减少管道与冷凝水的接触时间，从而减少锅炉的腐蚀。

. 合理做好天然气锅炉的停炉保养工作

停炉保养是指锅炉停止工作之后，对锅炉内部进行有效的保养，也是为了有效预防水汽系统出现腐蚀状况而采取的有效保护措施。具体来讲，天然气锅炉停炉保养的主要方法有以下几种。

（1）湿法保养法　一般来讲，湿法保养法比较适合应用到停炉时间低于 1 个月的天然气锅炉保养工作中。具体来讲，湿法保养法是将碱性溶液灌注到管道系统中，对天然气锅炉进行有效保养的一种方法。其应用的基本原理是碱性溶液和锅炉体的金属接触可在金属表层形成一层性能稳定的氧化膜，从而有效预防腐蚀反应的继续发生。天然气锅炉停止运行后，保养人员应将锅炉中的水排放干净，并彻底清理锅炉内的烟灰、水垢与水渣，把受热面表面的灰尘清扫干净，并且将各处的阀门、手孔、人孔等都关闭，以确保其和正在运行中的其他锅炉彻底隔开。接着，加入适量的软化水（一般加入的量应达到最低水位线），然后将配置好的一定浓度的碱性溶液用专用泵注入天然气锅炉中，并开启锅炉的水循环系统，使两种溶液充分混合。在保养过程中，需要保养人员依据实际情况及时生微火，以确保锅炉受热面的外部始终处于干燥状态。为了对天然气锅炉进行更充分的保养，还应每隔一定时间开启锅炉的水循环系统，让内部的溶液具有一致性的浓度。并且，还应做好溶液浓度的化验工作，及时补充适量的碱性溶液。需要注意的是，如果是在寒冷的冬季保养天然气锅炉，还应做好必要的防冻措施。

（2）干法保养法　一般情况下，干法保养法比较适合应用到长时间停炉的天然气锅炉保养工作中，尤其是长期停用的供暖热水锅炉。具体来讲，干法保养法是在炉膛与锅炉中放置一定量的干燥剂，对锅炉进行有效保养的一种方法。在使用干法保养法保养锅炉的过程中，停炉之后保养人员应尽快把锅炉中的水排尽，彻底将锅炉受热面外层的烟灰与水垢清除干净，将排污管、给水管、供热水管、蒸汽管道等全部关闭，还可借助挡板将所有阀门堵严，并将需要保养的天然气锅炉和其他锅炉彻底隔开。然后，将人孔打开，让锅筒自然变得干燥，接着用敞口盘盛放一定量的干燥剂放置到后炉排上（还可用布袋将干燥剂吊在锅筒中），使其可充分吸收潮气。最后，需要保养人员把各个手孔与人孔都关闭，以有效预防潮湿空气再次进入天然气锅炉中，从而导致锅炉受热面被严重腐蚀。需要注意的是，在使用干法保养法保养天然气锅炉的过程中，保养人员应每隔半月把锅炉打开一次，对干燥剂进行细致检查，假如干燥剂出现粉化现象，就说明已经失效，应更换新的干燥剂。还可将粉化的干燥剂拿出锅炉加热，在其除潮之后再次使用。

（3）充气保养法　充气保养法比较适合应用在停炉时间很长的天然气锅炉保养工作中。具体来讲，充气保养法是在锅炉水汽系统中充入氨气或氮气，从而实现对天然气锅炉进行有效保护的方法与措施。在实际的应用充气保养法对天然气锅炉进行保养的过程中，在停炉之后无须放水，让水位始终处于最高水位线位置，借助一定的措施与方法努力让炉水脱氧，并和外界彻底隔开。通常情况下，可从锅炉的最高位置注入一定量的氨气或氮气，从而让大质量空气快速从锅炉的最下端位置排出，让氧气与锅炉的金属体隔离开，从而有效预防锅炉被氧化腐蚀。在锅炉中充入氨气之后，氨气遇水让水呈现碱性，不仅可将氧气驱除，还可发生碱性反应从而降低氧气的腐蚀作用。所以，氨气与氮气都是非常理想的防腐剂。虽然充气保养法具有很高的保养效果，但是其需要锅炉水汽系统的严密性很好，因此在使用该方法保养天然气锅炉的过程中，应做好水汽系统严密性的监督工作。

四、结论与建议

1）按照规范对炉水进行检验，将炉水的 pH 值控制在 10～12。

2）控制锅炉补水量，在 pH 值不超标的情况下越少越好。

3）及时检查，确保冷凝水排放及时顺畅。

4）冷凝式燃气锅炉的冷凝段应采用耐腐蚀材料。

5）管理人员应重视常压燃气锅炉的运营管理，制订检修和维护计划并严格执行。

第二节　供暖系统失水故障的治理

水是供暖系统的血液，它不仅是流动的介质，还是热的载体，失水不仅是水的流失，还有热量的流失，严重失水还会影响热力平衡的调整，甚至会严重影响锅炉的正常运行。因此，失水治理是供暖系统经济运行的重要前提。

《实用集中供热设计手册》规定，一次网设计失水率不应大于1%，二次网设计失水率不应大于2%。而目前行业内管理较好的企业，一次网失水率为0.1%~0.2%，二次网失水率为0.2%~0.5%。以哈尔滨某供热有限责任公司为例，一次网失水率为0.12%，二次网失水率为0.23%，具体数据见表6-3。

表6-3　哈尔滨某供热有限责任公司失水率统计表

管　网	一次网	二次网
年总补水量/t	35136	230000
瞬时流量/(t/h)	7000	22800
运行小时数/h	4344	4344
失水率	0.12%	0.23%

一、失水原因分析

1. 一次网失水原因分析

(1) 锅炉受热面因腐蚀或磨损导致泄漏　大型的热水锅炉供热企业，多以循环流化床锅炉、层燃锅炉为主要炉型，两者发生泄漏的主要原因分析如下：

1) 循环流化床锅炉泄漏的主要原因是磨损。炉内循环物料不间断的冲刷，会导致炉膛密相区、出口区磨损严重，产生泄漏。如果泄漏严重，只能中止锅炉运行；如果不太严重，又不得不带病运行，系统失水会越来越多，直至备用锅炉启动。

2) 层燃锅炉受热面泄漏的主要原因是腐蚀。目前，层燃锅炉的脱硝工艺主要是选择性非催化还原反应（SNCR）+选择性催化还原反应（SCR）方式。SNCR脱硝方式是在炉膛内高温区（800℃左右）喷尿素溶液，当溶液附着在水冷壁管上时，会造成化学腐蚀。

(2) 锅炉受热面结垢爆管　同于水质不达标，锅炉结垢严重，导致受热面换热效果差，管壁逐渐炭化，耐压强度降低，最终爆裂漏水。

(3) 锅炉或管网排污排气阀不严　漏水原因包括：一是建设期业主单位为了节约建设成本，不注重排污排气阀的质量控制，采购安装的是普通阀门，经过几次操作后便开始出现跑冒滴漏现象。二是小阀门（一般是DN100以下）质量较差，易产生漏水现象。管线运行后，如果排污排气阀一次门漏水，将无法进行更换，直至次年停产。热力系统中，排污排气阀众多，操作频繁，是造成阀门损坏失水的主要原因。

根据项目经验，排污阀和排气阀泄漏统计见表6-4。

表6-4　排污阀和排气阀泄漏统计

阀门名称	漏水量排名	操作频次排名	泄漏概率（%）	备　注
锅炉排污阀	1	2	60	排污管道密封，不能直观发现
除污器排污阀	2	3	80	阀门直径大，泄漏量大
锅炉排气阀	3	1	50	操作频繁，易漏水
锅炉房内一级管线高点排气	4	4	40	操作频次较多
地势高点井室内排气	5	5	30	阀门腐蚀严重
地势低点井室内排污	6	6	30	阀门腐蚀严重
架空管线高点排气	7	7	20	易发现泄漏

一次网一旦泄漏，需将分段阀门关上，把分段内的介质排掉。如果分段阀门关闭不严，排掉的介质将更多。泄漏80%集中在补偿器上。早先的管网大多采用波纹管补偿器，这种补偿器使用寿命一般在6~10年，事故率高。目前，大多采用套筒直埋式补偿器，管网事故率明显降低。最可靠的预防措施是将管网设计成自然补偿形式，取消补偿器。

2. 二次网失水原因分析

（1）居民因暖气不热而人为放水　这类居民大多处在管网末端，供回水压差小，室内供热介质流速慢，甚至不流动。他们通过放水的方式，加速介质流动，以达到提高室温的目的。

（2）居民把暖气水当生活用水　这类居民为了节约自家的电费、燃气费，在自家暖气管道上接阀门，把暖气热水当生活用水。

（3）非法盗用　不法商贩（主要集中在热水用量大的行业，如洗车行、澡堂、饭店等）为节约经营成本盗用二次网水。

（4）管线漏水　二次网管线漏水，大多是因保温防腐层破损或防腐层老化所致。尤其是铺设在综合管沟内的管道，因管沟常年得不到清理，管道无法进行正常的保养维护，在管道保温防腐材料破损的地方腐蚀加剧，极易漏水。有些管沟与下水道相连，漏水后不易查找，失水量会持续增高。对于直埋管道，往往因为小区内施工，碰伤保温防腐层，加剧腐蚀。

3. 分步式供热失水原因分析

分步式供热的热源一般有燃气锅炉、燃气空气源热泵、空气源热泵、地源热泵和污水源热泵等形式，虽然提供能量的工艺设备不同，但作为能量输送分配的热力管网却完全一样。

分布式供热热源的负荷小，多为热源直供，热用户数量少，甚至是单一用户，管网路径简单，长度不大，失水点少，容易排查，失水点主要集中在各个排污阀上。由于排污阀频繁操作，阀门极易磨损漏水，目前最好的治理对策是在排污阀前加装球阀，尤其是除污器的排污阀，在设计时需要考虑加装球阀作为一次门。

二、供暖系统失水的治理对策

通过以上失水原因分析，提出以下治理失水的具体方法和建议，共分为9个方面，不仅对治理失水有一定的效果，而且对供热管网的基础管理也有一定的借鉴作用。

（1）加大查找失水的工作力度　首先通过分区、分楼、分单元关断供回水阀门的方法进行排查，同时使用便携式超声波流量仪、红外线温度枪对每处进行排查检测，检查供热管线供回的流量差，或污水井中污水的温度，来判断是否失水；同时也可以加入少量的染料或节水剂，从染料泄漏处倒查失水点。要加大计量和统计的控制力度，进行及时分析，确定对策。运行期间，及时将失水量统计结果反馈给相关人员，由供热单位及时采取措施，对症下药，查找失水点。

（2）及时整改老化系统　对年久失修、养护不当的老管线，要花大力气加大投资进行改造，减少管线爆裂造成的大量失水，降低供热成本。

（3）加强人员教育与人员管理　可以通过确定失水控制指标的方式，制定发现失水奖励和责任失水的处罚规定，从而提高工作人员的责任意识。通过这种监督考核机制，

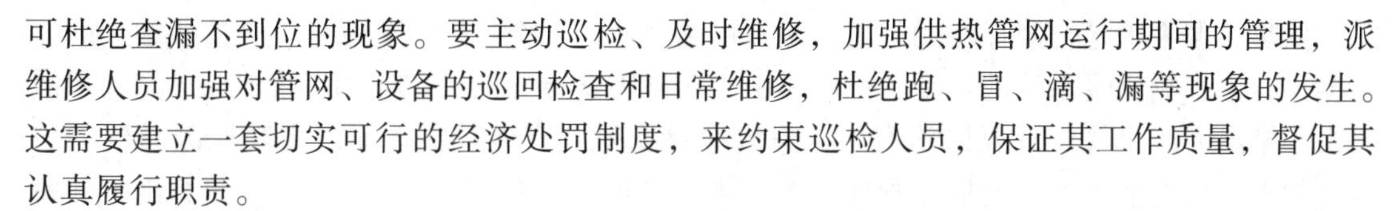

可杜绝查漏不到位的现象。要主动巡检、及时维修，加强供热管网运行期间的管理，派维修人员加强对管网、设备的巡回检查和日常维修，杜绝跑、冒、滴、漏等现象的发生。这需要建立一套切实可行的经济处罚制度，来约束巡检人员，保证其工作质量，督促其认真履行职责。

（4）优化运行管理和操作方法　优化运行管理和操作方法，保证管网查漏和防范效果，使管网处于完好和可控状态。首先，要制定检修质量合格标准，保留检修记录备查，明确检修人，检修时间和检修内容。其次，要加强管网巡视，在管网普查的基础上，对阀门、附件进行逐个检查，留下记录，并采用排除法进行分析，方便后续查找失水部位。最后，要把查漏时间放在非运行期集中进行，可采取分段打压、氢气检漏，满水查找等方法。

（5）认真做好管网养护　管网养护的好坏，直接影响供热效果。如果养护不到位，管网会结垢，造成换热器效率降低，管道、散热器堵塞，同时加速管网腐蚀和老化，留下管网失水的隐患。因此，要定期对管网进行维护，运行一结束，就要对管网加压保温。同时，运行前要进行提压试验，以便及时发现并消除漏水的地方。这样，运行时就不会再次出现大量的失水现象，既减少了经济上的损失，也减轻了维修人员的劳动强度。

（6）进行广泛宣传，坚决打击用户放水现象　通过分析调查发现，热用户侧长时间大量人为放水是直接影响供暖效果的主要因素。针对这个问题，应以区域的公用部分、商业网点、个体出租屋为重点，同时深入居民住宅小区，以开展供暖失水大检查为主要手段，督促用户整改，减少放水现象，封堵、拆除导致失水的阀门，使供暖效果得到改善。但有时即使通过专业技术手段确认某用户在放水，往往也很难根治。因此，可向二次供热管网加入一定比例的供暖系统防失水剂，使供暖水变成浑浊不清、不能洗涤的脏污黑水，热用户便不会再随意放取系统热水洗涤衣物和拖擦地面。同时，防失水剂有异味，而且其对餐具、拖布、抹布、蔬菜、副食品等具有较强附着性，这样可有效减少或消除供暖系统因取用热水而造成的大量失水。但是，供暖系统防失水剂的使用，有时会因用户室内漏水造成污染或产生的异味难以消除，而带来严重纠纷，因此也需要慎重使用。

（7）尽量减少事故失水量　供热部门要建立意外事故失水的快速反应机制，对出现的突发事故要有高效的应急处置程序。事实证明，这方面做得好，不但能减少意外失水事故的发生，而且在很大程度上提升了供热质量，树立供热部门的良好信誉。

（8）建立严格的管网验收、接管管理制度　完善建管结合制度，与施工方订立严密的管网质量协议，对管网、附件和附属设施严格检查、核实，不合格和未按要求整改不予接收。在管网设计中可明确提出增加管网的阴极保护措施和加装失水报警装置的要求。

（9）多措并举，治理人为泄水　加强宣传，提高公民的法律意识，使广大用户认识到，偷放热水属于盗窃行为，也要承担法律责任。另外，要加大查处力度，对私用管网内热水的用户，一经发现要依法罚款，罚款的一部分资金作为查处职工的奖金，激发职工工作的积极性，使其积极处理失水问题。目前，普遍采用的做法是在热用户放水的重要时段，向系统内注入抗失水剂后。这对窃取清洁热水洗涤衣物者确有抑制作用，但对以供暖为目的的泄水者则毫无效果，原因是泄水者可以将水引入下水后密封。而且，这种做法成本也很高。基于此，供热部门应将解决住户温度不达标问题作为义不容辞的责任，对循环不良的环路一定要进行综合分析和改造，坚决杜绝因不热而放水的现象。

供热热网失水是普遍存在的，也是困扰供热企业的一个难题。失水不仅会造成很大的能源损失，也影响供暖系统的正常运行。对由于客观因素导致的失水，如正常泄漏、意外事故失水、排出膨胀水等，只要措施有力，失水率就能得到有效控制。而对主观原因导致的失水，如人为故意泄水，只要加强管理，增强热用户和每个人的责任心，加大宣传力度，让每个热用户都了解盗用热水的危害性，降低供暖系统的失水量是完全可能的，也能最终实现建筑节能的目标。

解决问题的根本出路是加强对管网基础管理工作的大力投入，重点放在预防工作上，要从管网全寿命周期角度系统考虑，对规划、设计、施工、验收、运行的每一个环节都重视，才能真正防止供暖系统的失水。

三、结论与建议

根据大型供热站、暖居工程分步式热源站、一次网和二次网失水提出以下管理的结论或建议：

1）对于循环流化床锅炉，用熔敷工艺，把密相区、炉膛出口、水冷壁四角进行防磨处理，可延长锅炉运行周期3~4倍。对于层燃锅炉，最好不要用SNCR工艺脱硝。

2）严格控制水质，杜绝锅炉、换热器爆管事故。

3）对于排污排气阀，建议一次门选用质量较好的焊接球阀。

4）对于一次网，有条件设计成自然补偿的管线，最好不要设计补偿器。管线分断阀门要用质量较好的双涡轮蝶阀，一旦发生泄漏，能及时关断，也可尽快抽完事故点的水，为抢修赢得时间。

5）二次网预防失水的重点应放在对用户放水、盗水的监督稽查方面。

6）加强对老旧小区二次管网的检修力度，避免因腐蚀泄漏造成大量失水。

第三节　居民小区采用集中制冷与单体空调器的对比分析

根据相关数据统计，2018年我国房屋空调器产量高达2.09亿台，2019年则达到了2.19亿台。通常来讲，在建筑能耗分布中，空调设备占总能耗的65%，生活热水占15%，照明及电梯设备占8%，办公及电视设备占6%，卫生及厨房设备占6%。这些数据表明，随着人民生活水平的不断提升，空调器的普及率也逐年持续增长；控制和降低空调器的能耗，无疑具有重要的节能意义和社会意义。

然而，这些统计数据也间接表明，目前国内居民住宅的空调器使用上依然是以分体式空调器为主。鉴于工商业中大型制冷机组及系统的普及，住宅小区一方面有大范围制冷需求，另一方面却选择分体式空调器而非能效比更高的冷水机组，其原因一定不在技术层面。结合分体式空调制冷和集中制冷系统的特性以及住宅小区空调器负荷的特点等，对比分析住宅小区采取不同系统的能耗，从而探寻住宅小区的最佳供冷模式。

一、住宅小区的冷负荷特点

住宅小区的空调器冷负荷与商用建筑的空调器冷负荷有很大的区别，主要体现在以下几

个方面：

（1）住宅的区域负荷特性　对住宅来说，外部得热量占空调器总冷负荷的比例大。不同地区的建筑，其得热量都有很大的差别且影响较大。

（2）住宅的人员负荷特性　小区中不同的居住人群对空调器的使用习惯有很大的不同，例如一些高档小区，业主对环境的热舒适性要求相对较高，对有人员短暂停留的场所也要求有良好的空调效果，因而空调器同时使用系数会偏大，冷负荷也会相应偏大；中老年人的生活以节俭为主，空调器开启的时间以及使用场所就会偏少，反之，年轻人开启空调器的频率就会高出很多。

（3）住宅空调器负荷的家庭成员特性　不同的家庭成员组成对空调器的使用有极大的影响，例如两口之家，白天上班，则住所内无空调器使用场所；下班后，才会有空调器的使用需求；家中有老人和小孩，白天年轻人上班不在家，老人在家，居室内根据个人偏好可能会有空调器的使用情况。

（4）住宅的户型负荷特性　不同的户型由不同的家庭成员组成，不同的户型也会造成空调器使用场所的不同。如一室一厅户型，居住人群以夫妻二人为多，空调器的使用场所在卧室或者客厅，且两者同时使用的概率小。如三室两厅户型，下班后的某一时间段内，家庭成员都集中在客厅，开启空调器的场所可能就只有客厅，而睡眠时间，有人的场所可能就会有空调器的使用需求，同时使用系数又变大。

（5）住宅空调器工作日与非工作日的负荷特性　工作日上班期间，大部分的上班族家中不会有空调器的使用需求，有老人和孩子的除外；周末以及节假日期间，待在家中的人群与出去活动的人群又各不相同。

通过以上分析，住宅小区空调器冷负荷的影响因素有很多，不同区域、不同人群、不同时间都有相应的负荷特性。

二、住宅供冷负荷率及冷耗量的确定

供冷负荷率通常包括两个维度的数据：一个是确定小时最大负荷指标，用于指导装机容量的选择；另一个是供冷全周期内不同负荷的持续时间，用于确定一个供冷期的实际用冷能耗量。

通过对某住宅小区 13 万 m^2 的空调器冷负荷进行调研，包括有效供冷面积和典型日逐时冷负荷等，发现该小区实际空调面积总计为 $72931m^2$，约为总面积的 56%。在典型工作日下，住宅空调器的尖峰冷负荷出现在 21 时；而在非工作日，住宅空调器的尖峰冷负荷则出现在 20 时。空调器的尖峰冷负荷为 4164kW，按总面积计算则供冷指标为 $32W/m^2$，有效供冷指标为 $57W/m^2$。对比设计指标 $70W/m^2$，可见实际设计时可以取一个较小的系数（这里取 0.46）进行优化。

更进一步，通过对南京地区两个小区进行负荷率研究。首先，定义使用率为启用空调器的房间数量与建筑物的总房间数之比，通过统计调研得到初始资料，再用使用率乘以房间设计指标得到实际负荷，最后用实际负荷与标准设计负荷之比得到实际的负荷率。这里的标准负荷采用 BIN 方法计算，室内温度定义为 26℃且空调器连续使用，最终得到整个夏季的负荷率，见表 6-5。

表 6-5 典型夏季启用空调器负荷率统计

空调器负荷率（%）	60	50	40	30	20	10	0
时间占比（%）	11	5	16	22	8	2	18

从表 6-5 可以看出，实际上分户空调器负荷率总是维持在低于 60% 的水平。另外，可对比分析不同国家、不同地区夏季空调器的实际负荷率，见表 6-6。注意，表 6-6 中的数据包含了该地区/国家的公共建筑冷负荷。

表 6-6 空调器负荷率分布区间统计

国家	地区	空调器负荷率分布区间			
		75%～100%	50%～75%	25%～50%	0%～25%
美国	全国	1%	42%	45%	12%
法国	全国	3%	41%	33%	23%
意大利	全国	10%	40%	30%	20%
英国	全国	1%	9%	45%	45%
中国	严寒地区	1%	32.7%	51.2%	15.1%
	寒冷地区	0.7%	36.2%	53.4%	9.7%
	夏热冬冷	2.3%	38.6%	47.2%	11.9%
	夏热冬暖	0.7%	46.3%	41.7%	11.3%

表 6-5 与表 6-6 的数据充分表明，住宅小区的用冷负荷率绝大部分情况下并不高。以表 6-5 为基准，以 90 天作为供冷期，$70\mathrm{W/m^2}$ 为设计指标，可计算出典型小区单位供冷面积在一个夏季的总冷耗量，见表 6-7。

表 6-7 住宅小区夏季单位面积冷耗量

空调器负荷/($\mathrm{W/m^2}$)	42	35	28	21	14	7	0
小时数/h	237.6	108	345.6	475.2	172.8	43.2	388.8
冷耗量/($\mathrm{kW\cdot h/m^2}$)	9.98	3.78	9.68	9.98	2.42	0.30	0.00
总冷耗量/($\mathrm{kW\cdot h/m^2}$)	36.14						

三、分体式空调器能效比的确定

分体式空调器是指生活中常见的壁挂式或柜式空调器。空调器的能效比（Energy Efficiency Ratio）是指在额定工况和规定条件下，空调器进行制冷运行时，制冷量与有效输入功率之比，其值用 W/W 表示（制热工况用 COP 表示），即

能效比 = 制冷量/有效输入功率

此时的额定工况由国家标准规定：室外温度为 35～24℃，室内温度为 27～19℃。能效比是衡量空调器质量的重要指标。对于能效比，不同地区/国家均做出了不同的规定，即合格产品检验标准。我国是按照 GB 12021.3—2010《房间空气调节器能效限定值及能效等级》规定分体式空调器的能效，见表 6-8。

表 6-8 不同地区分体式空调器能效比等级的规定

国家地区	A（一级）	B（二级）	C（三级）	D（四级）	E（五级）	F	G
欧洲	>3.2	3.0~3.2	2.8~3.0	2.6~2.8	2.4~2.6	2.2~2.4	<2.2
中国	3.4	3.2	3.0	2.8	2.4		

分体式空调器还经常使用季节能效比（Seasonal Energy Efficiency Ratio，SEER）的概念，即一个完整供冷季的制冷量和实际消耗功率之比，对运行估算更具有实际意义。

实际空调器的能效比和运行工作环境有密切关系，包括室内外温度、湿度、房间内换气次数、房屋结构、屋内设施、人员活动等因素。国家相关部门曾经对市场主流空调器品牌超过30台标注为1级能效的空调器产品进行检验，发现空调器能效比不同程度存在虚标现象，基本上低于对应等级的标准0.2~0.25。目前尚无针对家用空调器使用过程中的能效测试报告，考虑到绝大部分居民空调器的使用状况，这里对比时设定分体式空调器的SEER选取2.8。

四、集中制冷能效的确定

集中供冷基本采用的是冷水机组，标准构成为主机、冷却水泵、冷冻水泵和冷却塔等。与分体式空调器类似，冷水机组一年中只有少量时间（约3%）运行在满负荷工况下，因而其综合部分负荷性能系数（Integrated Part Load Value，IPLV）更加关键。根据美国空调与制冷学会标准ARI550/590-1998，采用IPLV或NPLV（非标准部分负荷性能系数）更能反映机组运行的经济性。在规定的工况下，IPLV或NPLV的计算公式为

$$\text{IPLV 或 NPLV} = 0.01A + 0.42B + 0.45C + 0.12D$$

式中 A——100%负荷工况点时的COP；

B——75%负荷工况点时的COP；

C——50%负荷工况点时的COP；

D——25%负荷工况点时的COP。

GB/T 8430.1—2007《蒸气压缩循环冷水（热泵）机组 第1部分：工业或商业用及类似用途的冷水热泵机组》对于IPLV的计算方式也做了规定，与上述公式差别不大。这里结合重庆某小区和某400RT机型分析该机组的IPLV，见表6-9。

表 6-9 按照实际机组部分负荷功率计算的冷水机组 IPLV

负荷率	制冷量/kW	冷机电耗/kW	机组 COP/EER	系统电耗/kW	系统 COP/EER
1	1407	239.5	5.87	309.5	4.55
0.75	1054	137.7	7.7	242	5.08
0.5	703.2	70.2	10.02	140.2	5.02
0.25	351	26.7	13.15	96.7	3.63
IPLV 计算结果	9.38			4.87	

需要指出的是，机组COP/EER对实际项目的指导意义不大，最关键的是系统IPLV（即表6-9中的4.87）。从表6-9可以看出，部分负荷下系统总体能效先增大后衰减，尤其应注意在极低负荷下的衰减幅度较大。实际上，上述分析仅考虑了部分负荷对机组性能的影响，并未考虑环境温度、湿度、粉尘、风力等复杂因素的影响，可以说是较为理想的情况。此外，系统中的冷却水泵、冷冻水泵也采取了变频措施，如果系统节能措施有限，那么整体机组的COP会进一步降低。对于整体机组能效（SCOP）的最低限值，GB 50189—2015《公共建筑节能设计标准》也明确做出了规定，即项目的SCOP不能低于该值，见表6-10。

表6-10　我国部分地区整体制冷机组SCOP的限值

类　型	名义制冷量/kW	夏热冬冷地区SCOP	夏热冬暖地区SCOP
活塞/涡旋式	≤528	3.4	3.6
螺杆式	≤528	3.6	3.7
	528～1163	4.1	4.1
	≥1163	4.4	4.4
离心式	≤1163	4.1	4.2
	1163～2110	4.4	4.5
	≥2110	4.6	4.6

中燃暖居工程绝大部分项目均处于夏热冬冷地区，因此，在选用冷水机组时，应结合系统负荷、所选设备、国家规范标准综合设计。于是，小区集中供冷的综合COP可确定为：如单台机组制冷量小于0.6MW（单台供冷面积小于0.9万m^2），可采用COP=3.6计算；单台机组制冷量在0.6～1.2MW（单台供冷面积小于1.8万m^2），可采用COP=4计算；如单台机组制冷量大于1.2MW（单台供冷面积大于1.8万m^2），可采用COP=4.5计算。

五、案例分析

以我国夏热冬冷地区典型住宅小区为例，假设住宅小区建筑面积为5万m^2（约500户），每户平均4台家用分体式空调器（3台1.5匹，1台3匹），则分体式空调器总计台数约为2000台。投资则按照1.5匹空调器3000元/台，3匹空调器8000元/台确定，空调器寿命设定为10年。

对于集中制冷机组，考虑极端天气情况，设计按照70%总冷负荷确定装机容量，当冷负荷指标取70W/m^2时，装机总容量约为2.45MW，考虑装3台螺杆式冷水机组，SCOP取4。按照180元/m^2投资强度（含管网、风盘）估算，设备使用寿命设定为15年。

根据上述条件，设定居民电费为0.52元/(kW·h)，商业电费为0.65元/(kW·h)，按照15年项目使用周期，空调器需要2倍投资；年总制冷量考虑分体式空调器的行为节能，取集中供冷制冷量的85%。于是对比两种系统的投资、能耗，作为设计参考，见表6-11。

表 6-11　典型小区分体式空调器与集中供冷的能效分析

设备类型	装机	设备数量	初投资	SCOP	制冷量	耗电量	其他	年运营成本
			万元		万 kW · h	万 kW · h	万元	万元
分体式空调器	3750 匹	2000 台	1700	2. 8	153	54. 6	4	32. 4
冷水机组	2450kW	3 套	900	4	180	45	15	44. 3

注：1. 分体式空调器的年其他费用包含：考虑每台空调器全寿命周期内加一次制冷剂，约 300 元/次，则 2000 台空调器合计 60 万元，按照 15 年使用周期分配到每年约为 4 万元。

2. 集中供冷的年其他费用包含：水费，按照 200kg/m^2，4. 5 元/t 核算，约 4. 5 万元/制冷季；设备维护费用，按资产投资 450 万元的 1% 核算，约 4. 5 万元；人工费用 5 万元/制冷季；管理费用 1 万元/制冷季。合计 15 万元/制冷季。

从表 6-11 可以看出，分体式空调器因其使用寿命所限，在初期投资方面较高。然而因其无额外的运行费用，而且可以采用居民电价，因而整个供冷季的运营成本相对于集中供冷是较低的，每年约节省 11. 9 万元。即使如此，15 年总计节省约 178. 5 万元。然而其初期投资比水冷机组多了约 800 万元。因此，在确定小区较高入住率、制冷用能需求稳定的前提下，推荐使用集中供冷机组对小区供冷。

六、结论与建议

针对分体式空调器和集中制冷机组在居民小区的应用进行了统计与分析，参考国内外该行业领域的主要研究结论，详细对比分析了居民供冷能耗及两种系统的投资和运营费用，主要结论如下：

1）整体设计集中供冷系统可按照 0. 6 的负荷系数进行设备选型。

2）单体空调器制冷工况根据能效等级和实际效率，设计时可采用 COP = 2. 8。

3）集中制冷机组单台机组制冷量小于 0. 6MW，可采用 COP = 3. 6；单台机组制冷量在 0. 6 ~ 1. 2MW，可采用 COP = 4；单台机组制冷量大于 1. 2MW，可采用 COP = 4. 5。

4）对于中等规模小区，采用单体空调器在 15 年使用周期内初期投资比集中供冷大得多，而年运行费用则略低。

第四节　软化水处理设备运行对供暖系统的影响

水处理工作是保证供暖设备安全经济运行的重要环节，关系到热源设备的出力和效率、供暖成本和安全生产等。软化水是指除掉全部或者大部分钙、镁离子后的水。

锅炉水质取决于它所含杂质的多少及性质。锅炉水溶解物中的酸、碱、盐是电解质，其溶于水后发生电离，所以溶解物多以离子状态存在于水中，如钙离子、镁离子、钠离子、氯根、碳酸根和重碳酸根等，它们十分稳定，颗粒比悬浮物小。而水中的钙、镁盐类在水被加热和蒸发的过程中，某些钙、镁盐类发生化学反应，生成难溶于水的物质并析出；同时某些钙、镁盐类的溶解度随着水温的升高而下降，当达到饱和浓度后便沉淀析出。析出后的钙、镁盐类，在粗糙不平的受热面或者管道金属表面形成水垢。当热网内水的含盐量变高，同时结垢腐蚀也会随之增加。管道和散热器内一旦有结垢形成，水垢就阻碍了热水向管道和散热器的热传导。钢板的导热系数在40~50kcal/(m·h·℃)，水垢最高导热系数是0.5~5kcal/(m·h·℃)，最低导热系数是0.05~0.2kcal/(m·h·℃)。因此，水的硬度越大，积垢就越厚，导热系数就越小，致使管道横截面积变小。在供热系统中，由于水的热量没能有效地传导并释放到居民家中，导致回水温度较高，与供水温差小。同时，供暖企业为给居民提升温度需要不断提高供水压力和温度，燃料使用量上升，浪费能源。

一、水质对供暖系统的影响

1. 浪费能源增加成本支出

因为水垢的导热性能极差，它的导热系数只是钢板的1/50~1/30，结垢后会使受热面传热情况恶化，降低锅炉的热效率。据测定，水垢厚度为1mm时，浪费燃料3%~5%；水垢厚度为3mm时，浪费燃料6%~10%；水垢厚度为5mm时，浪费燃料15%；水垢厚度达8mm时，燃料的浪费可达1/3以上。炉内水渣等杂质过多时，还需要经常排污，而为保证供暖系统正常运行，又需要补加冷水，于是大量的热水被排泄掉。这样不仅浪费水，还浪费冷水被加热所需的燃料和补水过程中所需要的电力。

2. 影响安全运行

锅炉正常运行时，钢板受热后会很快将热量传递给炉水，两者温度差为30~100℃。有水垢时，钢板的热量由于受到水垢的阻挡，很难传递给水，使其温度急剧升高，强度显著下降，从而导致钢板过热变形、鼓包、裂缝，甚至爆破。

3. 影响水循环

锅炉内结垢后，由于传热不好，会使蒸发量降低，减少锅炉出力。若水管内结垢，流通截面积减少，增加了水循环的流动阻力，严重时会完全堵塞管子，破坏水循环。

4. 缩短锅炉使用寿命

水垢附着在锅炉受热面上，特别是管内，很难清除。为了除垢，需要经常停炉清洗，增加了检修费用，不仅耗费人力、物力，而且由于经常采用机械方法与化学方法除垢，会使受热面受到损伤，缩短锅炉的使用年限。软水设备如能正常工作，可大大地降低水质的硬度，减少水垢和水渣的生成。因此，软水设施对降低供暖成本、提高经济效益十分重要。

二、水处理标准及热网水调节标准

1. 炉外水处理的标准

GB/T 1576—2018《工业锅炉水质》规定了热水锅炉运行时补给水的水质要求，见表6-12。

表6-12 热水锅炉的水质要求（锅外水处理）

硬度/(mmol/L)	pH(25℃)	溶解氧/(mg/L)	浊度/FTU	含铁量/(mg/L)
≤0.03	7~11	≤5	≤2	≤0.3

2. 热网内的循环水和补给水水质的调节标准

目前国家对供热循环水和补给水水质指标还没有出台严格的控制范围，个别地区根据当地水质和实际情况出台了相应的地方标准，如北京市根据当地供热情况制定了DBJ 01-619

2004《供热采暖系统 水质及防腐技术规程》，对二次网管网循环水和补给水水质规定了相应的指标范围，见表6-13。

表6-13　二次网水质要求

对水质的要求		补给水	循环水
悬浮物/(mg/L)		≤5	≤10
pH(25℃)	钢制设备	≥7	10～12
	铜制设备		9～10
	铝制设备		8.5～9
总硬度/(mmol/L)		≤6	≤0.6
溶解氧/(mg/L)		—	≤0.1
含油量/(mg/L)		≤2	≤1
氯根 Cl^-/(mg/L)	钢制设备	≤300	≤300
	AISI304 不锈钢	≤10	≤10
	AISI316 不锈钢	≤100	≤100
	铜制设备	≤100	≤100
	铝制设备	≤30	≤30
硫酸根 SO_4^{2-}/(mg/L)		—	≤150
总铁量 Fe/(mg/L)	一般	—	≤0.5
	铝制设备		≤0.1
总铜量 Cu/(mg/L)	一般	—	≤0.5
	铝制设备		≤0.02

依据 GB/T 1576—2018《工业锅炉水质》和 DBJ 01-619 2004《供热采暖系统 水质及防腐技术规程》，并根据实际情况进行补充修改，作为暖居工程热网内的水质标准，见表6-14。

表6-14　热网内的循环水和补给水处理标准

水 质 项 目		补　给　水	循　环　水
pH(25℃)	钢材质		10～12
	铜钢共存材质	≥7	9～10
	铝材质		8.5～9
总硬度/(mmol/L)		≤0.015	≤0.6
溶解氧/(mg/L)		—	≤0.1
氯根 Cl^-/(mg/L)	钢材质	≤300	≤300
	铜材质	≤100	≤100
	铝材质	≤30	≤30
悬浮物/(mg/L)		≤5	≤10
总铁量 Fe/(mg/L)	一般	—	≤0.5
	铝制设备		≤0.1
总铜量 Cu/(mg/L)	一般	—	≤0.5
	铝制设备		≤0.02

在水系统防垢方面，补给水总硬度要求不大于0.015mmol/L，即推荐采用对补给水预先进行软化（除去硬度）处理，这样补给水的硬度低于循环水的硬度，就很少会生成水垢。

在水系统防腐方面，可通过加药调节pH值。如全钢系统pH的值要求控制在10～12的高碱性状态，因为pH值越高，对全钢材质腐蚀速率越低（但不宜大于12，否则会导致苛性腐蚀，使材质松脆）。如果是铜钢共存系统，pH值要求控制在9～10的碱性状态，因为当pH值大于10时容易导致铜合金脱锌腐蚀，而pH值在9～10可兼容两种材质的防腐。

另外，水中的氯根过高可破坏金属表面的保护膜，加速金属的腐蚀，因此也设定了建议的控制范围。

三、供热管网水处理的设备及原理

主要的水处理方法有反渗透法（RO）、离子交换法、电渗析法、蒸馏法和活性炭吸附法等。要根据水处理的用途、经济效益和现场环境来选择，总之既要实用又要经济。在这些水处理方法中，反渗透法的优点是出水水质优良，而且其进水质量要求很高，前期必须有预处理，还要做好浓水回收的方案，更关键的是投资较高。离子交换法是大众经常选择的一种水处理方法，这种方法既简单又经济适用。

1. 离子交换器

离子交换器是用于去除水中的离子，制取软化水或除盐水的交换容器。水中的阴阳离子与交换器中的离子交换树脂进行置换，去除水中的部分离子或全部离子，从而获得软化水或除盐水。常用的固定式离子交换器如图6-4所示。

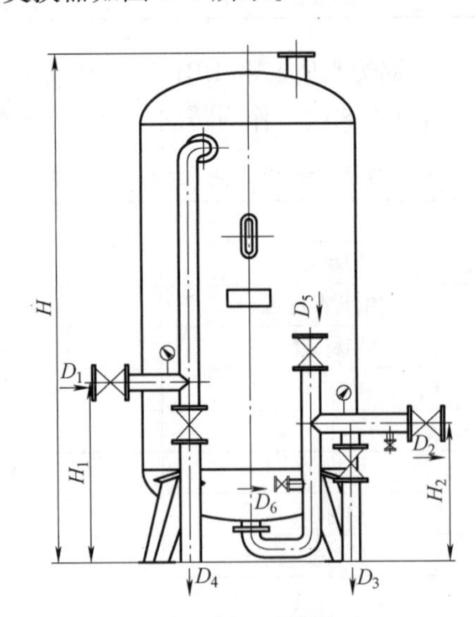

图6-4　固定式离子交换器

D_1—进水阀　D_2—出水阀　D_3—正洗排水阀　D_4—反洗排水阀　D_5—反洗进水阀　D_6—进再生剂阀

离子交换器的主体高度常取树脂高度的1.8～2倍，以给树脂留有足够的膨胀空间。底部是底板，多采用具有排水帽的孔板，孔板一般为平板型。有的底部铺垫硅砂作为树脂承载

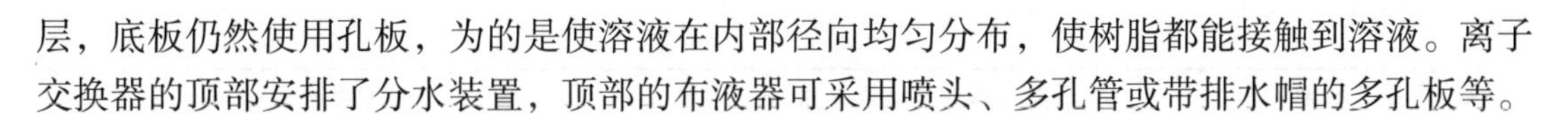

层，底板仍然使用孔板，为的是使溶液在内部径向均匀分布，使树脂都能接触到溶液。离子交换器的顶部安排了分水装置，顶部的布液器可采用喷头、多孔管或带排水帽的多孔板等。

2. 离子交换器的工作原理

离子交换器的交换原理是将原水中的阴阳离子与离子交换树脂中的离子相互交换，以除去水中的阴阳离子。

离子交换树脂分为阴离子树脂（R-OH）和阳离子树脂（H-R 和 Na-R）两种，其中阳离子树脂根据其活性基团的不同而分为钠型树脂（Na-R）和氢型树脂（H-R）。钠型树脂常用于水质软化，氢型树脂常和阴离子树脂一起配合使用，以去除水中的阴阳离子，使水质纯化为除盐水。

其纯化水质的交换过程如下：

$$2H - R + Ca^{2+} = R_2Ca + 2H^+$$

$$2R - OH + SO_4^{2-} = R_2SO_4 + 2OH$$

以上过程中生成的 H^+ 和 OH^- 再反应：

$$H^+ + OH^- = H_2O$$

即原水通过离子交换器后，水中的阴阳离子被全部去除。

其交换软化过程如下：

$$2Na - R + Ca^{2+} = R2Ca + 2Na^+$$

$$2Na - R + Mg^{2+} = R2Mg + 2Na^+$$

即进水通过钠离子交换器后，水中的 Ca^{2+}、Mg^{2+} 被置换成 Na^+，达到软化的目的。

离子交换树脂使用一段时间后，树脂中的离子被完全交换达到饱和程度，就失去离子置换能力。此时就需要对树脂进行再生。钠型树脂需要用 NaCl（即食盐）溶液进行再生，再生过程的化学反应与上述软化过程的离子交换反应正好相反。阳离子树脂需要用酸进行再生，阴离子树脂需要用碱进行再生，再生过程的化学反应与上述纯化过程的离子交换反应正好相反。

. 全自动离子交换软水器

全自动离子交换软水器采用离子交换原理，去除水中的钙、镁等结垢离子。全自动离子交换软水器是通过微机技术使软水器运行、反洗再生、置换、正洗等每一个步骤都实现自动控制，并采用时间、流量或感应器等方式来启动再生，最大限度地减少耗盐、耗水、耗电，达到降低运行成本的目的。该设备自动化程度高，结构紧凑，占地面积小，可操作性强，运行安全可靠，节省人力，无须日常保养，维修方便，可保证水质符合标准。表 6-15 给出了全自动离子交换软水器与传统软水器的对比。

表 6-15　全自动离子交换软水器与传统软水器的对比

序号	类别	全自动离子交换软水器	传统软水器
1	控制阀和控制器	只有一个配套的多路阀来进行控制，不需要人工再进行管理和操作，即可自动完成相关的工作	采用多路多系统阀门，设备中采用的树脂罐必须都配有多个阀门来进行控制，同时还需要人工来对这些阀门进行分别管理，浪费时间，浪费人工，浪费物资

（续）

序号	类别	全自动离子交换软水器	传统软水器
2	树脂资源利用率	只需在使用初期将系统的树脂量调配好，便可根据不同的水量添加不同量的树脂，全自动运行，树脂得到充分使用，软化效果好	每一个步骤都需要人工来进行操作，不可避免地会造成一些树脂以及盐的浪费，同时可能会因为人员的疏忽而使得树脂使用不充分
3	软化效果	可以自主运行，不用人工进行参数调节，大大提高了软化效果，提高了水资源的利用率，节省了相关的费用开销	需要人工来对这些不同的程序进行操作，而到底反洗多久、再生需要多长时间、盐箱补水多少的问题都是没有固定的标准，都是根据工作经验来进行判断，会因一些外力因素而影响软化效果
4	工况和环境适应问题	不需要太高的环境要求，因为它的结构紧凑合理，占地面积小，安装使用维护都比较方便	对工况的要求比较高，需要人工进行管理、监督、维护和检修，要有足够的空间进行放置和使用

从对比分析看，全自动离子交换软水器在反洗、吸盐以及软化过程中都是全自动进行，不需要人工进行管理和监督，大大节省了人工费和资源费。

四、结论与建议

1）锅炉结垢会增加能源成本支出，影响运行安全和水循环，缩短锅炉使用寿命。

2）低压锅炉的补给水硬度要求小于 0.015mmol/L，但用于供热的补给水可以根据实际情况放宽到小于 0.6mmol/L。

3）暖居工程推荐使用自动化程度高、占地面积小、操作可靠、无须日常保养、能够保证水质符合标准的全自动离子交换软水器。

第五节　热源站的类型与运行分析

随着中燃暖居工程的展开、能源结构的调整和能源技术的发展，各种热源类型不断出现。热源的发展和形式的多样性，为人们在热源的选择上提供了更大的空间，用户可以根据项目的实际情况，因地制宜地选择适当的热源形式。

一、暖居工程常用热源站的类型

结合暖居工程供热系统的特点，从工艺、设备成熟度、稳定性、适用范围等多方面考虑，主要针对以下 4 种热源类型进行对比分析。

（一）燃气锅炉

燃气锅炉供暖是目前最常见的清洁供暖方式，不管是单个小区的分散式供暖，还是大型的城市集中供暖，燃气锅炉的使用率越来越高。

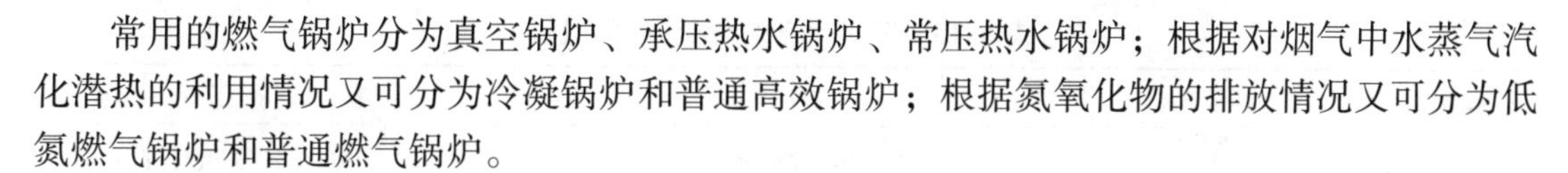

常用的燃气锅炉分为真空锅炉、承压热水锅炉、常压热水锅炉；根据对烟气中水蒸气汽化潜热的利用情况又可分为冷凝锅炉和普通高效锅炉；根据氮氧化物的排放情况又可分为低氮燃气锅炉和普通燃气锅炉。

1. 燃气锅炉的类型

（1）真空锅炉　真空锅炉的全称叫作真空相变锅炉，真空锅炉是在封闭的炉体内部形成一个负压的真空环境，在机体内填充热媒，通过燃烧或其他方式加热热媒，由热媒蒸发、冷凝至换热器上，再由换热器来加热需要加热的水。真空锅炉始终在负压状态下运行，绝无膨胀爆炸的危险，而且运行稳定，具有常压和承压锅炉无法比拟的显著特点，且简化了压力容器的报批、年审等手续，操作无须持证。

市场上主要的真空锅炉厂家有力聚、双良、广州蒂森、美国猎骑，其主要参数见表6-16。

表6-16　真空锅炉的主要参数

额定制热量/kW	700	1400	2100	2800	3500	4200	5600	7000
燃料消耗量/(m^3/h)	76	152	228	304	380	456	608	760
效率(%)	96%，排烟温度≤130℃							

（2）承压热水锅炉　承压热水锅炉属于压力容器，因为承压热水锅炉始终处于满水状态，所以不用设置水位计，但是必须装设压力表、安全阀和温度计。承压热水锅炉供热系统的循环水泵一般选用清水泵，它将回水送往锅炉，既要克服系统循环阻力，又要维持锅炉有一定压力，保证高温时热水不汽化。承压热水锅炉既能供应低温热水，又能供应高温热水。

市场上主要的承压热水锅炉厂家有瑞士皓欧、美国富尔顿、德国菲斯曼及国内的特富、环通、金牛等，其主要参数见表6-17。

表6-17　承压锅炉的主要参数

额定制热量/kW	700	1400	2100	2800	3500	4200	4900	5600
燃料消耗量/(m^3/h)	76	152	228	304	380	456	570	608
效率(%)	>96%，排烟温度≤130℃							

（3）常压热水锅炉　常压热水锅炉也叫作无压热水锅炉，属于民用生活锅炉的范畴。常压热水锅炉是一种顶部设有通气口，锅炉本体始终处于常压运行状态的无压热水锅炉，它的主要特点就是锅炉不承压，没有安全隐患，是比较常见的锅炉类型之一。常压热水锅炉不属于特种设备（锅炉）。

国内的常压热水锅炉大多是在承压热水锅炉基础上进行改造的，生产厂家及设备参数基本与承压热水锅炉一致。

2. 各类燃气锅炉的对比

真空锅炉、常压热水锅炉和承压热水锅炉的对比见表6-18。

表 6-18　不同类型燃气锅炉的对比

锅炉类型	典型辅机	特点	适用范围
真空锅炉	水泵、水箱、换热器、控制系统	1. 安全可靠，绝无爆炸危险 2. 设置场所多样，可选择地下室、地面、楼层中间及屋顶等 3. 内置式不锈钢换热器，换热效率高，水质清洁 4. 无须审查资格，不属于“锅炉及压力容器安全法规”规定范围，不需要严格的资格审查 5. 操作维护简单	1. 热负荷需求相对较小 2. 供暖、通风和空调系统热负荷的热源 3. 特别适用于锅炉需设置在建筑物内的使用场合 4. 机房场地有限的分散热用户，如医院、学校、单体建筑等
常压热水锅炉	水泵、水箱、换热器、控制系统	1. 结构紧凑，占地面积小，适合各种安装场地 2. 不承压，没有安全隐患 3. 机电一体化，占用空间小，使用方便 4. 常压热水锅炉不属于特种设备（锅炉）	主要用于供暖和供生产热水，广泛适用于家庭、别墅、医院、学校、宾馆、酒店、健身中心和洗浴中心等单位
承压热水锅炉	水泵、水箱、控制系统	1. 始终处于满水状态，没有水位控制问题 2. 既供应低温热水，又供应高温热水 3. 属于压力容器，其设置受国家监察规程的限制	1. 适用于供热范围大、距离远、供应高温水的系统 2. 适用于一次水直供高层、超高层建筑的系统

（二）空气源热泵

1. 工作原理

热泵是一种利用高品位能源（电能）使能量从低品位热源流向高品位热源的节能装置。它可以把不能直接利用的低品位热能（如空气、土壤、水中所含的热能、太阳能、工业废热等）转换为可以利用的高品位热能，从而达到节约部分高品位热能的目的。

热泵虽然需要消耗一定量的高品位能源，但所供给用户的有用热量则是消耗的高品位能源和吸取的低品位热能的总和。

空气源热泵的热量来源为室外空气，因此一般布置在室外通风处，目前多布置于楼顶。

2. 主要特点

1）空气源热泵系统不需要设置专门的冷冻机房、锅炉房，机组可任意放置于屋顶或地面，不占用建筑的有效使用面积，施工安装十分简便。

2）空气源热泵系统无冷却水系统。

3）空气源热泵系统由于无需锅炉，无需相应的锅炉燃料供应系统、除尘系统和烟气排放系统，系统安全可靠，对环境无污染。

4）空气的热容量小，为了获得足够的热量，需要较多的空气量。同时由于风机风量的增大，使空气源热泵装置的噪声也增大。

5）空气源热泵的性能会随室外气候变化而变化。低温时制热效果差，需大量使用辅助热源。随环境温度降低，其制热量衰减，如图 6-5 所示。

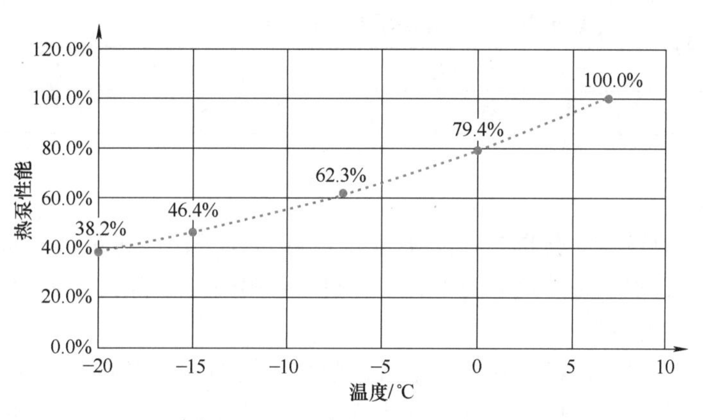

图 6-5　热泵性能随温度变化的曲线

3. 结霜问题

（1）结霜原因　空气源热泵机组在冬季制热运行时，其翅片盘管换热器起蒸发器的作用，由于蒸发温度较低，盘管表面的温度也随之下降，甚至低于 0℃。当室外空气在风机驱动下流经盘管时，其所含的水分就会析出并附着在盘管表面而形成霜层。因此从工作原理上说，结霜是空气源热泵的正常现象，无法避免。

（2）结霜的影响　霜层增加了导热热阻，降低了蒸发器的传热系数。在结霜的早期，由于霜层增加了传热表面的粗糙度及表面积，使总传热系数有所增加，而随着霜层增厚，导热热阻逐渐成为影响传热系数的主要因素时，总传热系数又开始下降。

霜层的增加加大了空气流过翅片盘管蒸发器的阻力，降低了空气流量。对蒸发器性能的影响是结霜负面影响的主要方面。

（3）除霜方法

1）热电除霜：通过在换热器上安装适当功率的加热电阻丝，当蒸发器上霜层积累到一定程度时，开关开启，电阻丝通电发热开始除霜。这一方法简单易行，但从节能角度来看是不可取的。

2）逆循环除霜：四通换向阀动作，改变制冷剂的流向，让机组由制热运行状态转为制冷运行状态，压缩机排出的高温气体通过四通阀切换至室外换热器中进行除霜，当室外盘管温度上升到某一温度值时，结束除霜。除霜时无法制热。

3）热气旁通除霜：从压缩机排气口引出一支旁通回路将压缩机排气引到室外换热器内实现除霜。除霜时可以继续供热。

4. 设备性能

不同厂商设备的 COP 值及出水温度略有不同，但设备性能曲线的变化趋势基本一致。现以格力公司 GN-R155MLG/NaB 机型为例，其 COP 取值和出水温度见表 6-19 和表 6-20。

表 6-19　空气源热泵在不同温度下的 COP 取值

环境温度/℃	−25	−20	−15	−10	−5.5	0	7	10	16
COP	2.02	2.39	2.73	2.96	3.25	3.73	3.92	4.02	4.08

注：按出水温度 45℃考虑。

表 6-20 空气源热泵在不同温度下的出水温度

环境温度/℃	-30 ~ -20	-20 ~ -15	≥ -15
最高出水温度/℃	50	55	60

5. 适用地域

夏热冬冷地区的气候特点非常适合应用空气源热泵。《民用建筑供暖通风与空气调节设计规范》中也指出，夏热冬冷地区的中、小型建筑可用空气源热泵供冷、供暖。

（三）燃气空气源热泵

从本质上来讲，目前市场上的燃气空气源热泵（简称燃气热泵）也是空气源热泵的一种，均是从外界空气中吸收热量，只是驱动源从电力变为了天然气。从制热原理来看，市场上的燃气热泵可以分为压缩式热泵和吸收式热泵两大类。由天然气驱动压缩机做功产生高压制冷剂的为压缩式；由天然气加热发生器产生高压制冷剂的为吸收式。

1. 工作原理

燃气热泵通过天然气燃烧产生热能驱动循环，具体的循环过程如下：在发生器中，制冷剂浓溶液被燃气加热，高温高压的气态制冷剂被不断蒸发出来。高温高压气态制冷剂经精馏器精馏后进入冷凝器，在冷凝器中经水冷换热器降温（热量被循环水取出，用于供暖、加热热水）后，冷凝为液态制冷剂进入过冷器，与来自翅片式换热器的气态制冷剂进行热量交换成为过冷的液态制冷剂，经膨胀阀节流后进入翅片式换热器，吸收空气中的热量转化为气态制冷剂，再经过冷器变为过热的气态制冷剂，然后进入吸收器被稀溶液吸收，变为浓溶液被泵输入发生器，开始进入下一制冷剂循环。

2. 设备性能

以某燃气热泵机组为例，其性能参数会随环境温度变化而有所不同，见表 6-21。

表 6-21 燃气热泵的性能参数

环境温度/℃	10.00	5.00	0.00	-5.00	-10.00	-17.00
制热量/kW	75.6	72.4	69.9	66.6	65.5	59.6
燃气利用率	1.81	1.73	1.67	1.59	1.56	1.43

3. 主要特点

（1）优点 与电驱动空气源热泵相比，燃气热泵有大量的低温余热资源可以用来对室外换热器进行除霜，能很好地解决结霜现象，在低温环境中优势明显。

（2）缺点 价格高于电驱动空气源热泵，技术上还不成熟，在国内应用受到限制；单机功率较小，常见功率一般为 15 ~ 90kW。作为集中供热的热源时，需要的设备数量众多，水系统串并联时也很难进行水力平衡，无法保证供暖效果。

4. 适用范围

与传统的电驱动空气源热泵相比，燃气热泵能很好地解决结霜问题，能够在北方地区大规模推广使用。

热泵将室外空气中的热量搬运进室内，室外空气的温度将会持续下降，冷岛效应使得空

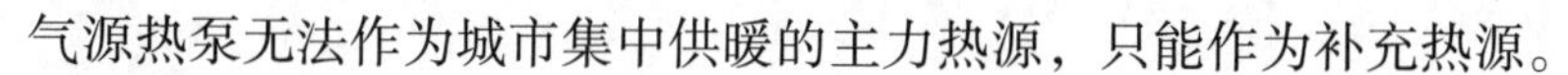
气源热泵无法作为城市集中供暖的主力热源，只能作为补充热源。

热泵具备制冷和制热功能，推荐在同时具有冷热负荷的公共建筑上使用，可提高项目的经济性。

（四）热泵 + 锅炉耦合

热泵与燃气锅炉的耦合系统在工程中主要有空气源热泵 + 燃气锅炉耦合、燃气热泵 + 燃气锅炉耦合。目前，热泵耦合锅炉一体机组就是在热泵里内置一个小型燃气锅炉，热泵和锅炉的功率占比为6:4。

二、结论与建议

1）从初期投资角度，热源站选型的优先顺序是燃气锅炉 < 热泵 + 锅炉耦合 < 燃气热泵 < 空气源热泵。

2）从运行费用角度，并根据武汉市的电价和天然气价格水平，该地区热源站选型的优先顺序是空气源热泵 < 燃气热泵 < 热泵 + 锅炉耦合 < 燃气锅炉。

3）在其他地区进行热源站选型时，应结合当地主要电价和天然气价格等边界条件，选取经济合理的热源形式。

第七章

与供暖相关的价格政策与营销策略

第一节　天然气供暖价格政策

一、研究背景与研究目的

1. 研究背景

天然气价格政策是影响暖居工程运营成本的重要因素，目前各地的天然气价格政策不一致，也不明确，难以为暖居工程投资标准、运营标准等的制定提供依据，进而影响项目投资决策，也严重影响后期运营效益。

2. 研究目的

通过对各地供暖气价及政策进行调研，并对调研结果进行了分析与总结，目的是为暖居工程气价政策、项目投资标准、运营成本标准等的制定提供依据。

注意：若无特别说明，这里所称的“燃气集中供暖”包含中国燃气所称的“分散式供暖”及“暖居工程”模式，仅为区别于家庭壁挂炉供暖。

二、研究方法

1）编制统一的气价政策调研表，供各地调研人员填写。

2）在北方传统供暖区域，选取直辖市、省会城市和中国燃气目前有供暖业务的城市进行调研。

3）在暖居工程区域，由各地暖居工作组进行调研。

在上述调研数据基础上，搜集、汇总、分析各地政府出台的供暖气价政策，形成报告。

三、研究内容

（一）北方传统供暖区域的供暖气价政策

1. 政策渊源

2015年2月26日，国家发展和改革委员会发布了《关于理顺非居民用天然气价格的通知》，在“三、居民用气门站价格暂不作调整”里，明确说明了居民用气不包含集中供热

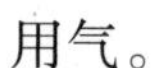

用气。

以此文件为依据，后续北方各地出台燃气价格政策时，大多数地方均未将集中供热用气纳入居民用气，仅陕西的西安、咸阳、榆林、宝鸡等少数城市明确小区锅炉房、集中供热用气执行居民用气价格。

2. 北方传统供暖区域某些城市的供暖气价政策

2020 年北方传统供暖区域某些城市的供暖天然气价格，见表 7-1。

表 7-1　2020 年北方传统供暖区域某些城市的供暖天然气价格　（单位：元/m^3）

省/市	地区	门站价格		销售价格	集中供暖天然气价格	壁挂炉供暖天然气价格
		非供暖季	供暖季	居民/非居民		
辽宁	沈阳	1.84	按照中石油购销合同执行	居民阶梯 3.16～4.70；工业 3.63；商业 4.00	非居民 3.31	煤改气 3.35
北京	城六区	1.86	2.418	居民阶梯 2.61～4.23；非居民 3.15	非居民 2.75	居民阶梯 2.61～4.23；
	其他区域	1.86	2.418	居民阶梯 2.61～4.23；非居民 2.91	非居民 2.51	居民阶梯 2.61～4.23
天津	全市	1.86	2.418	居民阶梯 2.61～3.93；非居民 3.17	非居民 2.88	居民 2.4
河北	石家庄	1.84	2.392	居民阶梯 2.68～3.3；非居民 3.02～3.3	非居民 3.02～3.3	居民 2.68
山西	太原	1.77	2.301	居民阶梯 2.61～3.74；非居民 3.83	非居民 3.63	居民阶梯 2.61～3.06
陕西	西安	1.22	1.586	居民阶梯 2.07～3.11；非居民 3.15	小区自备锅炉 1.98；市政集中供热 2.04	居民阶梯 2.07～3.11
山东	青岛	2.34	涨幅≤20%	居民阶梯 2.90～4.35；工商业 3.57	非居民 3.20	居民阶梯 3.25～3.83
甘肃	兰州	按照中石油购销合同执行	按照中石油购销合同执行	居民阶梯 1.69～2.54；工商业 1.9；公益性（学校等）1.86	非居民 1.8（随供暖期价格变动）	居民阶梯 1.69～2.03～2.54
内蒙古	包头	1.495	均衡 1 门站价格上浮 20%，均衡 2 门站价格上浮 45%	居民阶梯 2.06～3.09；非居民 2.3～2.65	非居民 2.65	居民阶梯 2.06～3.09
	呼和浩特	1.515	上浮 45%	居民阶梯 2.06～3.09；非居民 2.3	2.06/2.09/2.7（综合计价）	居民阶梯 2.06～3.09

北京市城六区之外的区域，集中供暖虽然执行非居民气价，但低于居民一档气价，比较特殊。

集中供暖用气执行居民气价的地区中，以西安市为例，西安是将小区自备锅炉供暖、市政集中供暖用气都归为“执行居民气价的非居民用户”，即所谓“民生用气”，其气价不执行居民阶梯气价，而是单独定价，2019 年气价是在居民一档气价 2.07 元基础上加 0.02 元，即 2.09 元/m^3（表 7-1 中的是 2020 年气价，略有下调）。

（二）北方传统供暖区域天然气供暖的价格政策及补贴政策

北方传统供暖区域某些城市中，天然气供暖有单独定价和天然气补贴的情况，其中有单独定价或天然气补贴的地方见表 7-2。

表 7-2　北方传统供暖区域某些城市的天然气供暖单独定价和补贴

城　市	天然气供暖单独定价	天然气供暖补贴标准	政策依据
北京	北京热力大网 24 元/m^2； 燃煤锅炉 19 元/m^2； 天然气锅炉 30 元/m^2	无	《关于调整我市民用供热价格和热电厂热力出厂价格的通知》（京价（商）字〔2001〕372 号）
天津	无	（1）天然气供热基础气价 2.26 元/m^3，其中政府补贴 0.35 元/m^3 给供热企业 （2）冬季若气价上涨至超过 2.26 元/m^3，上涨部分中 20% 由供热企业承担，80% 由财政补贴 （3）提前、延后供热的，增加的燃料成本 100% 由政府补贴	无具体政策依据，每年政府对供热公司进行成本监审，审定后进行补贴
青岛	无	对居民建筑，天然气价格补贴后至 1.73 元/m^3，每个供暖季每平方米（建筑面积）最高补贴 9.5m^3 用气量	《青岛西海岸新区清洁能源供热发展若干政策实施细则》
呼和浩特	无	对燃煤改燃气的锅炉，按每平方米每个供暖季耗气量 15m^3 的标准补贴，标准金额为 0.8 元/m^3	《关于实施燃煤供热锅炉燃气化改造的通告》
石家庄	无	非节能建筑补贴 15.9 元/m^2，节能建筑补贴 8.15 元/m^2（2016 年）	《关于调整天然气供热运行补贴标准的意见》

除上述城市外，北方传统供暖区域的其他重点城市均未出台燃气集中供暖单独定价或天然气补贴政策。

（三）南方非传统供暖区域天然气供暖气价政策

南方非传统供暖区域现行的天然气供暖气价政策，仅部分城燃公司给居民壁挂炉供暖实行的居民阶梯气价，其他区域均是非居民气价或气价政策不明确，南方非传统供暖区域均未出台对天然气集中供暖的气价政策。

四、结论与建议

1. 主要结论

1）绝大多数北方传统供暖区域，天然气集中供暖均执行非居民气价，仅陕西省部分城市执行居民气价。其中，北京市非城六区区域和陕西省集中供暖气价低于一档民用气价，其他地区集中供暖天然气价格高于一档民用气价。

2）绝大多数北方传统供暖区域，天然气集中供暖都没有单独制定热价或者给予补贴，仅北京市单独定价，仅天津、青岛、石家庄、呼和浩特有天然气供暖补贴。

3）南方非传统供暖区域，大多数城市无针对居民供暖的天然气价格政策，大部分公司仍执行工商业气价，少部分公司对壁挂炉供暖执行居民气价，集中供暖（暖居工程）均无明确气价政策。

2. 基本建议

1）在经营区域外开展暖居工程业务首先要争取当地政府的支持，推动政府出台供暖天然气执行居民一档气价政策。需要注意的是，政府将供暖用气纳入民生用气并不一定执行居民气价，需向政府明确申请暖居工程供暖用气纳入民生用气并执行居民气价（可参考陕西西安）。

2）对于未执行居民气价的区域，争取气价补贴（可参考青岛模式）。

3）在经营区域外无气源或气价偏高的地区，在没有取得供暖气价政策之前，建议采用空气源热泵作为热源的方案。

第二节　非传统供暖区居民消费心理及暖居工程营销策略

一、概述

1. 南方供暖社会背景

集中供暖在传统供暖的北方地区属于家喻户晓的配套服务，是公认的市政工程和基础设施，是一项民生工程。在非传统供暖区域的南方地区，如武汉、南京、杭州、上海、合肥和长沙等地，居民对供暖的需求也越来越大，而且社会中涉及南方城市供暖的呼声也越来越高。但是，由于南方居民传统的供暖习惯、不愿意尝试新产品、对供暖效果的怀疑以及对价格较敏感等因素，致使南方集中供暖推行缓慢。

2. 消费心理研究的重要性

大家都知道，想要在销售市场上开辟出一片新天地，销售者需要充分把握好顾客的消费心理。正所谓“攻心为上，攻城为下”“心战为上，兵战为下”，抓住消费者的心尤为重要。从定位品牌到差异化，从定价促销到整合营销，都是针对消费者的心理采取的行动。现在的市场营销越来越依赖对消费者心理的把握，以达成产品的销售，所以，研究消费心理是执行营销战术的重要一环。

3. 常见的消费心理类型

消费心理有很多种，常见的消费心理类型包括恐惧心理、从众心理、权威心理、中间项心理、贪婪心理、攀比心理、稀缺心理、说服心理、损失心理、互惠心理、目标趋近心理和求实心理等。充分把握和利用好这些消费心理，可以事半功倍地推广产品和服务，改善和提升营销业绩。下面简要介绍恐惧心理、从众心理、权威心理和中间项心理，并结合暖居工程实际情况，提出相应的特色营销策略。

二、消费心理及营销策略分析

（一）恐惧心理

1. 恐惧心理现象及营销策略

人们有对贫穷、肥胖、疾病、失去爱、年老、死亡、危险充满恐惧，一旦面临这些恐惧，就会急切地去寻求解决恐惧的方法。厂家或商家就可以通过放大这类恐惧，以实现商品的营销。

案例一：某城市雾霾较大，一些口罩商家通过人们对疾病的恐惧来销售产品，例如，没有雾霾前该城市每年的肺癌病例为1000例左右，有了雾霾后肺癌病例每年增加50%，XXX口罩，通过10层过滤，可净化雾霾，使其不能进入人体，更安全更健康。

案例二：部分商家放大电子产品和家用电器的辐射对孕妇和胎儿的危害，利用消费者对辐射的恐惧成功推出了“孕妇防辐射衣”。

2. 恐惧心理消费在居民供暖中的应用

由于暖居工程相对而言是一个改善居民生活的产品，竞争产品有小太阳、电热毯及空调器，其中空调器为主要竞争对象。可以结合实际情况，从安全、健康、舒适等方面突出宣传暖居工程的优点。

小太阳、电热毯市场较混乱，产品合格率也不高，该类电器容易引发火灾、触电等事故。另外，小太阳发出的强光属于红外辐射，如果长时间直视或是照射红外线，对眼睛的晶状体会造成损伤，进而导致晶状体浑浊。而使用电热毯会使毛细血管一直处于扩张状态，体内水分和盐分丢失明显，容易出现口干、咽痛、鼻孔出血、皮肤干燥等不良现象。

空调器是对流供暖、吹热风，热量由高到低，易出现头热脚冷现象。另外，空调器在秋冬之交有一段时间是不使用的，管道里面会有许多灰尘和细菌；冬天使用时，这些灰尘和细菌就会慢慢被吹出来，影响人体健康。

暖气是辐射供暖、不吹风、不扬尘，热量从低到高均匀传递，遵循冷暖空气扩散机理，从房屋底部加热，实现“凉顶暖足”的效果，给居民绝佳的健康体验。对患有呼吸疾病的用户，地暖供暖是最合适的选择，可以减少哮喘发病率。

另外，可从以下几个方面来突出宣传暖居工程安全健康舒适的优点，打造暖居工程有助于老年人延年益寿、年轻人永葆青春、婴幼儿健康成长的理念。

1）老年人中普遍存在老寒腿、风湿等疾病，对寒冷潮湿十分敏感。好的地暖能够缓解这些症状。对于有关节疾病和心脑血管疾病的顾客，通过“温足而顶凉”有相当好的促进血循环的保健作用。

2）婴幼儿喜欢在床上或地下爬，装了地暖以后孩子可以随心所欲地玩耍。另外，由于小孩子抵抗力差，皮肤也娇嫩，地暖可以保持地面干燥，抑制有害病菌和螨虫的滋生，有效保护孩子的健康。

3）女性需要保暖，家里温暖舒适，让女性气血更顺畅，精力更好。另外，空气干燥会导致人体水分的流失，加速衰老，还会使皮肤纤维因失水而收缩，久而久之就会出现不可恢复的皱纹。暖气供暖时室内空气不会干燥，可保持肌肤水分，助女性青春永驻。

4）男性在事业拼搏中，难免遇到挫折，也需要家庭的港湾来温暖，暖气可让男性回到家就感受到家的温暖。

（二）从众心理

1. 从众心理现象及营销策略

从众心理也称为羊群效应，经济学里经常用“羊群效应”来描述经济个体的从众跟风心理。羊群是一种很散乱的组织，平时在一起也是盲目地左冲右撞，一旦有一只头羊行动起来，其他的羊也会不假思索地一哄而上，全然不顾前面可能有狼或者不远处有更好的草。因此，“羊群效应”就是比喻人们都有一种从众心理，这种从众心理很容易导致盲从，而盲从往往会使人陷入骗局或遭到失败。

消费者在很多购买决策上，会表现出从众倾向。比如：购物时喜欢到人多的商店；在品牌选择时，偏向那些市场占有率高的品牌；在选择旅游地点时，偏向热点城市和热点线路。

案例：商家让某产品在网站上拥有非常好的排名，通过多种让利活动引导消费者给予好评，让进入店铺的消费者看到这些好评后，在有消费需求的前提下很容易快速跟随大众做出选购判断。

2. 从众心理消费在居民供暖中的应用

1）开展现场宣传或报装活动，以及设置免费赠送小礼品的活动，吸引更多观众参与，增加活动人气。多设置现场互动环节，营造良好活动气氛。

2）设置抱团报装优惠和介绍用户现金奖励活动，通过活动引导忠实用户带动观望用户。不定期开展已报装暖居用户领礼品、抢红包、抽大奖等活动，带动用户报装。

（三）权威心理

1. 权威心理现象及营销策略

消费者推崇权威的心理，在消费形态上多表现为决策的情感成分远远超过理智成分。这种对权威的推崇往往导致消费者对权威所消费产品的无理由地选用，并进而把消费对象人格化，从而达成产品的畅销。常见的就是明星代言、网红直播和社群领袖等。

案例：2016 年 10 月，某知名人士第一次提出“新零售”这个互联网名词，基于该知名人士对社会发展趋势有比较透彻的分析及在电商圈的社群领袖效应，近几年新零售已成为大潮流、大时尚。

2. 权威心理消费在居民供暖中的应用

市场开发过程中与权威媒体进行合作，通过权威媒体对暖居工程及用户体验进行专栏解说，一方面达到宣传推广作用，另一方面树立暖居工程在居民心中的正面形象。

邀请知名学者、暖通专家通过专栏节目及高端论坛对暖居工程进行专题剖析，多个维度分析暖居工程的优势与益处，加强居民对暖居工程的认识与认可。

（四）中间项心理

1. 中间项心理现象及营销策略

中间项效应与锚定效应在很多方面比较相似，它们最根本的不同在于，锚定效应主要利用的是参照物之间的反差让人们的判断系统产生错觉，而中间项效应更多的是利用人们对安全感的追求。

大家在饭店点菜时会发现，最普遍的菜单设置是这样的：便宜的小菜、凉菜摆在菜单的最前几页，中档价位的菜肴是主体部分，摆在中间，较贵的大菜放在最后。第一次翻开这个菜谱，大部分人是看完了所有菜之后，又翻回中间，中档价位的菜品占去了所点菜肴的绝大部分。这其实就是对中间项效应的简单利用。

也许选择中间项的原因是担心消费过高，或者价格更高的产品提供的溢价服务不需要。确实，这些都是影响因素，但“中间 = 安全”的潜意识还是时时刻刻对人的选择行为产生极大的作用。

在营销中，特别是线下的商家，可以多多利用中间项心理。例如：服装店主可以把店铺的衣服分成三个类别，第一类别是低价，第二类别是平均价，第三类别是高价。然后把三件不同类别的衣服放在一起，最后你会发现，基于中间项心理和面子心理，绝大部分消费者都会选择第二类别衣服来购买。

2. 中间项心理消费在居民供暖中的应用

在准备暖居服务套餐时，户内末端部分设置三档价格，中档配置及价格作为主推产品。如报装费按 200 元/m^2、220 元/m^2、240 元/m^2 进行设档，对应的户内配置分别为碳钢、铜铝、钛合金材质供暖末端。按照该原理，选择 220 元/m^2 档位的用户会占多数（与其他两档相比）。

三、总结与建议

消费心理是一种复杂的社会心理现象，它不仅受消费者自身的需要、动机等心理因素的影响，而且也受消费者活动的外界社会环境，诸如社会经济、政治环境、文化背景、消费者家庭环境、消费者群体、消费时尚和习俗等因素的影响。

暖居工程是中国燃气一项战略性的业务，市场开发是首要任务，全面且系统地分析居民消费心理具有重要意义。

第三节　区域集中供暖和暖居工程供暖模式的对比分析

我国秦岭-淮河以南的城市，属于非传统供暖区域，建设过程中有些区域规划配套了集中供热站和管网设施，主要利用热电联产的余热，建设大热力管网进行集中供暖；有些区域未规划集中供暖，以分散式供暖为主；大部分区域尚未进行供暖，存在着较大的供暖需求。

这里就现有的区域集中供暖和暖居工程两种供暖方式从系统投资、运营能源成本、环保节能政策三方面进行分析和比较，供南方非传统供暖区域的供暖项目参考。

一、系统投资方面的对比

对于南方非传统供暖城市，若采用类似北方的传统集中供暖模式，通过铺设大型热力管网和建设一二级换热站进行集中供暖，热网管道往往铺设过长，动辄几十公里，需要投资数亿甚至十几亿元，项目投资建设费用过大，不仅造价高、维护困难，而且远距离送热损耗严重。而南方供暖有别于北方供暖，南方地区每年的居民供暖周期比较短，一般只有三个月。南方供暖呈现居民与非居民用户供暖方式不一、供暖时间短、供暖率不高、属于市场行为、无政府政策规定等特点，同时对于建造成本较高的城市供暖设施来说，意味着设备利用率低，造成设备资源浪费。

例如，南方某非传统供暖城市采用热电厂的余热进行集中供暖，供汽参数为1.0MPa、200℃，供热能力为300t/h，规划可满足600万m^2建筑面积的供热需求，铺设了DN500～DN800的一二级热力管网约20km，建设了一级换热站，项目投资约1.5亿元，单位建筑面积投资费用约为25元/m^2（不含小区内二级换热站、庭院管网、楼栋立管和户内散热设备），参照北方传统集中供暖收取的管网接入配套费为30～50元/m^2，按40元/m^2考虑，则需开发供暖建筑375万m^2才可回收投资成本，而南方非传统供暖区域，供暖非刚需，接受度较低，一般小区的供暖率普遍在5%～35%，按小区供暖率35%考虑，则需要开发小区建筑面积约1071万m^2才可回收投资成本，这样就造成集中供暖推广难度高、项目投资回收周期长、不经济等特点。

暖居工程是中国燃气针对在南方非传统供暖区域推广集中供暖提出的综合性解决方案，采用分布式能源站集中供暖的方式满足南方城市的供暖需要。暖居工程有别于北方传统集中供暖方式，不需要建设大市政管网，不影响城市规划和现有秩序，并可通过多能耦合和多种节能控制手段，降低了投资费用和管网损耗，为在南方推广集中供暖创造了条件。中国燃气通过构建智慧、高效的供暖系统（智慧供热云管理系统、高效节能热源系统、智能供热输配系统、室内智能温控系统和智能CRM客服系统），结合南方城市小区的布局、供暖的个性需求等特点，实现供暖过程的全系统管理，从而提高建筑内居住、工作微环境质量。

暖居工程的高效节能热源系统是指分布式能源站及其控制管理系统，是由中国燃气自主研发的，具有多能耦合互补、能源高效利用、智能自动控制、移动微热力源、低碳减排环保等特点的供暖能源站系统。

例如，南方某非传统供暖城市中某建筑面积10万m^2的小区，暖居工程结合南方城市供暖负荷率逐步提高的特点，分期实施建设高效节能热源系统，一期按建筑供暖负荷率的20%考虑，节能建筑的热负荷指标取40W/m^2，则配置空气源热泵主设备5台及配套辅助设备，热源站投资费用约为120万元，单位建筑面积投资费用约为60元/m^2（不含小区内庭院管网、楼栋立管和户内散热设备），通过市场开发2万m^2的供暖面积（按小区的供暖挂网率20%计算）就可以回收投资成本，项目投资成本回收难度降低，也能缩短投资回收期。

二、运营能源成本方面的对比

（一）能源价格

目前，长江流域某城市主城区的蒸汽、天然气、电能价格见表7-3。

表 7-3　能源价格

序　　号	能　　源	价　　格	备　　注
1	蒸汽（热水）	120 元/t	燃煤热电联产
		180 元/t	小型热电厂蒸汽出厂价
2	天然气	1.96 元/m^3	门站价
		2.898 元/m^3	非居民天然气销售价
3	电能	0.6707 元/度	1～10kV，工商业及其他用电

（二）运营能源成本测算

根据现有的不同能源价格，区域集中供热和暖居工程两种供暖方式的单位供能所需能源成本测算见表 7-4～表 7-6。

表 7-4　区域集中供热（电厂余热）的单位供能所需能源成本测算

序　　号	项　　目	参　　数		单　　位	备　　注
1	蒸汽压力	1		MPa	
2	蒸汽温度	200		℃	
3	蒸汽焓值	2828.00		kJ/kg	
4	蒸汽流量	1		t/h	
5	输入蒸汽功率	785.56		kW	
6	换热效率	95%			一级换热站
7	管网热损失	15%			一般大型热力管网负荷率低，热损失在 10%～25%
8	制热量	634.34		kW	
9	供热量	2.284		GJ	
10	蒸汽价格	120	180	元/t	
11	单位供能价格	52.55	78.82	元/GJ	

表 7-5　区域集中供热（燃气热水锅炉）的单位供能所需能源成本测算

序　　号	项　　目	参　　数		单　　位	备　　注
1	热水压力	1		MPa	
2	热水温度	120		℃	
3	热水焓值	504		kJ/kg	
4	锅炉热效率	93%			
5	管网热损失	10%			一般热损失在 8%-15%
6	天然气热值	7600		kcal	1cal＝4.1868J
7	天然气价格	1.96	2.898	元/m^3	
8	单位供能价格	58.12	85.94	元/GJ	

表 7-6　暖居工程的单位供能所需能源成本测算

序　　号	项　　目	参　　数	单　　位	备　　注
1	热水压力	1	MPa	
2	热水温度	50	℃	
3	热水焓值	210	kJ/kg	
4	热源设备 COP	3.68		
5	管网热损失	0%		热源站在小区，无管网热损失
6	电价	0.6707	元/度	
7	单位供能价格	50.63	元/GJ	

从以上测算可以看出，根据现有的不同能源价格下，暖居工程的单位供能所需能源最低成本为 50.63 元/GJ，其次是采用电厂余热供能，单位供能所需能源最高成本是采用天然气热水锅炉进行区域集中供热。

三、环保节能政策方面的对比

相比传统市政大管网集中供暖，暖居工程具有以下优势：

（1）节能环保　由于靠近用户，没有市政管网，暖居工程在热力传输过程中的热量损耗、水耗、电耗都远低于传统市政大管网集中供暖。北方传统供暖多是燃煤热电厂余热或大型燃煤锅炉作为能源，而暖居工程是采用电作为能源进行的分布式集中供暖，从室外空气中吸收大量的低品位能源，真正实现清洁能源的绿色转化，实现零碳排放，环保优势明显。

（2）灵活高效　北方传统集中供暖由于管网过长，调节缓慢，存在冷热不均等问题。暖居工程的分布式能源站就近布置，单站功率相对较小，启停迅速，调节方便，供暖效果可以及时传导至终端用户，而且可以避免出现冷热不均等问题，用户的实际使用效果更好。

（3）热源低碳　暖居工程以清洁能源和可再生能源作为一次能源，以先进的能源转换设备来提高能源的综合利用效率。此外，还根据当地条件，因地制宜地开发水源热泵等其他能源作为暖居工程的能量来源，符合国家碳达峰、碳中和等政策的要求。

四、总结与建议

综合上述分析，初步结论如下：

1）从投资、运营所需能源成本来看，对于南方非传统供暖城市，本地区供暖项目采用暖居工程的供暖模式，单位供能所需能源成本较低，且项目投资回收期也较短，更符合南方非传统供暖城市的供暖市场。

2）从环保、双碳等政策来看，《关于完整准确全面贯彻新发展理念做好碳达峰碳中和工作的意见》中明确提出：“加快建筑用能电气化和低碳化，开展屋顶光伏行动，大幅提高建筑供暖、生活热水等电气化普及率。”与燃煤热电厂、天然气热水锅炉相比，暖居工程通过电能来制热，也更符合国家所提出的绿色环保、低碳的政策路线。

因此，结合南方非传统供暖城市的当地能源价格及供暖特点，在无大型热电厂供暖条件、未铺设大热力管网的区域，建议采用暖居工程模式进行供暖。

参考文献

[1] 钱文斌. 城市燃气基础教程 [M]. 北京：机械工业出版社，2012.

[2] 贺平，孙刚，王飞，等. 供热工程 [M]. 4版. 北京：中国建筑工业出版社，2009.

[3] 陈凯，朱雪飞，于文益. 城市新区区域供热供冷发展策略研究：以横琴新区为例 [J]. 特区经济，2020 (7)：37-40.

[4] 梁晶，王世朋，陈曈，等. 集中供热供冷技术发展研究 [J]. 科技创新与应用，2020 (7)：160-161.

[5] 刘圣春，马一太，卢苇. 空调能效比和季节能效比的分析 [J]. 天津大学学报，2006，39 (9)：1088-1092.

[6] 宫树娟. 某住宅小区集中供冷方案技术经济分析 [J]. 制冷与空调，2017，31 (5)：487-491.

[7] 马宏权，龙惟定. 区域供冷系统的能源效率 [J]. 暖通空调，2008，38 (11)：59-65.

[8] 游洋，姜波. 区域集中供冷系统的优化研究 [J]. 自动化应用，2019 (4)：137-152.

[9] 石峰. 区域能源项目实践及展望 [J]. 资源节约与环保，2020 (5)：117，119.

[10] 马涛. 武汉市实施冷集中冷暖联供的可行性 [J]. 中小企业管理与科技，2020 (35)：61-62.

[11] 李娟，宋孝春. 重庆江北城江水源热泵区域供冷供热系统设计 [J]. 暖通空调，2020，50 (4)：53-57，103.

[12] 夏盛，王晶，徐洪印. 重庆江北嘴CBD区域集中供冷供热项目能源站夏季运行优化研究及应用 [J]. 重庆建筑，2020 (6)：55-57.

[13] 李震. 海水源热泵区域供热供冷系统3E评价 [D]. 大连：大连理工大学，2009.

[14] 夏博. 区域供冷系统供冷面积及最远输送距离研究 [D]. 长沙：湖南大学，2014.

[15] 刘文娟. 区域供冷在小区建筑中使用的优越性条件分析 [D]. 太原：太原理工大学，2011.

[16] 张思柱. 上海世博园区域供冷系统的最佳供冷半径研究 [D]. 上海：同济大学，2007.

[17] 冯小平. 上海世博园区域供冷系统管网优化设计研究 [D]. 上海：同济大学，2007.

[18] 王龙. 沈阳地区医院空调系统能耗影响多因素分析与研究 [D]. 沈阳：沈阳工业大学，2019.

[19] 蔡聿潇. 住宅集中供冷项目定价方法与依据的研究 [D]. 天津：天津大学，2018.

[20] 范庆，陈祥根，陈永林，等. 仪征镜湖花园大型住宅小区蓄能中央空调和蓄热生活热水系统简介 [J]. 制冷空调与电力机械，2005，26 (4)：46-51.

[21] 朱仁洪，何凤军. 某住宅小区区域供冷冷负荷分析 [J]. 制冷空调与电力机械，2010，31 (5)：60-63.

[22] 龚延风. 住宅建筑空调部分负荷分布的研究 [J]. 暖通空调，2005，35 (4)：91-94.

[23] 陈丽萍，龚延风，刘金祥，等. 空气源热泵全年能耗分析应用软件的开发 [J]. 暖通空调，2001，31 (3)：63-66.

[24] 冯瑞峰，孙俊彪，霍兵，等. 空气源热泵除霜技术进展与区域化应用综述 [J]. 科学技术与工程，2020，20 (33)：13509-13519.

[25] 曾志，张晓泓，麦文展. 燃烧室注水对燃气轮机运行和检修的影响 [J]. 燃气轮机技术，2011，24 (3)：60-62，72.

[26] 郭明. 燃气型常压冷凝热水锅炉在供暖系统中的应用 [J]. 大连大学学报，2019，40 (3)：37-41.

[27] 韩国彬. 关于对集中供热系统二次管网失水问题的研究 [J]. 中小企业管理与科技，2011 (31)：279.

[28] 李春阳，罗奥，夏建军，等. 入住率对供暖计量用户能耗的影响 [J]. 区域供热，2020 (6)：1-12，32.